华东交通大学教材（专著）基金资助项目

基于有限元-统计能量混合法的无砟轨道结构动力特性研究

罗文俊 ◎ 著

西南交通大学出版社
·成都·

图书在版编目（CIP）数据

基于有限元-统计能量混合法的无砟轨道结构动力特性研究 / 罗文俊著. —成都：西南交通大学出版社，2017.12

ISBN 978-7-5643-5961-4

Ⅰ.①基… Ⅱ.①罗… Ⅲ.①无砟轨道–结构动力分析 Ⅳ.①U213.2

中国版本图书馆 CIP 数据核字（2017）第 317855 号

基于有限元-统计能量混合法的无砟轨道结构动力特性研究
罗文俊　著

责任编辑	李　伟
特邀编辑	张芬红
封面设计	何东琳设计工作室
	西南交通大学出版社
出版发行	（四川省成都市二环路北一段 111 号 西南交通大学创新大厦 21 楼）
发行部电话	028-87600564　028-87600533
邮政编码	610031
网　　址	http://www.xnjdcbs.com
印　　刷	成都中铁二局永经堂印务有限责任公司
成品尺寸	185 mm×230 mm
印　　张	11.25
字　　数	228 千
版　　次	2017 年 12 月第 1 版
印　　次	2017 年 12 月第 1 次
书　　号	ISBN 978-7-5643-5961-4
定　　价	58.00 元

图书如有印装质量问题　本社负责退换
版权所有　盗版必究　举报电话：028-87600562

前 言

2008年，速度350 km/h的京津城际铁路正式通车运营，标志着我国进入高速铁路时代。当前，我国快速客运专线、高速铁路迎来了前所未有的发展机遇。我国已成为世界上高速铁路里程最长的国家。铁路系统的功能是通过轮轨相互作用实现的，因此如何保持轨道结构平顺稳定，降低高速机车车辆与轨下基础的相互作用，减少养护维修费用，以及新型机车车辆的设计、制造等都是研究的热点，而这些问题都迫切需要掌握轮轨间的相互作用动力特性。所以车辆与轨道结构相互作用的关系一直是车辆动力学和轨道结构振动的研究主题。

安全、可靠、舒适是高速铁路发展的必然前提。而轮轨动力作用是直接影响这一前提的重要因素。铁路运营实践表明，行车速度提高会增大车辆与轨道结构间的动力作用，使轨道结构破坏更加严重。同时，轨道结构破坏又会加大钢轨不平顺，使车辆振动加剧，从而又使轨道结构破坏严重，加剧轨道变形的发展。因此轮轨系统动力学是铁路基础科学技术的核心之一，是影响车辆安全及平稳运行的关键因素。因此，全面深入地研究轮轨相互动力作用规律，进行车辆轨道动力学理论研究十分必要。但由于车辆轨道耦合动力系统的复杂性，同时对轮轨作用关系在耦合动力系统中的影响研究得还不够充分，从而出现了目前多种求解方法、多种模型并存的局面。随着各种数值计算理论与方法以及计算机技术的迅速发展，轮轨动力特性研究一定会发展到一个更高的层次。

高速铁路的发展必然要求轨道结构与之适应变化。当前，高速铁路主要有两种轨道结构类型：有砟轨道和无砟轨道。目前，国内外对有砟轨道动力学的研究已比较成熟，研究已经步入轮轨相互作用的系统动力学阶段，主要以细致地考虑上部机车车辆系统、下部轨道结构系统以及轮轨耦合作用于一体为主要特征，从系统工程角度出发研究车辆-轨道结构相互动力作用已成为轮轨动力特性研究的重要手段，是轮轨动力学发展的必然趋势，并逐渐被大量试验结果所证实。而无砟轨道作为新型轨道结构形式，国内外对它的设计及动力学理论研究相对较少。我国高速铁路主要采用无砟轨道结构形式，无砟轨道下部结构又分为路基和高架桥梁两种形式。特别是当前我国高速铁路和客运专线无砟轨道应用不断增加，而无砟轨道结构动力学研究还不成熟，远远不能满足当前高速铁路和客运专线无砟轨道的发展。鉴于此种情况，进行无砟轨道-桥梁（路基）结构动力学深入、全面的系统研究迫在眉睫。

  本书研究成果得到了华东交通大学雷晓燕教授、同济大学练松良教授的悉心指导。全书共分五章，均由罗文俊撰写。

  本书的出版得到了国家自然科学基金（51468021，51768022）、江西省青年重点基金（20171ACB21037）和华东交通大学教材出版基金的资助，在此一并表示感谢。

  限于作者水平，疏漏和不妥之处敬请读者批评指正。

作　者

2017 年 9 月

目 录

第1章 列车-无砟轨道-桥梁（路基）有限元模型 ················· 1
1.1 列车-无砟轨道-桥梁耦合系统有限元模型 ··················· 1
- 1.1.1 无砟轨道-桥梁单元 ····································· 1
- 1.1.2 车辆单元 ··· 16
- 1.1.3 列车-无砟轨道-桥梁系统动力有限元方程 ················· 22
- 1.1.4 模型验证 ··· 23

1.2 列车-无砟轨道-路基耦合系统有限元模型 ··················· 24
- 1.2.1 无砟轨道-路基单元 ····································· 24
- 1.2.2 车辆单元 ··· 26
- 1.2.3 列车-无砟轨道-路基系统动力有限元方程 ················· 26
- 1.2.4 模型验证 ··· 26

1.3 本章小结 ··· 27

第2章 列车-无砟轨道-桥梁（路基）混合法模型 ················· 28
2.1 FE-SEA混合法基本原理 ··································· 28
- 2.1.1 结构振动方程 ··· 29
- 2.1.2 整体模态振动方程求解 ································· 30
- 2.1.3 求解局部模态方程 ····································· 33

2.2 简支梁弯曲振动的FE-SEA混合法原理 ······················· 33
- 2.2.1 简支梁混合法运动方程 ································· 33
- 2.2.2 简支梁混合法模型中修正参数的推导 ····················· 35
- 2.2.3 简支梁混合法模型中局部运动方程的求解 ················· 36
- 2.2.4 列车-无砟轨道-桥梁（路基）混合法模型 ················· 37
- 2.2.5 列车-无砟轨道-桥梁混合法模型验证 ····················· 38

2.3 混合法模型计算轨道结构响应具体步骤 ····················· 39

2.4 本章小结 ··· 39

第3章 车辆-无砟轨道-桥梁耦合系统振动特性分析 ························· 40

  3.1 车辆-无砟轨道-桥梁耦合系统振动的激励源 ························· 40
    3.1.1 轨道不平顺 ··· 40
    3.1.2 轨道不平顺的数值模拟方法 ································· 43
    3.1.3 轨道不平顺的数值模拟结果 ································· 46
  3.2 轨道不平顺及波长对无砟轨道桥梁振动特性的影响分析 ················ 47
    3.2.1 无砟轨道-桥梁以及车辆参数的确定 ·························· 47
    3.2.2 不同工况的混合法模型 ······································ 51
    3.2.3 计算结果分析 ··· 51
  3.3 不同行车速度对无砟轨道桥梁振动特性的影响分析 ···················· 67
    3.3.1 无砟轨道-桥梁以及车辆参数的确定 ·························· 68
    3.3.2 不同工况的混合法模型 ······································ 68
    3.3.3 计算结果分析 ··· 68
  3.4 不同轨道参数对无砟轨道桥梁振动特性的影响分析 ···················· 84
    3.4.1 轨下垫板刚度的影响 ·· 84
    3.4.2 轨下垫板阻尼的影响 ·· 94
    3.4.3 CA砂浆刚度系数的影响 ···································· 103
    3.4.4 CA砂浆阻尼系数的影响 ···································· 111
    3.4.5 桥梁支承刚度系数的影响 ··································· 119
    3.4.6 桥梁支承阻尼系数的影响 ··································· 128
  3.5 本章小结 ··· 136

第4章 车辆-无砟轨道-路基耦合系统振动特性分析 ························· 140

  4.1 车辆-无砟轨道-路基耦合系统振动的激励源 ························· 140
  4.2 轨道不平顺及波长对无砟轨道-路基振动特性的影响分析 ··············· 140
    4.2.1 无砟轨道-路基以及车辆参数的确定 ·························· 140
    4.2.2 不同工况的混合法模型 ······································ 141
    4.2.3 计算结果分析 ··· 142
  4.3 本章小结 ··· 154

第5章 高速列车诱发无砟轨道结构及桥梁振动的现场测试 ························ 156

5.1 某高速铁路轨道结构及桥梁振动现场测试分析 ···························· 156
5.1.1 测试测序 ·· 156
5.1.2 测试方法及测点布置 ·· 156
5.1.3 测试工况 ·· 158

5.2 测试结果分析 ·· 159
5.2.1 测试结果时域统计分析 ·· 159
5.2.2 功率谱分析 ·· 162
5.2.3 Z振级分析 ·· 164

5.3 理论模型预测结果与测试结果比较 ···································· 165
5.3.1 计算参数 ·· 165
5.3.2 无砟轨道-桥梁结构振动加速度时程的理论预测与测试结果对比 ···· 166
5.3.3 无砟轨道-桥梁结构振动Z振级理论预测与测试结果对比 ·········· 168
5.3.4 无砟轨道-桥梁结构加速度频谱理论预测与测试结果对比 ············ 168

5.4 本章小结 ·· 169

参考文献 ·· 171

第 1 章　列车-无砟轨道-桥梁（路基）有限元模型

我国高速铁路主要采用无砟轨道结构形式，无砟轨道下部结构又分为路基和高架桥两种形式。本章针对两种形式分别建立列车-无砟轨道-桥梁（路基）耦合系统有限元模型。

1.1　列车–无砟轨道–桥梁耦合系统有限元模型

列车在轨道桥梁上行驶时，车桥系统是耦合振动的。有限元法在车桥动力分析中应用较为普遍。本书根据列车-轨道桥梁系统运动的特点，在文献[1]车辆单元轨道单元模型的基础上，结合车辆-无砟轨道-桥梁四层梁模型[2]，提出了以梁振动精确模态函数为插值函数的轨道-桥梁单元和动轮单元有限元模型。本书模型中针对轮轨竖向动力特性进行研究，整个耦合系统沿线路方向左右对称，因此研究取一半结构。整个列车-无砟轨道-桥梁耦合系统分解为两个单元，即上部车辆单元和下部无砟轨道-桥梁单元。轮对与钢轨弹性接触，用线性弹簧来模拟轮对与轨道间的关系，认为车轮不悬空（轮对始终与钢轨接触），即钢轨与轮对接触面为轮对的竖向运动轨迹。因此，车桥耦合垂向振动系统几何相容条件为：轮对的位移等于轮轨接触处钢轨位移与轨道不平顺幅值之间的差值。车辆轨道之间的轮轨作用力根据轮轨接触刚度和轮对位移的乘积求得。

基于有限元方法和 Lagrange 方程，本章推导了两种单元的刚度、质量、阻尼矩阵，建立了车辆-无砟轨道-桥梁耦合系统的显式时变耦合运动方程，采用直接积分法求解运动方程。该模型具有程序编制容易、自由度少、计算效率高的特点。

1.1.1　无砟轨道-桥梁单元

1. 无砟轨道-桥梁单元

无砟轨道-桥梁结构四层梁单元模型分别由钢轨、轨道板、混凝土底座板和桥梁组成[3]，如图 1.1 所示。考虑轮轨间为弹性接触。k_{y1}、c_{y1} 分别为轨下垫层支承弹性、阻尼系数；k_{y2}、

c_{y2} 分别为 CA 砂浆层的支承弹性、阻尼系数；k_{y3}、c_{y3} 分别为混凝土底座板下桥梁的支承弹性、阻尼系数。因为直接运用无砟轨道-桥梁有限元模型时自由度很多，计算量很大。为减少计算自由度，本书在建立无砟轨道-桥梁有限元单元模型时采用了模态综合技术。同时，由于轨道板、混凝土底座板、桥梁的振动频率相对于钢轨要低，尤其是桥梁可采用相对较少的自由度即可获得满意的计算精度，因此模型中钢轨、轨道板、混凝土底座板、桥梁采用不同的自由度数[4]。

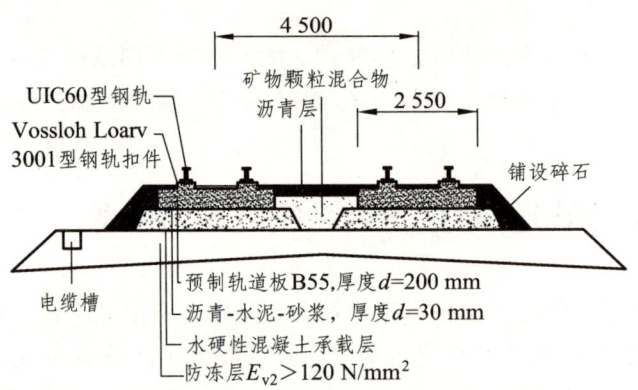

图 1.1　直线段桥上 CRTS Ⅱ 型无砟轨道断面图

以多结点的一个新型梁单元对长度为 L 的无砟轨道-桥梁结构进行离散，如图 1.2 所示。用角标 r、s、f、b 分别表示钢轨、轨道板、混凝土底座板、桥梁，自由度数分别为 N_r、N_s、N_f、N_b。轨道单元总自由度为 $N_z = N_r + N_s + N_f + N_b$。轨道桥梁单元中每一层梁在 x 处的位移可表示为

$$U(x,t) = q_1(t)\left(1 - \frac{3x^2}{L^2} + \frac{2x^3}{L^3}\right) + q_2(t)x\left(1 - \frac{2x}{L} + \frac{x^2}{L^2}\right) + q_3(t)\left(\frac{3x^2}{L^2} - \frac{2x^3}{L^3}\right) +$$
$$q_4(t)\left(-\frac{x^2}{L} + \frac{x^3}{L^2}\right) + \sum_{n=5}^{N} q_n(t)\varphi_n(x)$$

式中，$q_1(t)$、$q_3(t)$ 为梁单元两端的结点位移；$q_2(t)$、$q_4(t)$ 为梁单元两端的扭转角。

式中除前四项，其他为无结点位移项[5,6]，以下推导中将其处理为单元的虚拟结点，与实际结点类似，$q_n(t)$ 为第 n 个结点的位移，而 $\varphi_n(x)$ 则为对应的插值函数。

无砟轨道-桥梁单元的结点位移向量为

$$\boldsymbol{a}^e = \left\{q_{r1} \quad q_{r2} \quad \cdots \quad q_{rN_r} \quad q_{s1} \quad q_{s2} \quad \cdots \quad q_{sN_s} \quad q_{f1} \quad q_{f2} \quad \cdots \quad q_{fN_f} \quad q_{b1} \quad q_{b2} \quad \cdots \quad q_{bN_b}\right\}_{(1 \times N_z)}$$

（1.1）

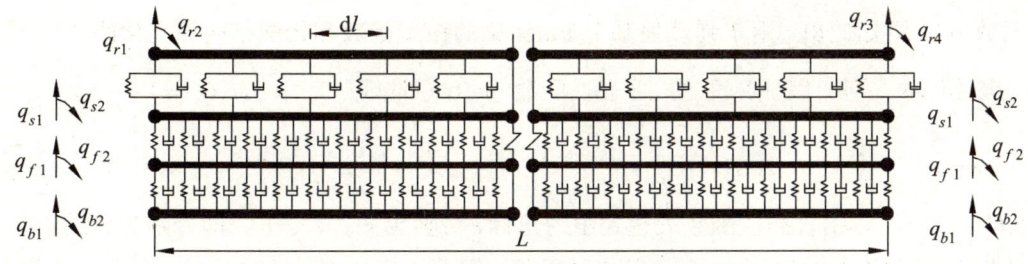

图 1.2 CRTS Ⅱ 无砟轨道-桥梁单元模型

对应的无砟轨道-桥梁单元的插值函数为

$$\boldsymbol{\Phi}(x) = \left\{ \varphi_{r1}(x) \quad \cdots \quad \varphi_{rN_r}(x) \quad \varphi_{s1}(x) \quad \cdots \quad \varphi_{sN_s}(x) \quad \varphi_{f1}(x) \quad \cdots \quad \varphi_{fN_f}(x) \quad \varphi_{b1}(x) \quad \cdots \quad \varphi_{bN_b}(x) \right\}_{(1 \times N_z)}$$
(1.2)

式（1.1）中，q_{rn} ($n=1,\cdots,N_r$)、q_{sn} ($n=1,\cdots,N_s$)、q_{fn} ($n=1,\cdots,N_f$)、q_{bn} ($n=1,\cdots,N_b$) 分别对应钢轨、轨道板、混凝土底座板、桥梁的结点位移。式（1.2）中，$\varphi_{rn}(x)$ ($n=1,\cdots,N_r$)、φ_{sn} ($n=1,\cdots,N_s$)、φ_{fn} ($n=1,\cdots,N_f$)、φ_{bn} ($n=1,\cdots,N_b$) 分别对应钢轨、轨道板、混凝土底座板、桥梁的插值函数。

根据文献[4]，钢轨的长度只要选取大于 100 m，模态阶数取大于 90 阶，这样即可取得较为满意的结果。在文献[4]中，杨广军详细研究了在弹性支承上的钢轨的多跨连续梁本征值问题，将钢轨模拟为弹性地基上的 Euler 梁，研究表明其振型函数和相同结构简支梁的各阶振型函数完全相同。其固有频率 $\omega_k = \sqrt{\bar{\omega}_i^2 + \dfrac{K}{m}}$ 比简支梁的固有频率有所提高，其中 $\bar{\omega}_i = \left(\dfrac{i\pi}{l}\right)^2 \sqrt{\dfrac{EI}{m}}$ 为简支梁的固有频率；K 为轨下离散支承的等效刚度。取 $K = k_{y1}/\mathrm{d}l$ （$k_{y1} = 51$ MN/m, $\mathrm{d}l = 0.65$ m），得出 160 m 钢轨 5 000 Hz 以下的固有频率（见图 1.3），其值与文献[7]基本吻合。

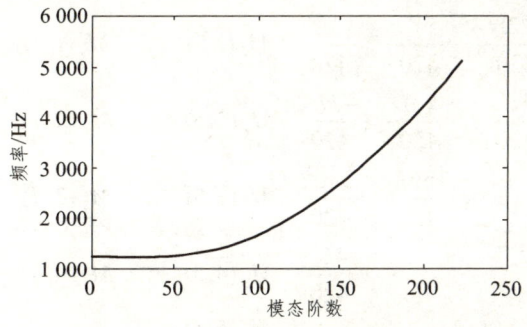

图 1.3 钢轨模态与固有频率

同时，对于连续型预制轨道板，其长厚比大于 25，混凝土底座板、桥梁都视为梁模型，模态函数可参考文献[8]。由于弹性地基上 Euler 梁的振型函数和相同结构简支梁的各阶振型函数完全相同，所以钢轨的插值函数 $\varphi_{rn}(x)$ 取可为：$\varphi_{r1}(x)=1-\frac{3}{l^2}x^2+\frac{2}{l^3}x^3$，$\varphi_{r2}(x)=x-\frac{2}{l}x^2+\frac{1}{l^2}x^3$，$\varphi_{r3}(x)=\frac{3}{l^2}x^2-\frac{2}{l^3}x^3$，$\varphi_{r4}(x)=-\frac{1}{l}x^2+\frac{1}{l^2}x^3$，$\varphi_{rn}(x)=\sin\frac{(n-4)\pi x}{L}$，$(n=5,6,\cdots,N_r)$。将钢轨插值函数表达式中的角标 r 替换为 s、f、b，即分别为轨道板、混凝土底座板、桥梁的对应的插值函数，其中轨道板、混凝土底座板、桥梁采用不同的自由度数[4]。

建立单元的有限元方程，可运用 Hamilton 原理，即

$$\frac{\mathrm{d}}{\mathrm{d}t}\frac{\partial L}{\partial \dot{a}}-\frac{\partial L}{\partial a}+\frac{\partial R}{\partial \dot{a}}=0 \tag{1.3}$$

其中，$L=T-\Pi$，为 Lagrange 函数，T 表示系统动能，Π 表示系统势能，R 表示系统耗散能。

2. 无砟轨道-桥梁单元的质量矩阵、刚度矩阵和阻尼矩阵的推导

（1）无砟轨道-桥梁单元的动能。

无砟轨道-桥梁单元的动能包括钢轨、预制轨道板、混凝土底座板以及桥梁的弯曲动能。

① 钢轨的质量矩阵。

钢轨上任意一点的速度：

$$\dot{v}_r=\sum_{n=1}^{N_r}\dot{q}_{rn}(t)\varphi_{rn}(x)=\begin{bmatrix}\varphi_{r1} & \varphi_{r2} & \cdots & \varphi_{rN_r}\end{bmatrix}\dot{q}_r=N_r^\mathrm{T}\dot{q}_r \tag{1.4}$$

钢轨的弯曲动能：

$$T_r=\frac{1}{2}\int_{\Omega^e}\rho_r\dot{v}_r^2\mathrm{d}\Omega=\frac{1}{2}\int_{\Omega^e}\rho_r\left(N_r^\mathrm{T}\dot{q}_r\right)^\mathrm{T}\left(N_r^\mathrm{T}\dot{q}_r\right)\mathrm{d}\Omega=\frac{1}{2}\dot{q}_r^\mathrm{T}\int_L\rho_r A_r N_r N_r^\mathrm{T}\mathrm{d}x\dot{q}_r=\frac{1}{2}\dot{q}_r^\mathrm{T}M_r\dot{q}_r \tag{1.5}$$

其中，$M_{r(N_r\times N_r)}=\int_0^L\rho_r A_r N_r N_r^\mathrm{T}\mathrm{d}x$。

$$M_r=\rho_r A_r\begin{bmatrix}\frac{156L}{420} & \frac{-22L^2}{420} & \frac{54L}{420} & \frac{13L^2}{420} & M_r(1,5) & \cdots & M_r(1,j) & \cdots & M_r(1,N_r) \\ & \frac{4L^3}{420} & \frac{-13L^2}{420} & \frac{-3L^3}{420} & M_r(2,5) & \cdots & M_r(2,j) & \cdots & M_r(2,N_r) \\ & & \frac{156L}{420} & \frac{22L^2}{420} & M_r(3,5) & \cdots & M_r(3,j) & \cdots & M_r(3,N_r) \\ & & & \frac{4L^3}{420} & M_r(4,5) & \cdots & M_r(4,j) & \cdots & M_r(4,N_r) \\ & & & & M_r(5,5) & \cdots & & & M_r(5,N_r) \\ & & & & & & & & \vdots \\ & & & & & & & & M_r(N_r,N_r)\end{bmatrix} \tag{1.6}$$

其中：

$$M_r[1,(n+4)] = \int_0^L \varphi_{r1}(x)\varphi_{r(n+4)}(x)\mathrm{d}x = \int_0^L \left(1 - \frac{3x^2}{L^2} + \frac{2x^3}{L^3}\right)\sin\frac{n\pi x}{L}\mathrm{d}x$$

$$M_r[2,(n+4)] = \int_0^L \varphi_{r2}(x)\varphi_{r(n+4)}(x)\mathrm{d}x = \int_0^L x\left(1 - \frac{2x}{L} + \frac{x^2}{L^2}\right)\sin\frac{n\pi x}{L}\mathrm{d}x$$

$$M_r[3,(n+4)] = \int_0^L \varphi_{r3}(x)\varphi_{r(n+4)}(x)\mathrm{d}x = \int_0^L \left(\frac{3x^2}{L^2} - \frac{2x^3}{L^3}\right)\sin\frac{n\pi x}{L}\mathrm{d}x \quad (1.7)$$

$$M_r[4,(n+4)] = \int_0^L \varphi_{r4}(x)\varphi_{r(n+4)}(x)\mathrm{d}x = \int_0^L \left(-\frac{x^2}{L} + \frac{x^3}{L^2}\right)\sin\frac{n\pi x}{L}\mathrm{d}x$$

$$M_r[(m+4),(n+4)] = \int_0^L \varphi_{r(m+4)}(x)\varphi_{r(n+4)}(x)\mathrm{d}x = \int_0^L \sin\frac{m\pi x}{L}\sin\frac{n\pi x}{L}\mathrm{d}x$$

式（1.7）中，$m, n = 1, 2 \cdots, (N_r - 4)$。

② 轨道板的质量矩阵。

轨道板上任意一点的速度：

$$\dot{v}_s = \sum_{n=1}^{N_s} \dot{q}_{sn}(t)\varphi_{sn}(x) = [\varphi_{s1} \quad \varphi_{s2} \quad \ldots \quad \varphi_{sN_s}]\dot{\boldsymbol{q}}_s = \boldsymbol{N}_s^\mathrm{T}\dot{\boldsymbol{q}}_s \quad (1.8)$$

轨道板的弯曲动能：

$$T_s = \frac{1}{2}\int_{\Omega^e}\rho_s\dot{v}_s^2\mathrm{d}\Omega = \frac{1}{2}\int_{\Omega^e}\rho_s\left(\boldsymbol{N}_s^\mathrm{T}\dot{\boldsymbol{q}}_s\right)^\mathrm{T}\left(\boldsymbol{N}_s^\mathrm{T}\dot{\boldsymbol{q}}_s\right)\mathrm{d}\Omega = \frac{1}{2}\dot{\boldsymbol{q}}_s^\mathrm{T}\int_L \rho_s A_s \boldsymbol{N}_s \boldsymbol{N}_s^\mathrm{T}\mathrm{d}x\dot{\boldsymbol{q}}_s = \frac{1}{2}\dot{\boldsymbol{q}}_s^\mathrm{T}\boldsymbol{M}_s\dot{\boldsymbol{q}}_s \quad (1.9)$$

其中，$\boldsymbol{M}_{s(N_s\times N_s)} = \int_0^L \rho_s A_s \boldsymbol{N}_s \boldsymbol{N}_s^\mathrm{T}\mathrm{d}x$。

$$\boldsymbol{M}_s = \rho_s A_s \begin{bmatrix} \frac{156L}{420} & \frac{-22L^2}{420} & \frac{54L}{420} & \frac{13L^2}{420} & M_s(1,5) & \ldots & M_s(1,j) & \ldots & M_s(1,N_s) \\ & \frac{4L^3}{420} & \frac{-13L^2}{420} & \frac{-3L^3}{420} & M_s(2,5) & \ldots & M_s(2,j) & \ldots & M_s(2,N_s) \\ & & \frac{156L}{420} & \frac{22L^2}{420} & M_s(3,5) & \ldots & M_s(3,j) & \ldots & M_s(3,N_s) \\ & & & \frac{4L^3}{420} & M_s(4,5) & \ldots & M_s(4,j) & \ldots & M_s(4,N_s) \\ & & & & M_s(5,5) & & \ldots & & M_s(5,N_s) \\ & & & & & & & & \vdots \\ & & & & & & & & M_s(N_s,N_s) \end{bmatrix} \quad (1.10)$$

其中：

$$M_s[1,(n+4)] = \int_0^L \varphi_{s1}(x)\varphi_{s(n+4)}(x)\mathrm{d}x = \int_0^L \left(1 - \frac{3x^2}{L^2} + \frac{2x^3}{L^3}\right)\sin\frac{n\pi x}{L}\mathrm{d}x$$

$$M_s[2,(n+4)] = \int_0^L \varphi_{s2}(x)\varphi_{s(n+4)}(x)\mathrm{d}x = \int_0^L x\left(1 - \frac{2x}{L} + \frac{x^2}{L^2}\right)\sin\frac{n\pi x}{L}\mathrm{d}x$$

$$M_s[3,(n+4)] = \int_0^L \varphi_{s3}(x)\varphi_{s(n+4)}(x)\mathrm{d}x = \int_0^L \left(\frac{3x^2}{L^2} - \frac{2x^3}{L^3}\right)\sin\frac{n\pi x}{L}\mathrm{d}x \quad (1.11)$$

$$M_s[4,(n+4)] = \int_0^L \varphi_{s4}(x)\varphi_{s(n+4)}(x)\mathrm{d}x = \int_0^L \left(-\frac{x^2}{L} + \frac{x^3}{L^2}\right)\sin\frac{n\pi x}{L}\mathrm{d}x$$

$$M_s[(m+4),(n+4)] = \int_0^L \varphi_{s(m+4)}(x)\varphi_{s(n+4)}(x)\mathrm{d}x = \int_0^L \sin\frac{m\pi x}{L}\sin\frac{n\pi x}{L}\mathrm{d}x$$

式中，$m,n = 1,2,\cdots,(N_s - 4)$。

③ 混凝土支承层的质量矩阵。

混凝土支承层任意一点的速度：

$$\dot{v}_f = \sum_{n=1}^{N_f} \dot{q}_{fn}(t)\varphi_{fn}(x) = [\varphi_{f1} \quad \varphi_{f2} \quad \ldots \quad \varphi_{fN_f}]\dot{q}_f = N_f^\mathrm{T}\dot{q}_f \quad (1.12)$$

混凝土支承层的弯曲动能：

$$T_f = \frac{1}{2}\int_{\Omega^e}\rho_f\dot{v}_f^2\mathrm{d}\Omega = \frac{1}{2}\int_{\Omega^e}\rho_f\left(N_f^\mathrm{T}\dot{q}_f\right)^\mathrm{T}\left(N_f^\mathrm{T}\dot{q}_f\right)\mathrm{d}\Omega \\
= \frac{1}{2}\dot{q}_f^\mathrm{T}\int_L\rho_f A_f N_f N_f^\mathrm{T}\mathrm{d}x\dot{q}_f = \frac{1}{2}\dot{q}_f^\mathrm{T}M_f\dot{q}_f \quad (1.13)$$

其中，$M_{f(N_f \times N_f)} = \int_0^L \rho_f A_f N_f N_f^\mathrm{T}\mathrm{d}x$。

$$M_f = \rho_f A_f \begin{bmatrix} \frac{156L}{420} & \frac{-22L^2}{420} & \frac{54L}{420} & \frac{13L^2}{420} & M_f(1,5) & \ldots & M_f(1,j) & \ldots & M_f(1,N_f) \\ & \frac{4L^3}{420} & \frac{-13L^2}{420} & \frac{-3L^3}{420} & M_f(2,5) & \ldots & M_f(2,j) & \ldots & M_f(2,N_f) \\ & & \frac{156L}{420} & \frac{22L^2}{420} & M_f(3,5) & \ldots & M_f(3,j) & \ldots & M_f(3,N_f) \\ & & & \frac{4L^3}{420} & M_f(4,5) & \ldots & M_f(4,j) & \ldots & M_f(4,N_f) \\ & & & & M_f(5,5) & & \ldots & & M_f(5,N_f) \\ & & & & & & & & \vdots \\ & & & & & & & & M_f(N_f,N_f) \end{bmatrix} \quad (1.14)$$

其中：

$$M_f[1,(n+4)] = \int_0^L \varphi_{f1}(x)\varphi_{f(n+4)}(x)\mathrm{d}x = \int_0^L \left(1 - \frac{3x^2}{L^2} + \frac{2x^3}{L^3}\right)\sin\frac{n\pi x}{L}\mathrm{d}x$$

$$M_f[2,(n+4)] = \int_0^L \varphi_{f2}(x)\varphi_{f(n+4)}(x)\mathrm{d}x = \int_0^L x\left(1 - \frac{2x}{L} + \frac{x^2}{L^2}\right)\sin\frac{n\pi x}{L}\mathrm{d}x$$

$$M_f[3,(n+4)] = \int_0^L \varphi_{f3}(x)\varphi_{f(n+4)}(x)\mathrm{d}x = \int_0^L \left(\frac{3x^2}{L^2} - \frac{2x^3}{L^3}\right)\sin\frac{n\pi x}{L}\mathrm{d}x \quad (1.15)$$

$$M_f[4,(n+4)] = \int_0^L \varphi_{f4}(x)\varphi_{f(n+4)}(x)\mathrm{d}x = \int_0^L \left(-\frac{x^2}{L} + \frac{x^3}{L^2}\right)\sin\frac{n\pi x}{L}\mathrm{d}x$$

$$M_f[(m+4),(n+4)] = \int_0^L \varphi_{f(m+4)}(x)\varphi_{f(n+4)}(x)\mathrm{d}x = \int_0^L \sin\frac{m\pi x}{L}\sin\frac{n\pi x}{L}\mathrm{d}x$$

式中，$m,n = 1,2,\cdots,(N_f - 4)$。

④ 桥梁的质量矩阵。

桥梁上任意一点的速度：

$$\dot{v}_b = \sum_{n=1}^{N_b} \dot{q}_{bn}(t)\varphi_{bn}(x) = [\varphi_{b1} \quad \varphi_{b2} \quad \ldots \quad \varphi_{bN_b}]\dot{q}_b = N_b^{\mathrm{T}}\dot{q}_b \quad (1.16)$$

桥梁的弯曲动能：

$$T_b = \frac{1}{2}\int_{\Omega^e}\rho_b \dot{v}_b^2 \mathrm{d}\Omega = \frac{1}{2}\int_{\Omega^e}\rho_b\left(N_b^{\mathrm{T}}\dot{q}_b\right)^{\mathrm{T}}\left(N_b^{\mathrm{T}}\dot{q}_b\right)\mathrm{d}\Omega \\
= \frac{1}{2}\dot{q}_b^{\mathrm{T}}\int_L \rho_b A_b N_b N_b^{\mathrm{T}}\mathrm{d}x \dot{q}_b = \frac{1}{2}\dot{q}_b^{\mathrm{T}} M_b \dot{q}_b \quad (1.17)$$

其中，$M_{b(N_b \times N_b)} = \int_0^L \rho_b A_b N_b N_b^{\mathrm{T}}\mathrm{d}x$。

$$M_b = \rho_b A_b \begin{bmatrix} \frac{156L}{420} & \frac{-22L^2}{420} & \frac{54L}{420} & \frac{13L^2}{420} & M_b(1,5) & \ldots & M_b(1,j) & \ldots & M_b(1,N_b) \\ & \frac{4L^3}{420} & \frac{-13L^2}{420} & \frac{-3L^3}{420} & M_b(2,5) & \ldots & M_b(2,j) & \ldots & M_b(2,N_b) \\ & & \frac{156L}{420} & \frac{22L^2}{420} & M_b(3,5) & \ldots & M_b(3,j) & \ldots & M_b(3,N_b) \\ & & & \frac{4L^3}{420} & M_b(4,5) & \ldots & M_b(4,j) & \ldots & M_b(4,N_b) \\ & & & & M_b(5,5) & & \ldots & & M_b(5,N_b) \\ & & & & & & & & \vdots \\ & & & & & & & & M_b(N_b,N_b) \end{bmatrix} \quad (1.18)$$

$$M_b[1,(n+4)] = \int_0^L \varphi_{f1}(x)\varphi_{f(n+4)}(x)\mathrm{d}x = \int_0^L \left(1 - \frac{3x^2}{L^2} + \frac{2x^3}{L^3}\right)\sin\frac{n\pi x}{L}\mathrm{d}x$$

$$M_b[2,(n+4)] = \int_0^L \varphi_{f2}(x)\varphi_{f(n+4)}(x)\mathrm{d}x = \int_0^L x\left(1 - \frac{2x}{L} + \frac{x^2}{L^2}\right)\sin\frac{n\pi x}{L}\mathrm{d}x$$

$$M_b[3,(n+4)] = \int_0^L \varphi_{f3}(x)\varphi_{f(n+4)}(x)\mathrm{d}x = \int_0^L \left(\frac{3x^2}{L^2} - \frac{2x^3}{L^3}\right)\sin\frac{n\pi x}{L}\mathrm{d}x \quad (1.19)$$

$$M_b[4,(n+4)] = \int_0^L \varphi_{f4}(x)\varphi_{f(n+4)}(x)\mathrm{d}x = \int_0^L \left(-\frac{x^2}{L} + \frac{x^3}{L^2}\right)\sin\frac{n\pi x}{L}\mathrm{d}x$$

$$M_b[(m+4),(n+4)] = \int_0^L \varphi_{f(m+4)}(x)\varphi_{f(n+4)}(x)\mathrm{d}x = \int_0^L \sin\frac{m\pi x}{L}\sin\frac{n\pi x}{L}\mathrm{d}x$$

式中，$m,n = 1,2,\cdots,(N_b - 4)$。

按照有限元法"对号入座"的原则组成轨道桥梁单元的质量矩阵：

$$M_l = \begin{bmatrix} M_{r(N_r \times N_r)} & & & \\ & M_{s(N_s \times N_s)} & & \\ & & M_{f(N_f \times N_f)} & \\ & & & M_{b(N_b \times N_b)} \end{bmatrix} \quad (1.20)$$

M_r、M_s、M_f、M_b 分别为钢轨、轨道板、混凝土底座板、桥梁部分的单元协调质量矩阵，M_l 是维数为 $N_z \times N_z$ 的对称阵。

（2）轨道单元的刚度矩阵。

轨道单元的势能包括钢轨、连续轨道板、混凝土底座板和桥梁的弯曲势能，同时还有离散支承及连续支承弹簧的势能。

① 钢轨刚度矩阵。

钢轨任意一点的位移：

$$v_r = \sum_{n=1}^{N_r} q_{rn}(t)\varphi_{rn}(x) = [\varphi_{r1} \quad \varphi_{r2} \quad \ldots \quad \varphi_{rN_r}]\boldsymbol{q}_r = \boldsymbol{N}_r^\mathrm{T}\boldsymbol{q}_r \quad (1.21)$$

钢轨的弯曲势能：

$$\Pi_r = \frac{1}{2}\int_{\Omega^e}\sigma\varepsilon\mathrm{d}\Omega = \frac{1}{2}\int_{\Omega^e}\frac{1}{E_r}\sigma^2\mathrm{d}\Omega = \frac{1}{2}\int_{\Omega^e}\frac{1}{E_r}\left(\frac{My}{I_r}\right)^2\mathrm{d}\Omega$$

$$= \frac{1}{2}\int_{\Omega^e}\frac{1}{E_r}\left(-E_r\frac{\mathrm{d}^2 v_r}{\mathrm{d}x^2}y\right)^2\mathrm{d}\Omega = \frac{1}{2}\int_L E_r I_r\left(\frac{\mathrm{d}^2 v_r}{\mathrm{d}x^2}\right)^2\mathrm{d}x \quad (1.22)$$

$$= \frac{1}{2}\boldsymbol{q}_r^\mathrm{T}\int_L E_r I_r\left(\frac{\mathrm{d}^2 \boldsymbol{N}_r^\mathrm{T}}{\mathrm{d}x^2}\right)^\mathrm{T}\left(\frac{\mathrm{d}^2 \boldsymbol{N}_r^\mathrm{T}}{\mathrm{d}x^2}\right)\mathrm{d}x\,\boldsymbol{a}_r^e = \frac{1}{2}\boldsymbol{q}_r^\mathrm{T}\boldsymbol{K}_r\boldsymbol{q}_r$$

$$\boldsymbol{K}_r = E_r I_r \begin{bmatrix} \dfrac{12}{L^3} & \dfrac{-6}{L^2} & \dfrac{-12}{L^3} & \dfrac{-6}{L^2} & \boldsymbol{K}_r(1,5) & \cdots & \boldsymbol{K}_r(1,j) & \cdots & \boldsymbol{K}_r(1,N_r) \\ & \dfrac{4}{L} & \dfrac{6}{L^2} & \dfrac{2}{L} & \boldsymbol{K}_r(2,5) & \cdots & \boldsymbol{K}_r(2,j) & \cdots & \boldsymbol{K}_r(2,N_r) \\ & & \dfrac{12}{L^3} & \dfrac{6}{L^2} & \boldsymbol{K}_r(3,5) & \cdots & \boldsymbol{K}_r(3,j) & \cdots & \boldsymbol{K}_r(3,N_r) \\ & & & \dfrac{4}{L} & \boldsymbol{K}_r(4,5) & \cdots & \boldsymbol{K}_r(4,j) & \cdots & \boldsymbol{K}_r(4,N_r) \\ & & & & \boldsymbol{K}_r(5,5) & \cdots & \boldsymbol{K}_r(5,j) & & \boldsymbol{K}_r(5,N_r) \\ & & & & & & & & \vdots \\ & & & & & & & & \boldsymbol{K}_r(N_r,N_r) \end{bmatrix}_{(N_r \times N_r)} \quad (1.23)$$

$$\boldsymbol{K}_r[1,(n+4)] = \int_0^L \left\{ \dfrac{d^2[\varphi_{r1}(x)]}{dx^2} \right\} \left\{ \dfrac{d^2[\varphi_{r(n+4)}(x)]}{dx^2} \right\} dx = \int_0^L \left(\dfrac{6}{L^2} - \dfrac{12x}{L^3} \right) \left(\dfrac{n\pi}{L} \right)^2 \sin \dfrac{n\pi x}{L} dx$$

$$\boldsymbol{K}_r[2,(n+4)] = \int_0^L \left\{ \dfrac{d^2[\varphi_{r2}(x)]}{dx^2} \right\} \left\{ \dfrac{d^2[\varphi_{r(n+4)}(x)]}{dx^2} \right\} dx = \int_0^L \left(\dfrac{4}{L} - \dfrac{6x}{L^2} \right) \left(\dfrac{n\pi}{L} \right)^2 \sin \dfrac{n\pi x}{L} dx$$

$$\boldsymbol{K}_r[3,(n+4)] = \int_0^L \left\{ \dfrac{d^2[\varphi_{r3}(x)]}{dx^2} \right\} \left\{ \dfrac{d^2[\varphi_{r(n+4)}(x)]}{dx^2} \right\} dx = \int_0^L \left(-\dfrac{6}{L^2} + \dfrac{12x}{L^3} \right) \left(\dfrac{n\pi}{L} \right)^2 \sin \dfrac{n\pi x}{L} dx \quad (1.24)$$

$$\boldsymbol{K}_r[4,(n+4)] = \int_0^L \left\{ \dfrac{d^2[\varphi_{r4}(x)]}{dx^2} \right\} \left\{ \dfrac{d^2[\varphi_{r(n+4)}(x)]}{dx^2} \right\} dx = \int_0^L \left(\dfrac{2}{L} - \dfrac{6x}{L^2} \right) \left(\dfrac{n\pi}{L} \right)^2 \sin \dfrac{n\pi x}{L} dx$$

$$\boldsymbol{K}_r[(m+4),(n+4)] = \int_0^L \left\{ \dfrac{d^2[\varphi_{r(m+4)}(x)]}{dx^2} \right\} \left\{ \dfrac{d^2[\varphi_{r(n+4)}(x)]}{dx^2} \right\} dx$$

$$= \int_0^L \left(\dfrac{n\pi}{L} \right)^2 \left(\dfrac{m\pi}{L} \right)^2 \left(\sin \dfrac{n\pi x}{L} \right)^2 \left(\sin \dfrac{m\pi x}{L} \right)^2 dx$$

其中，$m,n = 1,2,\cdots,(N_r - 4)$。

② 轨道板的刚度矩阵。

轨道板上任意一点的位移：

$$v_s = \sum_{n=1}^{N_s} q_{sn}(t) \varphi_{sn}(x) = [\varphi_{s_1} \quad \varphi_{s_2} \quad \cdots \quad \varphi_{sN_s}] \boldsymbol{q}_r = \boldsymbol{N}_r^\mathrm{T} \boldsymbol{q}_r \quad (1.25)$$

轨道板的弯曲势能：

$$\Pi_s = \frac{1}{2}\int_{\Omega^e}\sigma\varepsilon\mathrm{d}\Omega = \frac{1}{2}\int_{\Omega^e}\frac{1}{E_s}\sigma^2\mathrm{d}\Omega = \frac{1}{2}\int_{\Omega^e}\frac{1}{E_s}\left(\frac{My}{I_s}\right)^2\mathrm{d}\Omega$$

$$= \frac{1}{2}\int_{\Omega^e}\frac{1}{E_s}\left(-E_s\frac{\mathrm{d}^2 v_s}{\mathrm{d}x^2}y\right)^2\mathrm{d}\Omega = \frac{1}{2}\int_L E_s I_s\left(\frac{\mathrm{d}^2 v_s}{\mathrm{d}x^2}\right)^2\mathrm{d}x \quad (1.26)$$

$$= \frac{1}{2}\boldsymbol{q}_s^\mathrm{T}\int_L E_s I_s\left(\frac{\mathrm{d}^2\boldsymbol{N}_s^\mathrm{T}}{\mathrm{d}x^2}\right)^\mathrm{T}\left(\frac{\mathrm{d}^2\boldsymbol{N}_s^\mathrm{T}}{\mathrm{d}x^2}\right)\mathrm{d}x\boldsymbol{q}_s = \frac{1}{2}\boldsymbol{q}_s^\mathrm{T}\boldsymbol{K}_s\boldsymbol{q}_s$$

$$\boldsymbol{K}_s = E_s I_s \begin{bmatrix} \frac{12}{L^3} & \frac{-6}{L^2} & \frac{-12}{L^3} & \frac{-6}{L^2} & \boldsymbol{K}_s(1,5) & \cdots & \boldsymbol{K}_s(1,j) & \cdots & \boldsymbol{K}_s(1,N_r) \\ & \frac{4}{L} & \frac{6}{L^2} & \frac{2}{L} & \boldsymbol{K}_s(2,5) & \cdots & \boldsymbol{K}_s(2,j) & \cdots & \boldsymbol{K}_s(2,N_r) \\ & & \frac{12}{L^3} & \frac{6}{L^2} & \boldsymbol{K}_s(3,5) & \cdots & \boldsymbol{K}_s(3,j) & \cdots & \boldsymbol{K}_s(3,N_r) \\ & & & \frac{4}{L} & \boldsymbol{K}_s(4,5) & \cdots & \boldsymbol{K}_s(4,j) & \cdots & \boldsymbol{K}_s(4,N_r) \\ & & & & \boldsymbol{K}_s(5,5) & \cdots & \boldsymbol{K}_s(5,j) & & \boldsymbol{K}_s(5,N_r) \\ & & & & & & & & \vdots \\ & & & & & & & & \boldsymbol{K}_s(N_s,N_s) \end{bmatrix}_{(N_s\times N_s)} \quad (1.27)$$

$$\boldsymbol{K}_s[1,(n+4)] = \int_0^L \left\{\frac{\mathrm{d}^2[\varphi_{s1}(x)]}{\mathrm{d}x^2}\right\}\left\{\frac{\mathrm{d}^2[\varphi_{s(n+4)}(x)]}{\mathrm{d}x^2}\right\}\mathrm{d}x = \int_0^L\left(\frac{6}{L^2}-\frac{12x}{L^3}\right)\left(\frac{n\pi}{L}\right)^2\sin\frac{n\pi x}{L}\mathrm{d}x$$

$$\boldsymbol{K}_s[2,(n+4)] = \int_0^L \left\{\frac{\mathrm{d}^2[\varphi_{s2}(x)]}{\mathrm{d}x^2}\right\}\left\{\frac{\mathrm{d}^2[\varphi_{s(n+4)}(x)]}{\mathrm{d}x^2}\right\}\mathrm{d}x = \int_0^L\left(\frac{4}{L}-\frac{6x}{L^2}\right)\left(\frac{n\pi}{L}\right)^2\sin\frac{n\pi x}{L}\mathrm{d}x$$

$$\boldsymbol{K}_s[3,(n+4)] = \int_0^L \left\{\frac{\mathrm{d}^2[\varphi_{s3}(x)]}{\mathrm{d}x^2}\right\}\left\{\frac{\mathrm{d}^2[\varphi_{s(n+4)}(x)]}{\mathrm{d}x^2}\right\}\mathrm{d}x = \int_0^L\left(-\frac{6}{L^2}+\frac{12x}{L^3}\right)\left(\frac{n\pi}{L}\right)^2\sin\frac{n\pi x}{L}\mathrm{d}x \quad (1.28)$$

$$\boldsymbol{K}_s[4,(n+4)] = \int_0^L \left\{\frac{\mathrm{d}^2[\varphi_{s4}(x)]}{\mathrm{d}x^2}\right\}\left\{\frac{\mathrm{d}^2[\varphi_{s(n+4)}(x)]}{\mathrm{d}x^2}\right\}\mathrm{d}x = \int_0^L\left(\frac{2}{L}-\frac{6x}{L^2}\right)\left(\frac{n\pi}{L}\right)^2\sin\frac{n\pi x}{L}\mathrm{d}x$$

$$\boldsymbol{K}_s[(m+4),(n+4)] = \int_0^L \left\{\frac{\mathrm{d}^2[\varphi_{s(m+4)}(x)]}{\mathrm{d}x^2}\right\}\left\{\frac{\mathrm{d}^2[\varphi_{s(n+4)}(x)]}{\mathrm{d}x^2}\right\}\mathrm{d}x$$

$$= \int_0^L\left(\frac{n\pi}{L}\right)^2\left(\frac{m\pi}{L}\right)^2\left(\sin\frac{n\pi x}{L}\right)^2\left(\sin\frac{m\pi x}{L}\right)^2\mathrm{d}x$$

其中，$m,n = 1,2,\cdots,(N_r-4)$。

③ 混凝土支承层的刚度矩阵。

混凝土支承层上任意一点的位移：

$$v_f = \sum_{n=1}^{N_f} q_{fn}(t)\varphi_{fn}(x) = [\varphi_{f_1} \quad \varphi_{f_2} \quad \ldots \quad \varphi_{fN_f}]\, \boldsymbol{q}_f = \boldsymbol{N}_f^{\mathrm{T}} \boldsymbol{q}_f \tag{1.29}$$

混凝土支承层的弯曲势能：

$$\begin{aligned}
\Pi_f &= \frac{1}{2}\int_{\Omega^e}\sigma\varepsilon\,\mathrm{d}\Omega = \frac{1}{2}\int_{\Omega^e}\frac{1}{E_f}\sigma^2\mathrm{d}\Omega = \frac{1}{2}\int_{\Omega^e}\frac{1}{E_f}\left(\frac{My}{I_f}\right)^2\mathrm{d}\Omega \\
&= \frac{1}{2}\int_{\Omega^e}\frac{1}{E_f}\left(-E_f\frac{\mathrm{d}^2 v_f}{\mathrm{d}x^2}y\right)^2\mathrm{d}\Omega = \frac{1}{2}\int_L E_f I_f\left(\frac{\mathrm{d}^2 v_f}{\mathrm{d}x^2}\right)^2\mathrm{d}x \\
&= \frac{1}{2}\boldsymbol{q}_f^{\mathrm{T}}\int_L E_f I_f\left(\frac{\mathrm{d}^2 \boldsymbol{N}_f^{\mathrm{T}}}{\mathrm{d}x^2}\right)^{\mathrm{T}}\left(\frac{\mathrm{d}^2 \boldsymbol{N}_f^{\mathrm{T}}}{\mathrm{d}x^2}\right)\mathrm{d}x\,\boldsymbol{q}_f = \frac{1}{2}\boldsymbol{q}_f^{\mathrm{T}}\boldsymbol{K}_f\boldsymbol{q}_f
\end{aligned} \tag{1.30}$$

$$\boldsymbol{K}_f = E_f I_f \begin{bmatrix} \dfrac{12}{L^3} & \dfrac{-6}{L^2} & \dfrac{-12}{L^3} & \dfrac{-6}{L^2} & \boldsymbol{K}_f(1,5) & \ldots & \boldsymbol{K}_f(1,j) & \ldots & \boldsymbol{K}_f(1,N_f) \\ & \dfrac{4}{L} & \dfrac{6}{L^2} & \dfrac{2}{L} & \boldsymbol{K}_f(2,5) & \ldots & \boldsymbol{K}_f(2,j) & \ldots & \boldsymbol{K}_f(2,N_f) \\ & & \dfrac{12}{L^3} & \dfrac{6}{L^2} & \boldsymbol{K}_f(3,5) & \ldots & \boldsymbol{K}_f(3,j) & \ldots & \boldsymbol{K}_f(3,N_f) \\ & & & \dfrac{4}{L} & \boldsymbol{K}_f(4,5) & \ldots & \boldsymbol{K}_f(4,j) & \ldots & \boldsymbol{K}_f(4,N_f) \\ & & & & \boldsymbol{K}_f(5,5) & \ldots & \boldsymbol{K}_f(5,j) & & \boldsymbol{K}_f(5,N_f) \\ & & & & & & & & \vdots \\ & & & & & & & & \boldsymbol{K}_f(N_f,N_f) \end{bmatrix}_{(N_f \times N_f)} \tag{1.31}$$

$$\boldsymbol{K}_f[1,(n+4)] = \int_0^L \left\{\frac{\mathrm{d}^2[\varphi_{f1}(x)]}{\mathrm{d}x^2}\right\}\left\{\frac{\mathrm{d}^2[\varphi_{f(n+4)}(x)]}{\mathrm{d}x^2}\right\}\mathrm{d}x = \int_0^L\left(\frac{6}{L^2}-\frac{12x}{L^3}\right)\left(\frac{n\pi}{L}\right)^2\sin\frac{n\pi x}{L}\mathrm{d}x$$

$$\boldsymbol{K}_f[2,(n+4)] = \int_0^L \left\{\frac{\mathrm{d}^2[\varphi_{f2}(x)]}{\mathrm{d}x^2}\right\}\left\{\frac{\mathrm{d}^2[\varphi_{f(n+4)}(x)]}{\mathrm{d}x^2}\right\}\mathrm{d}x = \int_0^L\left(\frac{4}{L}-\frac{6x}{L^2}\right)\left(\frac{n\pi}{L}\right)^2\sin\frac{n\pi x}{L}\mathrm{d}x$$

$$\boldsymbol{K}_f[3,(n+4)] = \int_0^L \left\{\frac{\mathrm{d}^2[\varphi_{f3}(x)]}{\mathrm{d}x^2}\right\}\left\{\frac{\mathrm{d}^2[\varphi_{r(n+4)}(x)]}{\mathrm{d}x^2}\right\}\mathrm{d}x = \int_0^L\left(-\frac{6}{L^2}+\frac{12x}{L^3}\right)\left(\frac{n\pi}{L}\right)^2\sin\frac{n\pi x}{L}\mathrm{d}x$$

$$\boldsymbol{K}_f[4,(n+4)] = \int_0^L \left\{\frac{\mathrm{d}^2[\varphi_{f4}(x)]}{\mathrm{d}x^2}\right\}\left\{\frac{\mathrm{d}^2[\varphi_{r(n+4)}(x)]}{\mathrm{d}x^2}\right\}\mathrm{d}x = \int_0^L\left(\frac{2}{L}-\frac{6x}{L^2}\right)\left(\frac{n\pi}{L}\right)^2\sin\frac{n\pi x}{L}\mathrm{d}x$$

$$\boldsymbol{K}_f[(m+4),(n+4)] = \int_0^L \left\{\frac{\mathrm{d}^2[\varphi_{f(m+4)}(x)]}{\mathrm{d}x^2}\right\}\left\{\frac{\mathrm{d}^2[\varphi_{f(n+4)}(x)]}{\mathrm{d}x^2}\right\}\mathrm{d}x = \int_0^L\left(\frac{n\pi}{L}\right)^2\left(\frac{m\pi}{L}\right)^2\left(\sin\frac{n\pi x}{L}\right)^2\left(\sin\frac{m\pi x}{L}\right)^2\mathrm{d}x$$

$$\tag{1.32}$$

其中：$m, n = 1, 2, \cdots, (N_f - 4)$。

④ 桥梁的刚度矩阵。

桥梁单元上任意一点的位移：

$$v_b = \sum_{n=1}^{N_b} q_{bn}(t)\varphi_{bn}(x) = [\varphi_{b_1} \quad \varphi_{b_2} \quad \ldots \quad \varphi_{bN_b}]\boldsymbol{q}_b = \boldsymbol{N}_b^T \boldsymbol{q}_b \tag{1.33}$$

桥梁的弯曲势能：

$$\begin{aligned}\Pi_b &= \frac{1}{2}\int_{\Omega^e}\sigma\varepsilon \mathrm{d}\Omega = \frac{1}{2}\int_{\Omega^e}\frac{1}{E_b}\sigma^2 \mathrm{d}\Omega = \frac{1}{2}\int_{\Omega^e}\frac{1}{E_b}\left(\frac{My}{I_b}\right)^2 \mathrm{d}\Omega \\ &= \frac{1}{2}\int_{\Omega^e}\frac{1}{E_b}\left(-E_b\frac{\mathrm{d}^2 v_b}{\mathrm{d}x^2}y\right)^2 \mathrm{d}\Omega = \frac{1}{2}\int_{L^e}E_b I_b\left(\frac{\mathrm{d}^2 v_b}{\mathrm{d}x^2}\right)^2 \mathrm{d}x \\ &= \frac{1}{2}\boldsymbol{a}_b^{eT}\int_{L^e}E_b I_b \left(\mathrm{d}\frac{\mathrm{d}^2 \boldsymbol{N}_b^T}{\mathrm{d}x^2}\right)^T\left(\frac{\mathrm{d}^2 \boldsymbol{N}_b^T}{\mathrm{d}x^2}\right)\mathrm{d}x\,\boldsymbol{a}_b^e = \frac{1}{2}\boldsymbol{a}_b^{eT}\boldsymbol{k}_b^e \boldsymbol{a}_b^e\end{aligned} \tag{1.34}$$

$$\boldsymbol{K}_b = E_b I_b \begin{bmatrix} \frac{12}{L^3} & \frac{-6}{L^2} & \frac{-12}{L^3} & \frac{-6}{L^2} & \boldsymbol{K}_b(1,5) & \ldots & \boldsymbol{K}_b(1,j) & \ldots & \boldsymbol{K}_b(1,N_b) \\ & \frac{4}{L} & \frac{6}{L^2} & \frac{2}{L} & \boldsymbol{K}_b(2,5) & \ldots & \boldsymbol{K}_b(2,j) & \ldots & \boldsymbol{K}_b(2,N_b) \\ & & \frac{12}{L^3} & \frac{6}{L^2} & \boldsymbol{K}_b(3,5) & \ldots & \boldsymbol{K}_b(3,j) & \ldots & \boldsymbol{K}_b(3,N_b) \\ & & & \frac{4}{L} & \boldsymbol{K}_b(4,5) & \ldots & \boldsymbol{K}_b(4,j) & \ldots & \boldsymbol{K}_b(4,N_b) \\ & & & & \boldsymbol{K}_b(5,5) & \ldots & \boldsymbol{K}_b(5,j) & & \boldsymbol{K}_b(5,N_b) \\ & & & & & & & \vdots & \\ & & & & & & & & \boldsymbol{K}_b(N_b,N_b) \end{bmatrix}_{(N_b \times N_b)} \tag{1.35}$$

$$\boldsymbol{K}_b[1,(n+4)] = \int_0^L \left\{\frac{\mathrm{d}^2[\varphi_{b1}(x)]}{\mathrm{d}x^2}\right\}\left\{\frac{\mathrm{d}^2[\varphi_{b(n+4)}(x)]}{\mathrm{d}x^2}\right\}\mathrm{d}x = \int_0^L \left(\frac{6}{L^2} - \frac{12x}{L^3}\right)\left(\frac{n\pi}{L}\right)^2 \sin\frac{n\pi x}{L}\mathrm{d}x$$

$$\boldsymbol{K}_b[2,(n+4)] = \int_0^L \left\{\frac{\mathrm{d}^2[\varphi_{b2}(x)]}{\mathrm{d}x^2}\right\}\left\{\frac{\mathrm{d}^2[\varphi_{b(n+4)}(x)]}{\mathrm{d}x^2}\right\}\mathrm{d}x = \int_0^L \left(\frac{4}{L} - \frac{6x}{L^2}\right)\left(\frac{n\pi}{L}\right)^2 \sin\frac{n\pi x}{L}\mathrm{d}x$$

$$\boldsymbol{K}_b[3,(n+4)] = \int_0^L \left\{\frac{\mathrm{d}^2[\varphi_{b3}(x)]}{\mathrm{d}x^2}\right\}\left\{\frac{\mathrm{d}^2[\varphi_{b(n+4)}(x)]}{\mathrm{d}x^2}\right\}\mathrm{d}x = \int_0^L \left(-\frac{6}{L^2} + \frac{12x}{L^3}\right)\left(\frac{n\pi}{L}\right)^2 \sin\frac{n\pi x}{L}\mathrm{d}x$$

$$\boldsymbol{K}_b[4,(n+4)] = \int_0^L \left\{\frac{\mathrm{d}^2[\varphi_{b4}(x)]}{\mathrm{d}x^2}\right\}\left\{\frac{\mathrm{d}^2[\varphi_{b(n+4)}(x)]}{\mathrm{d}x^2}\right\}\mathrm{d}x = \int_0^L \left(\frac{2}{L} - \frac{6x}{L^2}\right)\left(\frac{n\pi}{L}\right)^2 \sin\frac{n\pi x}{L}\mathrm{d}x$$

$$\boldsymbol{K}_b[(m+4),(n+4)] = \int_0^L \left\{\frac{\mathrm{d}^2[\varphi_{b(m+4)}(x)]}{\mathrm{d}x^2}\right\}\left\{\frac{\mathrm{d}^2[\varphi_{b(n+4)}(x)]}{\mathrm{d}x^2}\right\}\mathrm{d}x = \int_0^L \left(\frac{n\pi}{L}\right)^2\left(\frac{m\pi}{L}\right)^2\left(\sin\frac{n\pi x}{L}\right)^2\left(\sin\frac{m\pi x}{L}\right)^2 \mathrm{d}x$$

$$\tag{1.36}$$

其中：$m, n = 1, 2, \cdots, (N_b - 4)$。

⑤ 离散支承弹簧产生的刚度矩阵。

设整个单元长度 L 中共有 s 个等距离散支承，每两个支承间距为 $\mathrm{d}l$。假设第一个支承在单元原点处，第 i 个支承位置的坐标为 x_{si}，且 $x_{si} = (i-1)\mathrm{d}l$，其中 $i = 1, 2, \cdots, s$。

则第 i 个支承处弹簧的位移为

$$\sum_{n=1}^{N_r} q_{rn}(t)\varphi_{rn}(x_{si}) - \sum_{n=1}^{N_s} q_{sn}(t)\varphi_{sn}(x_{si}) = \boldsymbol{N}_{\boldsymbol{1}(1\times N_z)}^{i\mathrm{T}} \boldsymbol{a}^e \tag{1.37}$$

$$\boldsymbol{N}_{\boldsymbol{1}}^{i\mathrm{T}} = \{\varphi_{r1}(x_{si}) \quad \varphi_{r2}(x_{si}) \quad \ldots \quad \varphi_{rN_r}(x_{si}) \quad -\varphi_{s1}(x_{si}) \quad -\varphi_{s2}(x_{si}) \quad \ldots \quad -\varphi_{sN_s}(x_{si}) \quad 0_{1\times(N_f+N_b)}\} \tag{1.38}$$

离散支承弹簧的势能：

$$\Pi_{1c} = \sum_{i=1}^{s} \frac{1}{2} k_{y1} \left(\boldsymbol{N}_{\boldsymbol{1}}^{i\mathrm{T}} \boldsymbol{a}^e\right)^2 = \frac{1}{2} \boldsymbol{a}^{e\mathrm{T}} \sum_{i=1}^{s} \left\{k_{y1} \boldsymbol{N}_{\boldsymbol{1}}^{i} \boldsymbol{N}_{\boldsymbol{1}}^{i\mathrm{T}}\right\} \boldsymbol{a}^e = \frac{1}{2} \boldsymbol{a}^{e\mathrm{T}} \boldsymbol{K}_{1c} \boldsymbol{a}^e \tag{1.39}$$

$$\boldsymbol{K}_{1c} = k_{y1} \sum_{i=1}^{s} \boldsymbol{N}_{\boldsymbol{1}}^{i} \boldsymbol{N}_{\boldsymbol{1}}^{i\mathrm{T}} \tag{1.40}$$

$\boldsymbol{K}_{1c}$ 前 N_r 行非零元素为

$\boldsymbol{K}_{1c}(m, j) = k_{y1} \sum_{i=1}^{s} [\varphi_{rm}(x_{si})\varphi_{rj}(x_{si})]$，其中，$1 \leqslant m \leqslant N_r$，$1 \leqslant j \leqslant N_r$。

$\boldsymbol{K}_{1c}(m, j) = k_{y1} \sum_{i=1}^{s} [\varphi_{rm}(x_{si})\varphi_{s(j-N_r)}(x_{si})]$，其中，$1 \leqslant m \leqslant N_r$，$N_r + 1 \leqslant j \leqslant N_r + N_s$。

$\boldsymbol{K}_{1c}$ 第 $N_r + 1$ 行到 $N_r + N_s$ 的非零元素为

$\boldsymbol{K}_{1c}(m, j) = k_{y1} \sum_{i=1}^{s} [\varphi_{s(m-N_r)}(x_{si})\varphi_{r(j-N_r)}(x_{si})]$，其中，$N_r + 1 \leqslant m \leqslant N_r + N_s$，$1 \leqslant j \leqslant N_r$。

$\boldsymbol{K}_{1c}(m, j) = k_{y1} \sum_{i=1}^{s} [\varphi_{s(m-N_r)}(x_{si})\varphi_{s(j-N_r)}(x_{si})]$，其中，$N_r + 1 \leqslant m \leqslant N_r + N_s$，$N_r + 1 \leqslant j \leqslant N_r + N_s$。

$\boldsymbol{K}_{1c}$ 其他元素为 0。

⑥ 连续支承弹簧产生的刚度矩阵。

第一层连续支承弹簧的位移为

$$v_{sf} = \sum_{n=1}^{N_s} q_{sn}(t)\varphi_{sn}(x) - \sum_{n=1}^{N_f} q_{fn}(t)\varphi_{fn}(x) = \boldsymbol{N}_{sf(1\times N_z)}^{\mathrm{T}} \boldsymbol{a}^e \tag{1.41}$$

$$\boldsymbol{N}_{sf}^{\mathrm{T}} = \{0_{(1\times N_r)} \quad \varphi_{s1}(x) \quad \varphi_{s2}(x) \quad \ldots \quad \varphi_{sN_s}(x) \quad -\varphi_{f1}(x) \quad -\varphi_{f2}(x) \quad \ldots \quad -\varphi_{fN_f}(x) \quad 0_{(1\times N_b)}\} \tag{1.42}$$

第一层连续支承弹簧的势能为

$$\Pi_{2c} = \frac{1}{2}\int_{\Omega^e} k_{y2} v_{sf}^2 \mathrm{d}x = \frac{1}{2}\bm{a}^{e\mathrm{T}}\int_{\Omega^e}\left\{k_{y2}\bm{N}_{sf}\bm{N}_{sf}^{\mathrm{T}}\right\}\mathrm{d}x\bm{a}^e = \frac{1}{2}\bm{a}^{e\mathrm{T}}\bm{K}_{2c}\bm{a}^e \qquad (1.43)$$

$$\bm{K}_{2c} = \int_0^L \left\{k_{y2}\bm{N}_{sf}\bm{N}_{sf}^{\mathrm{T}}\right\}\mathrm{d}x \qquad (1.44)$$

$\bm{K}_{2c}$ 第 N_r+1 行到 N_r+N_s 的非零元素为

$\bm{K}_{2c}(m,j) = k_{y2}\int_0^L \varphi_{s(m-N_r)}(x)\varphi_{s(j-N_r)}(x)\mathrm{d}x$，其中，$1+N_r \leqslant m \leqslant N_r+N_s$，$1+N_r \leqslant j \leqslant N_r+N_s$。

$\bm{K}_{2c}(m,j) = k_{y2}\int_0^L -\varphi_{s(m-N_r)}(x)\varphi_{f(j-N_r-N_s)}(x)\mathrm{d}x$。其中，$1+N_r \leqslant m \leqslant N_r+N_s$，$N_r+N_s+1 \leqslant j \leqslant N_r+N_s+N_f$。

$\bm{K}_{2c}$ 第 N_r+N_s+1 行到 $N_r+N_s+N_f$ 行非零元素为

$\bm{K}_{2c}(m,j) = k_{y2}\int_0^L -\varphi_{f(m-N_r-N_s)}(x)\varphi_{s(j-N_r)}(x)\mathrm{d}x$，其中，$N_r+N_s+1 \leqslant m \leqslant N_r+N_s+N_f$，$N_r+1 \leqslant j \leqslant N_r+N_s$。

$\bm{K}_{2c}(m,j) = k_{sy2}\int_0^L \varphi_{f(m-N_r-N_s)}(x)\varphi_{f(j-N_r-N_s)}(x)\mathrm{d}x$。其中，$N_r+N_s+1 \leqslant m \leqslant N_r+N_s+N_f$，$N_r+N_s+1 \leqslant j \leqslant N_r+N_s+N_f$。

$\bm{K}_{2c}$ 其他元素为 0。

第二层连续支承弹簧的位移为

$$v_{fb} = \sum_{n=1}^{N_f} q_{fn}(t)\varphi_{fn}(x) - \sum_{n=1}^{N_b} q_{bn}(t)\varphi_{bn}(x) = \bm{N}_{fb(1\times N_z)}^{\mathrm{T}}\bm{a}^e \qquad (1.45)$$

$$\bm{N}_{fb}^{\mathrm{T}} = \{0_{[1\times(N_r+N_s)]}\ \ \varphi_{f1}(x)\ \ \varphi_{f2}(x)\ \ \ldots\ \ \varphi_{fN_f}(x)\ \ -\varphi_{b1}(x)\ \ -\varphi_{b2}(x)\ \ \ldots\ \ -\varphi_{bN_b}(x)\} \qquad (1.46)$$

第二层连续支承弹簧的势能为

$$\Pi_{3c} = \frac{1}{2}\int_{\Omega^e} k_{y3} v_{fb}^2 \mathrm{d}x = \frac{1}{2}\bm{a}^{e\mathrm{T}}\int_{\Omega^e} k_{y3}\bm{N}_{fb}\bm{N}_{fb}^{\mathrm{T}}\mathrm{d}x\bm{a}^e = \frac{1}{2}\bm{a}^{e\mathrm{T}}\bm{K}_{3c}\bm{a}^e \qquad (1.47)$$

$$\bm{N}_{fb}^{\mathrm{T}} = \{0_{[1\times(N_r+N_s)]}\ \ \varphi_{f1}(x)\ \ \varphi_{f2}(x)\ \ \ldots\ \ \varphi_{fN_f}(x)\ \ -\varphi_{b1}(x)\ \ -\varphi_{b2}(x)\ \ \ldots\ \ -\varphi_{bN_b}(x)\} \qquad (1.48)$$

$\bm{K}_{3c}$ 第 N_r+N_s+1 行到 $N_r+N_s+N_f$ 的非零元素为

$\bm{K}_{3c}(m,j) = k_{y3}\int_0^L \varphi_{f(m-N_r-N_s)}(x)\varphi_{f(j-N_r-N_s)}(x)\mathrm{d}x$，其中 $1+N_r+N_s \leqslant m \leqslant N_r+N_s+N_f$，$1+N_r+N_s \leqslant j \leqslant N_r+N_s+N_f$。

$\bm{K}_{3c}(m,j) = k_{y3}\int_0^L -\varphi_{f(m-N_r-N_s)}(x)\varphi_{b(j-N_r-N_s-N_f)}(x)\mathrm{d}x$，其中 $1+N_r+N_s \leqslant m \leqslant N_r+N_s+N_f$，$N_r+N_s+N_f+1 \leqslant j \leqslant N$。

$\bm{K}_{3c}$ 其他元素为 0。

$\bm{K}_{3c}$ 第 $N_r+N_s+N_f+1$ 行到 N_z 行的非零元素为

$K_{3c}(m,j) = k_{y3}\int_0^L -\varphi_{b(m-N_r-N_s-N_f)}(x)\varphi_{f(j-N_r-N_s)}(x)\mathrm{d}x$，其中，$N_r+N_s+N_f+1 \leq m \leq N_Z$，$1+N_r+N_s \leq j \leq N_r+N_s+N_f$。

$K_{3c}(m,j) = k_{y3}\int_0^L \varphi_{b(m-N_r-N_s-N_f)}(x)\varphi_{b(j-N_r-N_s-N_f)}(x)\mathrm{d}x$，其中 $N_r+N_s+N_f+1 \leq m \leq N_Z$，$N_r+N_s+N_f+1 \leq j \leq N_Z$。

$K_{3c(N \times N)}$ 其他元素为 0。

四层轨道-桥梁单元的刚度矩阵：

$K_l = K + K_{1c} + K_{2c} + K_{3c}$

其中：

$$K = \begin{bmatrix} K_{r(N_r \times N_r)} & & & \\ & K_{s(N_s \times N_s)} & & \\ & & K_{f(N_f \times N_f)} & \\ & & & K_{b(N_b \times N_b)} \end{bmatrix} \quad (1.49)$$

（3）轨道单元的阻尼矩阵。

① 比例阻尼。

$$C_r = \alpha_r M_r + \beta_r K_r \quad (1.50)$$

$$C_s = \alpha_s M_s + \beta_s K_s \quad (1.51)$$

$$C_f = \alpha_f M_f + \beta_f K_f \quad (1.52)$$

$$C_b = \alpha_b M_b + \beta_b K_b \quad (1.53)$$

$$C = \begin{bmatrix} C_r & & & \\ & C_s & & \\ & & C_f & \\ & & & C_b \end{bmatrix} \quad (1.54)$$

其中 $\alpha_{r,s,f,b}$，$\beta_{r,s,f,b}$ 分别为钢轨、轨道板、混凝土底座板、桥梁的比例阻尼系数。

② 离散支承弹簧产生的阻尼矩阵。

离散支承弹簧的速度：

$$\sum_{n=1}^{N_r} \dot{q}_{rn}(t)\varphi_{rn}(x_{si}) - \sum_{n=1}^{N_s} \dot{q}_{sn}(t)\varphi_{ns}(x_{si}) = N_1^{i\mathrm{T}} \dot{a}^e \quad (1.55)$$

离散支承弹簧的耗散能：

$$R_{1c} = \sum_{i=1}^{s} \frac{1}{2} c_{y1} \left(N_1^{i\mathrm{T}} \dot{a}^e\right)^2 = \frac{1}{2} \dot{a}^{e\mathrm{T}} \sum_{i=1}^{s} \left\{c_{y1} N_1^i N_1^{i\mathrm{T}}\right\} \dot{a}^e = \frac{1}{2} \dot{a}^{e\mathrm{T}} C_{1c} \dot{a}^e \quad (1.56)$$

离散支承弹簧的阻尼矩阵 C_{1c} 与离散支承弹簧的刚度矩阵 K_{1c} 形式相同，只是将 k_{y1} 置换成 c_{y1} 即可，此处不再赘述。

③ 连续支承弹簧产生的阻尼矩阵。

第一层连续支承弹簧的速度：

$$\dot{v}_{sf} = \sum_{n=1}^{N_s} \dot{q}_{sn}(t)\varphi_{sn}(x) - \sum_{n=1}^{N_f} \dot{q}_{fn}(t)\varphi_{fn}(x) = N_{sf}^T \dot{a}^e \tag{1.57}$$

第一层连续支承弹簧的耗散能：

$$R_{2c} = \frac{1}{2} \int_{\Omega^e} c_{y2} \dot{v}_{sf}^2 \mathrm{d}x = \frac{1}{2} \dot{a}^{eT} \int_{\Omega^e} (c_{y2} N_{sf} N_{sf}^T) \mathrm{d}x \dot{a}^e = \frac{1}{2} \dot{a}^{eT} C_{2c} \dot{a}^e \tag{1.58}$$

第一层连续支承弹簧的阻尼矩阵 C_{2c} 与第一层连续支承弹簧的刚度矩阵 K_{2c} 形式相同，只是将 k_{y2} 置换成 c_{y2} 即可，此处不再赘述。

④ 第二层连续支承弹簧的阻尼矩阵。

第二层连续支承弹簧的速度：

$$\dot{v}_{fb} = \sum_{n=1}^{N_f} \dot{q}_{fn}(t)\varphi_{fn}(x) - \sum_{n=1}^{N_b} \dot{q}_{bn}(t)\varphi_{bn}(x) = N_{fb}^T \dot{a}^e \tag{1.59}$$

第二层连续支承弹簧的耗散能：

$$R_{3c} = \frac{1}{2} \int_{\Omega^e} c_{y3} \dot{v}_{fb}^2 \mathrm{d}x = \frac{1}{2} \dot{a}^{eT} \int_{\Omega^e} (c_{y3} N_{fb} N_{fb}^T) \mathrm{d}x \dot{a}^e = \frac{1}{2} \dot{a}^{eT} C_{3c} \dot{a}^e \tag{1.60}$$

第二层连续支承弹簧的阻尼矩阵 C_{3c} 与第二层连续支承弹簧的刚度矩阵 K_{3c} 形式相同，只是将 k_{y3} 置换成 c_{y3} 即可。

四层轨道-桥梁单元的阻尼矩阵：

$$C_t = C + C_{1c} + C_{2c} + C_{3c} \tag{1.61}$$

其中 C 为比例阻尼，C_{1c}、C_{2c}、C_{3c} 分别为一层离散、二层连续支承弹簧耗散能产生的阻尼。

1.1.2 车辆单元

模型中考虑轮对钢轨弹性接触，用线性弹簧来模拟轮对与轨道间的关系，认为车轮不悬空（轮对始终与钢轨接触），即钢轨与轮对接触面为轮对的竖向运动轨迹。因此，车桥耦合垂向振动系统几何相容条件为：轮对的位移通过轮轨接触处钢轨位移与轨道不平顺幅值之间的关系来得到。车辆和轨道之间的轮轨耦合作用力根据轮轨接触弹性系数和轮对位移的乘积来得到。

本书将每节车辆离散为 4 个具有二系悬挂的独立动轮单元，车体、转向架和车轮只考虑系统竖向振动主要激励源沉浮振动，不考虑车体、转向架和轮对的弹性变形，即车体、转向架和轮对均为刚体。轮轨间为协调弹性接触，接触弹簧的刚度系数为 K_c。

本书以一节车辆为例来推导车辆单元的各种特性矩阵。车辆单元模型见图1.4，M_c、M_t 为车体和转向架的质量；K_{s1}、K_{s2} 为车辆一、二系悬挂刚度；C_{s1}、C_{s2} 为车辆一、二系悬挂阻尼；$M_{wi}(i=1,2,3,4)$ 为第 i 个车轮质量。轨道随机不平顺在 4 个车轮接触处幅值分别为 η_1、η_2、η_3、η_4。

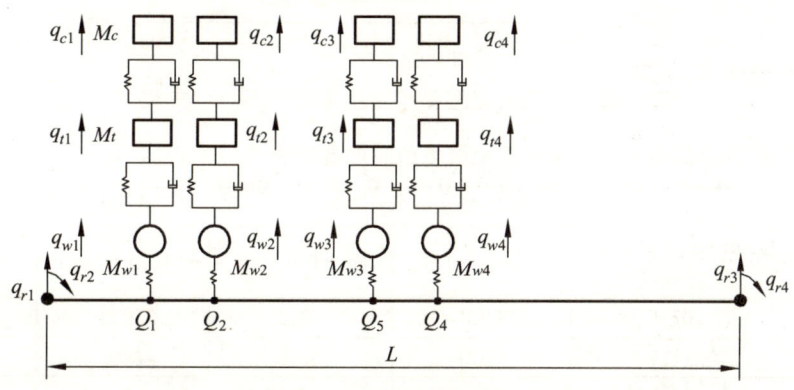

图 1.4　车辆单元模型图

考虑钢轨有 N_r 个自由度，每节车辆离散成 4 个独立的动轮单元，每个动轮有 3 个自由度，即车辆单元自由度有 (N_r+12) 个。单元有 (N_r+12) 个结点，分别为 r_1，r_2，…，r_{N_r}，w_1，t_1，c_1，w_2，t_2，c_2，w_3，t_3，c_3，w_4，t_4，c_4；结点位移为 $a^e = \{q_{r1}\ q_{r2}\ \cdots\ q_{rN_r}\ q_{w1}\ q_{t1}\ q_{c1}\ q_{w2}\ q_{t2}\ q_{c2}\ q_{w3}\ q_{t3}\ q_{c3}\ q_{w4}\ q_{t4}\ q_{c4}\}_{[1\times(N_r+12)]}$。

Q_i 点为第 i 轮与钢轨的接触点，设 t 时刻原点与 Q_i 间的距离为 x_i，$x_i = vt + a_i$，其中 a_i 为第 i 个车轮在初始时刻与原点的距离。下部梁的长度为 L。

假定下部梁单元（钢轨）的位移模式与轨道桥梁单元一致：

$$v_r = \sum_{n=1}^{N_r} q_{rn}(t)\varphi_{rn}(x) \tag{1.62}$$

其中，$\varphi_{rn}(x)$ 为梁的插值函数，其形式与轨道-桥梁单元的钢轨的插值函数一致；$q_{rn}(t)$ 为 r_n 结点的位移。基于有限元法对车辆单元的刚度、质量和阻尼矩阵进行推导。

对于结点 Q_i 处钢轨的竖向位移 v_i 可以表示为

$$v_i = \sum_{n=1}^{N_r} q_{rn}(t)\varphi_{rn}(x_i) \tag{1.63}$$

其中 $\varphi_{rn}(x_i)$ 为 $\varphi_{rn}(x)$ 令 $x = x_i$ 后得到的结果。

c_i 号结点的竖向位移为

$$v_c^i = \bm{N}_c^{iT} \bm{a}^e \tag{1.64}$$

$$\bm{N}_c^{iT} = \left\{ 0_{(1 \times N_r)} \quad 0 \ 0 \ 1 \ 0 \ 0 \ 1 \ 0 \ 0 \ 1 \ 0 \ 0 \ 1 \right\}_{[1 \times (N_r+12)]} \tag{1.65}$$

所以可得 c_i 号结点的竖向速度为

$$\dot{v}_c^i = \bm{N}_c^{iT} \dot{\bm{a}}^e \tag{1.66}$$

t_i 号结点的竖向位移为

$$v_t^i = \bm{N}_t^{iT} \bm{a}^e \tag{1.67}$$

$$\bm{N}_t^{iT} = \left\{ 0_{(1 \times N_r)} \quad 0 \ 1 \ 0 \ 0 \ 1 \ 0 \ 0 \ 1 \ 0 \ 0 \ 1 \ 0 \right\}_{[1 \times (N_r+12)]} \tag{1.68}$$

t_i 号结点的竖向速度为

$$\dot{v}_t^i = \bm{N}_t^{iT} \dot{\bm{a}}^e \tag{1.69}$$

w_i 号结点的竖向位移为

$$v_w^i = \bm{N}_w^{iT} \bm{a}^e \tag{1.70}$$

$$\bm{N}_w^{iT} = \left\{ 0_{(1 \times N_r)} \quad 1 \ 0 \ 0 \ 1 \ 0 \ 0 \ 1 \ 0 \ 0 \ 1 \ 0 \ 0 \right\}_{[1 \times (N_r+12)]} \tag{1.71}$$

w_i 号结点的竖向速度为

$$\dot{v}_w^i = \bm{N}_w^{iT} \dot{\bm{a}}^e \tag{1.72}$$

由式（1.64）、（1.67）、（1.70）可得

车辆一系弹簧的位移：

$$v_1 = \sum_{i=1}^{4}(v_t^i - v_w^i) = \left\{ 0_{(1 \times N_r)} \quad -1 \ 1 \ 0 \ -1 \ 1 \ 0 \ -1 \ 1 \ 0 \ -1 \ 1 \ 0 \right\} = \bm{N}_1^T \bm{a}^e \tag{1.73}$$

$$\bm{N}_1^T = \left\{ 0_{(1 \times N_r)} \quad -1 \ 1 \ 0 \ -1 \ 1 \ 0 \ -1 \ 1 \ 0 \ -1 \ 1 \ 0 \right\}_{[1 \times (N_r+12)]} \tag{1.74}$$

车辆二系弹簧的位移

$$v_2 = \sum_{i=1}^{4}(v_c^i - v_t^i) = \left\{ 0_{(1 \times N_r)} \quad 0 \ -1 \ 1 \ 0 \ -1 \ 1 \ 0 \ -1 \ 1 \ 0 \ -1 \ 1 \right\} = \bm{N}_2^T \bm{a}^e \tag{1.75}$$

$$N_2^{\mathrm{T}} = \left\{0_{(1\times N_r)}\ \ 0\ \ -1\ \ 1\ \ 0\ \ -1\ \ 1\ \ 0\ \ -1\ \ 1\ \ 0\ \ -1\ \ 1\right\}_{[1\times(N_r+12)]} \quad (1.76)$$

第 i 车轮与钢轨接触点 Q_i 处轮轨的相对位移为

$$v_q^i = v_w^i - v_i = N_w^{i\mathrm{T}} a^e - \sum_{n=1}^{N_r} q_n(t)\varphi_{rn}(x_i) = N_q^{i\mathrm{T}} a^e \quad (1.77)$$

则轮轨接触点处的所有位移为

$$v_q = \sum_{i=1}^{4} v_q^i = \sum_{i=1}^{4}(v_w^i - v_i) = \sum_{i=1}^{k}\left(N_w^{i\mathrm{T}} a^e - \sum_{n=1}^{N_r} q_n(t)\varphi_{rn}(x_i)\right) = N_q^{\mathrm{T}} a^e \quad (1.78)$$

$$N_q^{\mathrm{T}} = \left\{\sum_{i=1}^{4} -\varphi_{r1}(x_i)\ \ \ldots\ \ \sum_{i=1}^{4} -\varphi_{rN_r}(x_i)\ \ 1\ \ 0\ \ 0\ \ 1\ \ 0\ \ 0\ \ 1\ \ 0\ \ 0\ \ 1\ \ 0\ \ 0\right\} \quad (1.79)$$

$$\dot{v}_q = \sum_{i=1}^{4}\left(\dot{v}_w^i - \dot{v}_i\right) = N_q^{\mathrm{T}} \dot{a}^e \quad (1.80)$$

运用 Hamilton 原理，即

$$\frac{\mathrm{d}}{\mathrm{d}t}\frac{\partial L}{\partial \dot{a}} - \frac{\partial L}{\partial a} + \frac{\partial R}{\partial \dot{a}} = 0 \quad (1.81)$$

其中，L 为 Lagrange 函数，$L = T - \Pi$，T 为动能，Π 为势能，R 为耗散能。

车辆单元的动能为

$$\begin{aligned}
T &= \frac{1}{2}M_c \sum_{i=1}^{4}(\dot{v}_c^i)^2 + \frac{1}{2}M_t \sum_{i=1}^{4}(\dot{v}_t^i)^2 + \frac{1}{2}M_{wi}\sum_{i=1}^{4}(\dot{v}_w^i)^2 \\
&= \frac{1}{2}M_c \sum_{i=1}^{4}(\dot{a}^{e\mathrm{T}} N_c^i N_c^{i\mathrm{T}} \dot{a}^e) + \frac{1}{2}M_t \left(\sum_{i=1}^{4}\dot{a}^{e\mathrm{T}} N_t^i N_t^{i\mathrm{T}} \dot{a}^e\right) + \\
&\quad \frac{1}{2}\sum_{i=1}^{4}M_{wi}(\dot{a}^{e\mathrm{T}} N_w^i N_w^{i\mathrm{T}} \dot{a}^e) = \frac{1}{2}\dot{a}^{e\mathrm{T}} M_v \dot{a}^e
\end{aligned} \quad (1.82)$$

$$\begin{aligned}
M_v &= M_c N_c N_c^{\mathrm{T}} + M_t N_t N_t^{\mathrm{T}} + \sum_{i=1}^{4} M_{wi} N_w^i N_w^{i\mathrm{T}} \\
&= \mathrm{diag}\{M_{w1}\ \ M_t\ \ M_c\ \ M_{w2}\ \ M_t\ \ M_c\ \ M_{w3}\ \ M_t\ \ M_c\ \ M_{w4}\ \ M_t\ \ M_c\}
\end{aligned} \quad (1.83)$$

车辆单元的质量矩阵：

$$M_u = \begin{bmatrix} 0_{(N_r \times N_r)} & \\ & M_v \end{bmatrix} \quad (1.84)$$

车辆单元的势能为

$$\Pi = \frac{1}{2}K_c \sum_{i=1}^{4}\left(v_w^i - v_i\right)^2 + \frac{1}{2}K_{s1}\sum_{i=1}^{4}\left(v_t^i - v_w^i\right)^2 + \frac{1}{2}K_{s2}\sum_{i=1}^{4}\left(v_c^i - v_t^i\right)^2 +$$

$$\sum_{i=1}^{4} v_c^i M_c g + \sum_{i=1}^{4} v_t^i M_t g + \sum_{i=1}^{4} v_w^i M_{wi} g$$

$$= \frac{1}{2}K_c \boldsymbol{a}^{eT} \boldsymbol{N}_q \boldsymbol{N}_q^T \boldsymbol{a}^e + \frac{1}{2}K_{s1}\boldsymbol{a}^{eT}\boldsymbol{N}_1\boldsymbol{N}_1^T\boldsymbol{a}^e +$$

$$\frac{1}{2}K_{s2}\boldsymbol{a}^{eT}\boldsymbol{N}_2\boldsymbol{N}_2^T\boldsymbol{a}^e + \boldsymbol{N}_c^T\boldsymbol{a}^e M_c g + \boldsymbol{N}_t^T\boldsymbol{a}^e M_t g + \sum_{i=1}^{4}\boldsymbol{N}_w^{iT}\boldsymbol{a}^e M_{wi} g$$

$$= K_{s2}\boldsymbol{N}_2\boldsymbol{N}_2^T + K_{s1}\boldsymbol{N}_1\boldsymbol{N}_1^T + k_c\boldsymbol{N}_q\boldsymbol{N}_q^T + (\boldsymbol{a}^e)^T\boldsymbol{Q}_v \quad (1.85)$$

其中：令 $\boldsymbol{K}_v = K_{s2}\boldsymbol{N}_2\boldsymbol{N}_2^T + K_{s1}\boldsymbol{N}_1\boldsymbol{N}_1^T$。

令 $\boldsymbol{K}_v = \begin{bmatrix} 0_{(N_r \times N_r)} & 0_{(N_r \times 12)} \\ 0_{(12 \times N_r)} & \boldsymbol{K}_{s(12 \times 12)} \end{bmatrix}_{(12+N_r)\times(12+N_r)}$，其中 $\boldsymbol{K}_s = \begin{bmatrix} \boldsymbol{I}_s & \boldsymbol{I}_s & \boldsymbol{I}_s & \boldsymbol{I}_s \\ \boldsymbol{I}_s & \boldsymbol{I}_s & \boldsymbol{I}_s & \boldsymbol{I}_s \\ \boldsymbol{I}_s & \boldsymbol{I}_s & \boldsymbol{I}_s & \boldsymbol{I}_s \\ \boldsymbol{I}_s & \boldsymbol{I}_s & \boldsymbol{I}_s & \boldsymbol{I}_s \end{bmatrix}_{12 \times 12}$，

$\boldsymbol{I}_s = \begin{bmatrix} K_{s1} & -K_{s1} & 0 \\ -K_{s1} & K_{s1}+K_{s2} & 0 \\ 0 & 0 & -K_{s2} \end{bmatrix}_{3 \times 3}$ 为 $\boldsymbol{K}_s$ 的单轮表达式。

令 $\boldsymbol{K}_q = K_c \boldsymbol{N}_q \boldsymbol{N}_q^T$， $\boldsymbol{K}_q = K_c \begin{bmatrix} \boldsymbol{I}_{1(N_r \times N_r)} & \boldsymbol{I}_{2(N_r \times 12)} \\ \boldsymbol{I}_{3(12 \times N_r)} & \boldsymbol{I}_{4(12 \times 12)} \end{bmatrix}_{(12+N_r)\times(12+N_r)}$。

其中：

$$\boldsymbol{I}_1 = \begin{bmatrix} \left[\sum_{i=1}^{4}\varphi_{r1}(x_i)\right]^2 & \sum_{i=1}^{4}\varphi_{r1}(x_i)\sum_{i=1}^{4}\varphi_{r2}(x_i) & \sum_{i=1}^{4}\varphi_{r1}(x_i)\sum_{i=1}^{4}\varphi_{r3}(x_i) & \cdots & \sum_{i=1}^{4}\varphi_{r1}(x_i)\sum_{i=1}^{4}\varphi_{rN_r}(x_i) \\ & \left[\sum_{i=1}^{4}\varphi_{r2}(x_i)\right]^2 & \sum_{i=1}^{4}\varphi_{r2}(x_i)\sum_{i=1}^{4}\varphi_{r3}(x_i) & \cdots & \sum_{i=1}^{4}\varphi_{r2}(x_i)\sum_{i=1}^{4}\varphi_{rN_r}(x_i) \\ & & \left[\sum_{i=1}^{4}\varphi_{r3}(x_i)\right]^2 & \cdots & \sum_{i=1}^{4}\varphi_{r3}(x_i)\sum_{i=1}^{4}\varphi_{rN_r}(x_i) \\ & & & & \vdots \\ & & & & \left[\sum_{i=1}^{4}\varphi_{rN_r}(x_i)\right]^2 \end{bmatrix} \quad (1.86)$$

$$I_2 = \begin{bmatrix} -\sum_{i=1}^{4}\varphi_{r1}(x_i) & 0 & 0 & -\sum_{i=1}^{4}\varphi_{r1}(x_i) & 0 & 0 & -\sum_{i=1}^{4}\varphi_{r1}(x_i) & 0 & 0 & -\sum_{i=1}^{4}\varphi_{r1}(x_i) & 0 & 0 \\ -\sum_{i=1}^{4}\varphi_{r2}(x_i) & 0 & 0 & -\sum_{i=1}^{4}\varphi_{r2}(x_i) & 0 & 0 & -\sum_{i=1}^{4}\varphi_{r2}(x_i) & 0 & 0 & -\sum_{i=1}^{4}\varphi_{r2}(x_i) & 0 & 0 \\ -\sum_{i=1}^{4}\varphi_{r3}(x_i) & 0 & 0 & -\sum_{i=1}^{4}\varphi_{r3}(x_i) & 0 & 0 & -\sum_{i=1}^{4}\varphi_{r3}(x_i) & 0 & 0 & -\sum_{i=1}^{4}\varphi_{r3}(x_i) & 0 & 0 \\ \vdots & & & & & & & & & & & \\ -\sum_{i=1}^{4}\varphi_{rN_r}(x_i) & 0 & 0 & -\sum_{i=1}^{4}\varphi_{rN_r}(x_i) & 0 & 0 & -\sum_{i=1}^{4}\varphi_{rN_r}(x_i) & 0 & 0 & -\sum_{i=1}^{4}\varphi_{rN_r}(x_i) & 0 & 0 \end{bmatrix} \quad (1.87)$$

其中：$I_{3(12 \times N_r)} = I_2^T$。令 $I_4 = \begin{bmatrix} I_{44} & I_{44} & I_{44} & I_{44} \\ I_{44} & I_{44} & I_{44} & I_{44} \\ I_{44} & I_{44} & I_{44} & I_{44} \\ I_{44} & I_{44} & I_{44} & I_{44} \end{bmatrix}_{(12 \times 12)}$，其中 $I_{44} = \begin{bmatrix} 1 & 0 & 0 \\ 0 & 0 & 0 \\ 0 & 0 & 0 \end{bmatrix}$ 为 I_4 的单轮表达式。

车辆单元的刚度矩阵：

$$K_u = K_v + K_q \quad (1.88)$$

4 轮附有二系弹簧模型的耗散能为

$$R = \frac{1}{2}C_{s2}\sum_{i=1}^{4}(\dot{v}_c^i - \dot{v}_t^i)^2 + \frac{1}{2}C_{s1}\sum_{i=1}^{4}(\dot{v}_t^i - \dot{v}_w^i)^2 \\ = \frac{1}{2}C_{s2}\dot{a}^{eT}N_2N_2^T\dot{a}^e + \frac{1}{2}C_{s1}\dot{a}^{eT}N_1N_1^T\dot{a}^e = \frac{1}{2}a^{eT}C_s a^e \quad (1.89)$$

其中：

$$C_s = C_{s2}N_1N_1^T + C_{s1}N_2N_2^T \quad (1.90)$$

C_s 的形式与 K_s 相同，只是将 K_{s1}、K_{s2} 分别替换成 C_{s1}、C_{s2} 即可。

车辆单元的阻尼矩阵：

$$C_u = \begin{bmatrix} 0_{(N_r \times N_r)} & 0_{(N_r \times 12)} \\ 0_{(12 \times N_r)} & C_{s(12 \times 12)} \end{bmatrix}_{(12+N_r) \times (12+N_r)} \quad (1.91)$$

车辆单元的荷载向量：本书采用轨道不平顺作为车桥耦合振动的激励源。由于列车-轨道-桥梁耦合系统不能直接在频域范围内采用叠加原理，因此利用傅里叶变换将其转变为时域范围内的激励函数，再利用时域的数值积分方法求解响应。车辆-无砟轨道-桥梁系统的荷载包括车辆的自重荷载及轨道不平顺产生的荷载。

$$Q = Q_v + Q_\eta \tag{1.92}$$

其中 Q_v、Q_η 分别为车辆自重和轨道不平顺引起的荷载。

$$Q_v = \left\{ 0_{(1 \times N_r)} \quad M_w g \quad M_t g \quad M_c g \quad M_{w2} g \quad M_t g \quad M_c g \quad M_{w3} g \quad M_t g \quad M_c g \quad M_{w4} g \quad M_t g \quad M_c g \right\} \tag{1.93}$$

$$Q_\eta = \left\{ F_r \quad k_c \eta_1 \quad 0 \quad 0 \quad k_c \eta_2 \quad 0 \quad 0 \quad k_c \eta_3 \quad 0 \quad 0 \quad k_c \eta_4 \quad 0 \quad 0 \right\} \tag{1.94}$$

$$F_r = \left\{ -\sum_{i=1}^{4} k_c \eta_i \varphi_{r1}(x_i) \quad -\sum_{i=1}^{4} k_c \eta_i \varphi_{r2}(x_i) \quad \cdots \quad -\sum_{i=1}^{4} k_c \eta_i \varphi_{rN_r}(x_i) \right\} \tag{1.95}$$

1.1.3 列车-无砟轨道-桥梁系统动力有限元方程

整个系统离散成车辆单元和无砟轨道-桥梁单元，由于无砟轨道-桥梁单元是离散成一个多自由度的单元，单元矩阵即总矩阵，结合车辆单元的总矩阵，建立车辆-无砟轨道-桥梁系统的时变动力有限元方程：

$$M\ddot{a} + C\dot{a} + Ka = Q \tag{1.96}$$

式中，$M = M_l + M_u$，$K = K_l + K_u$，$C = C_l + C_u$，$Q = Q_v + Q_\eta$。

同时，当车轮运行至桥墩处时，为保证整个系统计算模型的几何不变性，采用有限元的零位移约束，即假设桥墩处桥梁竖直方向的位移为零。

采用 Newmark 直接积分法对列车-无砟轨道-桥梁耦合系统动力有限元方程进行求解。若已知系统 t 时刻响应 a_t，$\dot{a}_t$，$\ddot{a}_t$，求 $t + \Delta t$ 时刻响应 $a_{t+\Delta t}$，可通过解下式得到。

$$(K + c_0 M + c_1 C) a_{t+\Delta t} = Q_{t+\Delta t} + M(c_0 a_t + c_2 \dot{a}_t + c_3 \ddot{a}_t) + C(c_1 a_t + c_4 \dot{a}_t + c_5 \ddot{a}_t) \tag{1.97}$$

再将 a_t，$\dot{a}_t$，$\ddot{a}_t$ 和 $a_{t+\Delta t}$ 代入下式，可得 $t + \Delta t$ 时刻的速度 $\dot{a}_{t+\Delta t}$、加速度 $\ddot{a}_{t+\Delta t}$。

$$\begin{aligned} \ddot{a}_{t+\Delta t} &= c_0 (a_{t+\Delta t} - a_t) - c_2 \dot{a}_t - c_3 \ddot{a}_t \\ \dot{a}_{t+\Delta t} &= \dot{a}_t + c_6 \ddot{a}_t + c_7 \ddot{a}_{t+\Delta t} \end{aligned} \tag{1.98}$$

参数 α，δ 的选取参考无条件稳定的要求，即 $\alpha = 0.25$，$\delta = 0.5$。积分常数 $c_0 = \dfrac{1}{\alpha \Delta t^2}$，$c_1 = \dfrac{\delta}{\alpha \Delta t}$，$c_2 = \dfrac{1}{\alpha \Delta t}$，$c_3 = \dfrac{1}{2\alpha} - 1$，$c_3 = \dfrac{1}{2\alpha} - 1$，$c_4 = \dfrac{\delta}{\alpha} - 1$，$c_5 = \dfrac{\Delta t}{2} \left(\dfrac{\delta}{\alpha} - 2 \right)$，$c_6 = \Delta t (1 - \delta)$，$c_7 = \delta \Delta t$。在这里初值都取零。

1.1.4 模型验证

考虑轨道为平顺状态,选取与文献[3]一致的计算参数,线路为8跨,跨度为32 m的桥梁,列车速度为300 km/h。据文献[4]选取大于100 m的钢轨长度,大于90阶的模态阶数,这样可取得较为满意的结果。计算时轨道-桥梁单元中钢轨、轨道板、混凝土底座板和桥梁分别取120、120、120、50个自由度[4]。车辆离散为4个动轮单元。时间步长为0.001 s。计算结果见图1.5~图1.8,其中图1.5(a)、图1.6(a)为书中模型计算结果,图1.5(b)、图1.6(b)为文献[3]计算结果,可见两者数值大小及曲线趋势基本一致,验证了本书模型的可行性及正确性。

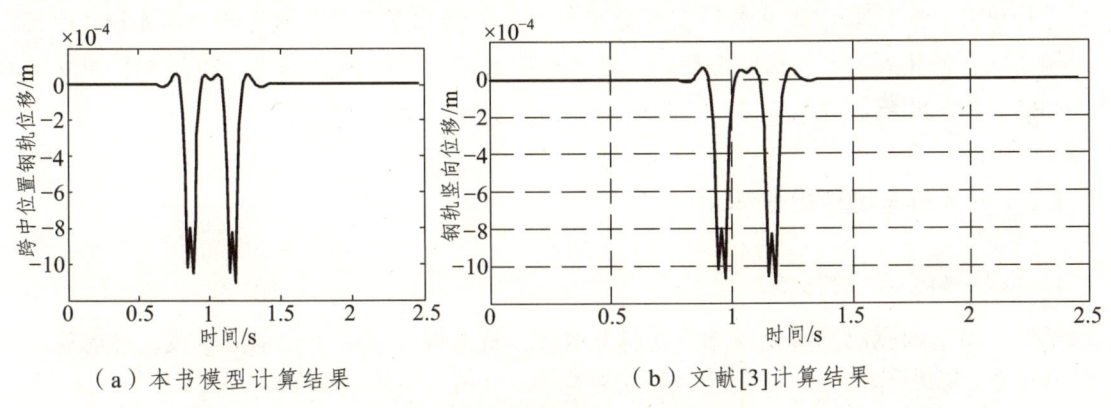

图 1.5 跨中位置钢轨位移时程曲线

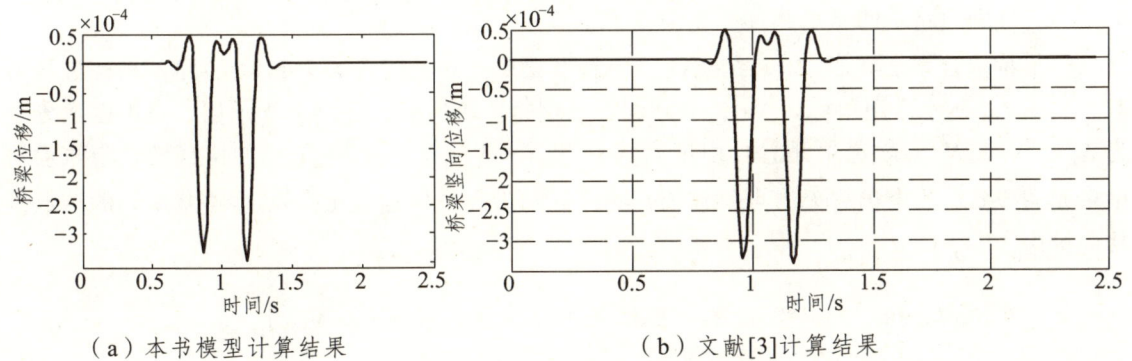

图 1.6 跨中位置桥梁位移时程曲线

图1.5和图1.6是部分具有代表性的轨道系统竖向动力时程曲线,其中包括钢轨、桥梁竖向位移曲线。可以看出,各指标数值均在通常范围内,各曲线趋势符合物理概念。在钢轨竖向位移曲线中可以看出,当车轮经过钢轨某一处时,位移数值均较大,反之,位移数值均很小,甚至接近零;此外,还可从图中的尖点来确定车轮的数目,车辆何时通过钢轨观察点,

以及两尖点间的时间差来确定车型，这些都说明本书模型正确可行，也能较好地反映无砟轨道桥梁结构的竖向动力特性。

1.2 列车-无砟轨道-路基耦合系统有限元模型

与车辆-无砟轨道-桥梁耦合系统类似，本书在雷晓燕教授[1]车辆-无砟轨道-路基三层梁模型基础上，提出新型轨道单元和动轮单元，模型中同样只研究轮轨竖向动力响应，取结构的一半进行研究。整个列车-无砟轨道系统分解为上部车辆和下部无砟轨道两个子系统，通过轮轨接触面的几何相容、力平衡条件耦合，基于有限元法和 Lagrange 方程，推导两种单元的质量、刚度、阻尼矩阵。

1.2.1 无砟轨道-路基单元

1. 无砟轨道-路基单元

无砟轨道结构三层梁单元模型[1]分别由钢轨、轨道板、混凝土支承层组成，考虑轮轨间为弹性接触，将无砟轨道-路基简化为三层梁模型，分别为钢轨、轨道板、混凝土支承层。k_{y1}、c_{y1} 分别为轨下垫层支承弹性、阻尼系数；k_{y2}、c_{y2} 分别为 CA 砂浆层支承弹性、阻尼系数；k_{y3}、c_{y3} 分别为路基的支承弹性、阻尼系数。

与车桥耦合系统类似，以多结点的一个新型梁单元对长度为 L 无砟轨道-路基结构进行离散，如图 1.7 所示。用角标 r、s、f 分别表示钢轨、轨道板、混凝土支承层，自由度数分别为 N_r、N_s、N_f。轨道单元总自由度为 N，即 $N = N_r + N_s + N_f$。单元的位移模式与轨道桥梁单元的一致，其中仍有无结点位移项，同样处理为虚拟结点。无砟轨道-路基单元的结点位移向量为

$$a^e = \left\{ q_{r1} \quad q_{r2} \quad \cdots \quad q_{rN_r} \quad q_{s1} \quad q_{s2} \quad \cdots \quad q_{sN_s} \quad q_{f1} \quad q_{f2} \quad \cdots \quad q_{fN_f} \right\}_{(1\times N)} \quad (1.99)$$

对应的无砟轨道-路基单元的插值函数为

$$\boldsymbol{\Phi}(x) = \left\{ \varphi_{r1}(x) \quad \varphi_{r2}(x) \quad \cdots \quad \varphi_{rN_r}(x) \quad \varphi_{s1}(x) \quad \varphi_{s2}(x) \quad \cdots \quad \varphi_{sN_s}(x) \quad \varphi_{f1}(x) \quad \varphi_{f2}(x) \quad \cdots \quad \varphi_{fN_f}(x) \right\}_{(1\times N)}$$

其中，q_{rn} ($n=1,\cdots,N_r$)、q_{sn} ($n=1,\cdots,N_s$)、q_{nf} ($n=1,\cdots,N_f$) 分别对应钢轨、轨道板、混凝土支承层的结点位移；$\varphi_{rn}(x)$ ($n=1,\cdots,N_r$)、$\varphi_{sn}(x)$ ($n=1,\cdots,N_s$)、$\varphi_{nf}(x)$ ($n=1,\cdots,N_f$) 分别对应钢

轨、轨道板、混凝土支承层的插值函数。同车辆-无砟轨道-桥梁系统一样，钢轨的插值函数 $\varphi_{rn}(x)$ 取可为，$\varphi_{r1}(x) = 1 - \frac{3}{l^2}x^2 + \frac{2}{l^2}x^3$，$\varphi_{r2}(x) = x - \frac{2}{l}x^2 + \frac{1}{l^2}x^3$，$\varphi_{r3}(x) = \frac{3}{l^2}x^2 - \frac{2}{l^2}x^3$，$\varphi_{r4}(x) = -\frac{1}{l}x^2 + \frac{1}{l^2}x^3$，$\varphi_{rn}(x) = \sin\frac{(n-4)\pi x}{L}$，$(n = 5, 6, \cdots, N_r)$。将钢轨插值函数表达式中的角标 r 替换为 s，f 即为轨道板、混凝土支承层的插值函数。

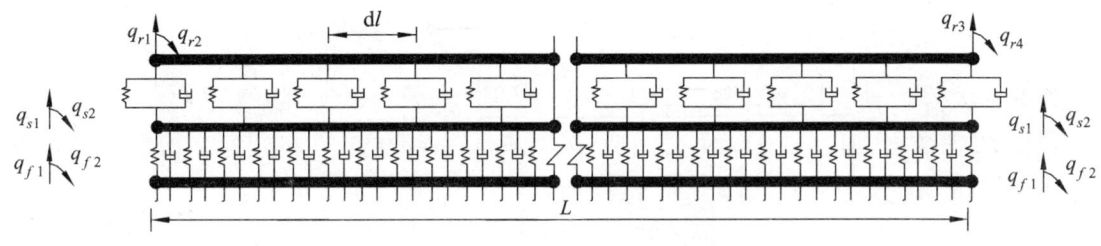

图 1.7　无砟轨道-路基单元模型

2. 无砟轨道-路基单元的质量矩阵、刚度矩阵和阻尼矩阵的推导

（1）无砟轨道-路基单元的质量矩阵。

无砟轨道-路基单元质量矩阵的推导与无砟轨道-桥梁单元质量矩阵的推导一致。

$$M_l = \begin{bmatrix} M_{r(N_r \times N_r)} & & \\ & M_{s(N_s \times N_s)} & \\ & & M_{f(N_f \times N_f)} \end{bmatrix} \quad (1.100)$$

M_r、M_s、M_f 分别为钢轨、轨道板、混凝土支承层部分的单元协调质量矩阵，其表达式与无砟轨道-桥梁单元相应部分一致，M_l 是维数为 $N \times N$ 的对称阵。

（2）无砟轨道-路基单元的刚度矩阵。

无砟轨道-路基单元刚度矩阵的推导与无砟轨道-桥梁单元刚度矩阵的推导一致。

三层无砟轨道-路基单元的刚度矩阵：

$$K_l = K + K_{1c} + K_{2c} + K_{3c}$$

其中，$K = \begin{bmatrix} K_{r(N_r \times N_r)} & & \\ & K_{s(N_s \times N_s)} & \\ & & K_{f(N_f \times N_f)} \end{bmatrix}$；$K_r$、$K_s$、$K_f$ 分别为钢轨、轨道板、混凝土支承层部分弯曲势能的单元刚度矩阵，其表达式与无砟轨道-桥梁单元相应部分一致；K 是维数为 $N \times N$ 的对称阵；K_{1c}、K_{2c}、K_{3c} 分别为离散支承及连续支承弹簧应变能产生的单元刚

度矩阵，其表达式与无砟轨道-桥梁单元相应部分一致。

（3）无砟轨道-路基单元的阻尼矩阵。

$C_l = C + C_{1c} + C_{2c} + C_{3c}$，其中 C 为比例阻尼。

$$C = \begin{bmatrix} \alpha_r M_r + \beta_r K_r & & \\ & \alpha_s M_s + \beta_s K_s & \\ & & \alpha_f M_f + \beta_f K_f \end{bmatrix} \quad (1.101)$$

其中，$\alpha_{r,s,f}$、$\beta_{r,s,f}$ 分别为钢轨、轨道板、混凝土支承层的比例阻尼系数。

C_{1c}、C_{2c}、C_{3c} 分别为一层离散、二层连续支承弹簧耗散能产生的阻尼，其表达式与无砟轨道-桥梁单元相应部分一致。

1.2.2 车辆单元

车辆-无砟轨道-路基耦合系统的上部车辆单元与车辆-无砟轨道-桥梁耦合系统的上部车辆单元模型完全一致，因此其各种矩阵形式也相应一致，这里不再重复推导。

1.2.3 列车-无砟轨道-路基系统动力有限元方程

整个系统离散成车辆单元和无砟轨道-路基单元，由于无砟轨道-路基单元是离散成一个多自由度的单元，单元矩阵即是总矩阵，结合车辆单元的总矩阵，建立车辆-无砟轨道-路基系统的时变动力有限元方程：

$$M\ddot{a} + C\dot{a} + Ka = Q \quad (1.102)$$

式中，$M = M_l + M_u$，$K = K_l + K_u$，$C = C_l + C_u$，$Q = Q_v + Q_\eta$。矩阵表达式含义与列车-无砟轨道-桥梁系统动力方程中的一致。方程也通过 Newmark 直接积分法求解。

1.2.4 模型验证

与文献[9]进行对比来验证模型的正确性及可行性，文献[9]分析模型采用了横向有限条和板段单元，车辆模型取一动一拖。选取与文献[9]一致的列车参数和博格板Ⅱ参数，考虑轨道为平顺状态，列车速度为 50 km/h，图 1.8 为本书与文献[9]博格板竖向位移时程图。

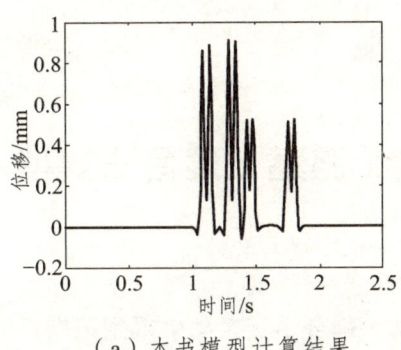 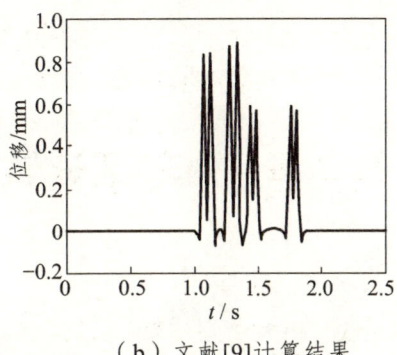

（a）本书模型计算结果　　　　　　　　（b）文献[9]计算结果

图1.8　本书结果与文献[9]博格板竖向位移时程曲线图对比

从图1.8可看出，本书计算结果与文献计算结果吻合较好，曲线可明显看出两节车厢，一动一拖共8个车轮。在列车通过的位置轨道板竖向位移很大，没有通过的位置很小甚至为零，与实际情况一致，验证了本书模型及计算方法的正确可行。

1.3　本章小结

随着我国高速铁路列车速度的迅速提高，对轨道结构的动力作用急剧增大。解决这一问题就必须深入全面地对列车-无砟轨道-桥梁（路基）系统动力学进行分析研究。本章在总结分析国内外学者研究成果的基础上，做了以下工作：

在文献[1]车辆单元和轨道单元模型基础上，提出了适合分析列车-无砟轨道-桥梁（路基）耦合问题的新型车辆单元和轨道单元，基于有限元方法和Lagrange方程，推导了两种单元的刚度、质量、阻尼矩阵。建立车辆-无砟轨道-桥梁耦合系统的显式时变耦合运动方程，采用直接积分法求解运动方程。模型中，整个耦合系统离散成两个子系统，即上部车辆系统和下部轨道系统，其中下部无砟轨道-桥梁（路基）系统离散为一个多自由度的轨道单元，上部一节车辆离散为4个动轮单元。

本章提出的新型有限元梁单元的插值函数与简支梁振动精确模态函数一致，因此该梁单元所求解可以看成是该梁振动的精确解，这样的梁单元是以梁振动精确模态函数为插值函数的特殊单元，可以较少的自由度获得较高的精度。此类单元结合了有限元法与模态分析法的优点，适合分析其振动模态已知、形状规则的振动结构。同时基于能量原理建立的动力控制方程，使得单元质量、刚度、阻尼矩阵形式对称，而且轨道-桥梁单元是离散成一个多自由度的单元，单元矩阵即是总矩阵，所以不需要进行总矩阵的组合，且不需要判断车辆所在轨道-桥梁（路基）系统的具体单元位置，这样就降低了程序编制的难度。另外，单元中针对振动频率不同的部分选取了不同的自由度，大大降低了系统的自由度数，因而提高了计算效率。

第 2 章 列车-无砟轨道-桥梁（路基）混合法模型

有限元法（FEM）在车辆-无砟轨道-桥梁（路基）耦合系统振动中得到了广泛的应用，但大多针对高速铁路无砟轨道-桥梁（路基）结构的低频振动。而对于钢轨，由于其振动模态较为丰富，因此在轨道结构振动研究中高频振动也应进行分析。但是在中、高频段，随着分析频率的增加，将面临很多问题，特别是结构模态密集、重叠的问题。除此之外，采用轨道桥梁有限元几何模型时，单元的网格要不断加密，自由度很多，不但计算量大，花费时间长，而且其精确度也很难保证。而统计能量分析法（SEA）是分析高频振动问题的得力手段，鉴于两种方法的互补性，Langley 和 Bremner 基于模态叠加原理[2]，结合 Belayed 平滑函数和传统的模糊结构理论，提出了分析复杂结构振动响应的 FE-SEA 混合方法。

文献[2]中，Langley 利用 FE-SEA 混合法分析了杆系结构的纵向振动响应，获得了较为满意的结果。众所周知，弯曲振动是实际工程中结构振动能量的主要来源，所以研究计算复杂结构弯曲振动响应的混合法是有必要的。本书将 FE-SEA 混合法运用到简支梁的弯曲振动响应分析中，建立了简支梁弯曲振动的混合法模型，给出了对应的整体运动、局部运动方程，对相应的修正动力刚度阵、力阵及整体模态输入功率的表达式进行了推导。

本书将混合法应用到第 1 章的无砟-轨道桥梁（路基）有限元模型中，建立了无砟-轨道桥梁（路基）混合法模型。模型中钢轨的振动仿真采用混合法模拟，即其低频、高频振动分别采用 FEM、SEA 模拟，轨道板及桥梁振动采用 FE 来仿真。这样就大大延长了有限元模型的分析频段，可对钢轨中高频振动进行研究分析。为了验证模型，计算了车辆通过焊缝不平顺无砟轨道的轮轨力响应，与文献[10]结果进行了对比。

2.1 FE–SEA 混合法基本原理

有限元（FE）-统计能量（SEA）混合法结合了计算低频振动 FEM 及计算高频振的 SEA 的计算方法，适用于计算复杂结构全频段的振动响应。其基本原理是，结构的振动响应首先用模态叠加法表示，以结构激发模态频率的高低为依据，将模态分为两部分，即整体模态和局部模态,对应的结构响应也分为两部分,即整体响应和局部响应。整体、局部响应求解分别利用 FEM 和 SEA。

2.1.1 结构振动方程

通过 Lagrange-Rayleigh-Ritz 方法获得结构振动响应方程。振动结构在 x 处的位移可表示为

$$U(x,t) = \sum_{n=1}^{\infty} q_n(t)\phi_n(x) \tag{2.1}$$

式中,$q_n(t)$ 为响应的振幅时间函数;$\phi_n(x)$ 为响应的 n 阶振型函数。

振幅 $q_n(t)$ 满足动力平衡方程:

$$M\ddot{q} + C\dot{q} + Kq = F \tag{2.2}$$

对式(2.2)进行傅里叶变换,得

$$(-\omega^2 M + i\omega C + K)q = Dq = F \tag{2.3}$$

式(2.3)中,D 为结构的动力刚度阵。

从式(2.1)可得出,结构动力分析的关键是选取振型函数 $\phi_n(x)$,因此要综合考虑计算条件、结构和激励力的特征等因素。如要准确求解中高频结构的振动响应必然需要较多的振型函数,故将其分两部分进行分析。

以结构激发模态频率的高低为依据,将结构模态分为整体模态(global modes)和局部模态(local modes),对应的振型函数也分成整体振型、局部振型函数。假定整体模态数为 N^g,局部模态数为 N^l,且 $N^g + N^l = N$。则式(2.1)可写成:

$$U(x,t) = \sum_{n=1}^{N^g} q_n^g(t)\phi_n^g(x) + \sum_{n=N^g+1}^{N} q_n^l(t)\phi_n^l(x) \tag{2.4}$$

式(2.4)中,上标 g、l 分别表示整体、局部模态。则式可(2.4)写成矩阵形式:

$$\begin{pmatrix} D_{gg} & D_{gl} \\ D_{gl}^T & D_{ll} \end{pmatrix} \begin{pmatrix} q^g \\ q^l \end{pmatrix} = \begin{pmatrix} F^g \\ F^l \end{pmatrix} \tag{2.5}$$

据 FE 法原理,如结构的阻尼是瑞利阻尼,即结构阻尼 C 可用质量 M 和刚度 K 的线性表示,可将式(2.5)对角化,即有:

$$(D_{gg})_{nn} = \omega_n^2(1 + i\eta_n) - \omega^2 \tag{2.6}$$

式（2.6）中，η_n、ω_n 分别为整体模态第 n 阶模态的损耗因子和自然频率。

若结构有 N_r 个子系统，分别定义各子系统对应的局部模态函数，定义 $\boldsymbol{M}_{mn}^{gl}$ 为第 m 个整体模态与第 n 个局部模态耦合时的质量阵，$\boldsymbol{K}_{mn}^{gl}$ 为第 m 个整体模态与第 n 个局部模态耦合时的刚度阵。

$$M_{nn}^{ll} = \int_{v_s} \rho(x)\boldsymbol{\phi}_n^l(x)\boldsymbol{\phi}_n^{lT}(x)\mathrm{d}x \tag{2.7}$$

$$K_{nn}^{ll} = \int_{v_s} \Delta_s\boldsymbol{\phi}_n^l(x)D_s(\Delta_s\boldsymbol{\phi}_n^l)^\mathrm{T}(x)\mathrm{d}x \tag{2.8}$$

$$M_{mn}^{gl} = \int_{v_s} \rho(x)\boldsymbol{\phi}_n^l(x)\boldsymbol{\phi}_m^{gT}(x)\mathrm{d}x \tag{2.9}$$

$$K_{mn}^{gl} = \int_{v_s} \Delta_s\boldsymbol{\phi}_n^l(x)D_s(\Delta_s\boldsymbol{\phi}_m^g)^\mathrm{T}(x)\mathrm{d}x \tag{2.10}$$

将式（2.5）矩阵形式展开：

$$[\boldsymbol{D}^{gg} - \boldsymbol{D}^{gl}(\boldsymbol{D}^{ll})^{-1}(\boldsymbol{D}^{gl})^\mathrm{T}]\boldsymbol{q}^g = \boldsymbol{F}^g - \boldsymbol{D}^{gl}(\boldsymbol{D}^{ll})^{-1}\boldsymbol{F}^l \tag{2.11}$$

$$\boldsymbol{D}^{ll}\boldsymbol{q}^l = \boldsymbol{F}^l - (\boldsymbol{D}^{gl})^\mathrm{T}\boldsymbol{q}^g \tag{2.12}$$

式（2.11）、（2.12）分别为整体、局部运动方程，分别采用 FE 和 SEA 来求解。

2.1.2 整体模态振动方程求解

对整体运动方程（2.11）的求解与普通 FEM 方法一致，得出整体模态响应幅值 $\boldsymbol{q}^g$，式中 $\boldsymbol{D}^{gg}$、$\boldsymbol{F}^g$ 分别为整体模态动力刚度阵和力阵，可通过一般 FE 求的。因此局部模态对整体刚度矩阵和广义力影响参数的推导是关键。以下着重推导刚度矩阵修正项 $\boldsymbol{D}^{gl}(\boldsymbol{D}^{ll})^{-1}(\boldsymbol{D}^{gl})^\mathrm{T}$ 及力阵修正项 $\boldsymbol{D}^{gl}(\boldsymbol{D}^{ll})^{-1}\boldsymbol{F}^l$ 的具体表达式。

1. 动力刚度矩阵的修正项 $\boldsymbol{D}^{gl}(\boldsymbol{D}^{ll})^{-1}(\boldsymbol{D}^{gl})^\mathrm{T}$ 的推导

假设系统局部模态间为弱耦合，且结构的阻尼 C 是质量 M 和刚度 K 的线性函数，根据 FE 原理，可将 $(\boldsymbol{D}^{ll})^{-1}$ 对角化：

$$(\boldsymbol{D}_k^{ll})^{-1} = [(\omega_k^s)^2(1+i\eta_k^s - \omega^2)]^{-1} \tag{2.13}$$

式中，η_k^s、ω_k^s 分别为子系统 s 第 k 阶局部模态的损耗因子和自然频率；ω 为激励频率。由于刚度、阻尼与质量比起来很小[2]，则可证明：

$$\boldsymbol{D}^{gl} = -\omega^2 \boldsymbol{M}^{gl} \tag{2.14}$$

可推出修正的动力刚度阵为

$$[\boldsymbol{D}^{gl}(\boldsymbol{D}^{ll})^{-1}(\boldsymbol{D}^{gl})^{\mathrm{T}}]_{mn} = \sum_{s=1}^{N_r}\sum_{k=1}^{N_s} D_{ms}^{gl}(D_k^{ll})^{-1}D_{nk}^{gl} = \sum_{s=1}^{N_r}\sum_{k=1}^{N_s} D_{ms}^{gl}D_{nk}^{gl}[(\omega_k^s)^2(1+i\eta_k^s-\omega^2)]^{-1}$$

若结构有 N_r 个子系统,且第 s 个子系统包含 N_s 个模态。下标 $j_{(k,s)}$ 表示此模态在子系统中局部模态的位置。将式(2.13)、式(2.14)代入上式得

$$[\boldsymbol{D}^{gl}(\boldsymbol{D}^{ll})^{-1}(\boldsymbol{D}^{gl})^{\mathrm{T}}]_{mn} = \omega^4 \sum_{s=1}^{N_r}\sum_{k=1}^{N_s} j_{rmn}^2(k)[(\omega_k^s)^2(1+i\eta_k^s-\omega^2)]^{-1} \tag{2.15}$$

$$j_{smn}^2(k) = \int_{v_s}\int_{v_s} \rho(x)\rho(x')\phi_m^{g\mathrm{T}}(x) \times \phi_{j(k,s)}^l(x)\phi_{j(k,s)}^{l\mathrm{T}}(x)\phi_n^g(x')\mathrm{d}x\mathrm{d}x' \tag{2.16}$$

其中 $j_{smn}^2(k)$ 为第 s 子系统中整体与局部模态的点耦合函数[2]。

就非共振局部模态 $\omega_k^s \ll \omega$ 和共振局部模态 $\omega_k^s \approx \omega$ 分别讨论式(2.15),由于 $\omega_k^s > \omega$ 时,局部模态对整体模态的影响很小,所以此种情况不讨论。

(1) 非共振模态。

当 $\omega_k^s \ll \omega$ 时,式(2.15)简化成:

$$(\boldsymbol{D}_{gl}\boldsymbol{D}_{ll}^{-1}\boldsymbol{D}_{gl}^{\mathrm{T}})_{mn} = -\omega^2 \sum_{s=1}^{N_r}\sum_{k=1}^{N_s'} j_{smn}^2(k) \tag{2.17}$$

N_s' 为非共振模态数,由式(2.17)可以看出,局部模态对全局模态的影响可以看成主要是惯性影响,即影响其质量。对有限元部分的质量矩阵进行修正,将式(2.16)代入式(2.17)即可求出修正参数。

(2) 共振模态。

当 $\omega_k^s \approx \omega$ 时,假设 $j_{smn}^2(k)$ 与 k 无关,定义:

$$R_s = \sum_{s=1}^{N_r}[(\omega_k^s)^2(1+i\eta_k^s-\omega^2)]^{-1} \tag{2.18}$$

可以证明, $E[\mathrm{Im}(R_s)] = -\pi v_s/2\omega$, $E[\mathrm{Re}(R_s)] = 0$

故有:

$$(\boldsymbol{D}_{gl}\boldsymbol{D}_{ll}^{-1}\boldsymbol{D}_{gl}^{\mathrm{T}})_{mn} = -i\frac{\pi\omega^3}{2}\sum_{s=1}^{N_r} j_{smn}^2 v_s \tag{2.19}$$

式(2.19)中,v_s 表示子系统 s 的模态密度,即模态数 N 与带宽 Δw 之比;j_{smn}^2 代表局部模态中 $j_{smn}^2(k)$ 的平均值。式(2.19)可以看出局部模态对全局模态的影响是阻尼的影响。将

式（2.16）代入式（2.19）即可求出修正参数。此结论与模糊理论相一致，其中整体、局部模态分别对应于模糊理论主结构和模糊结构。

2. 激励力的修正项 $\boldsymbol{D}_{gl}\boldsymbol{D}_{ll}^{-1}\boldsymbol{F}^l$ 的推导

式（2.11）右边的第二项即为对激励力的修正项，以下分别考虑在各模态上力不相关与相关两种情况讨论。

（1）各模态上的力不相关，修正力项的元素可记为

$$(\boldsymbol{D}_{gl}\boldsymbol{D}_{ll}^{-1}\boldsymbol{F}^l)_m = \sum_{s=1}^{N_r}\sum_{k=1}^{N_s} D_{ms}^{gl}(D_{sk}^{ll})^{-1}F_k^l \quad (2.20)$$

与上节推导相同，得

$$(\boldsymbol{D}_{gl}\boldsymbol{D}_{ll}^{-1}\boldsymbol{F}^l)_m = \sum_{s=1}^{N_r}\sum_{k=1}^{N_s} D_{ms}^{gl}F_k^l[(\omega_k^s)^2(1+i\eta_k^s-\omega^2)]^{-1} \quad (2.21)$$

式（2.21）可变换为

$$\left|(\boldsymbol{D}_{gl}\boldsymbol{D}_{ll}^{-1}\boldsymbol{F}^l)_m\right|^2 = \omega^4 \sum_{s=1}^{N_r}\sum_{k=1}^{N_s} j_{rmn}^2(k)\left|\frac{F_{j(k,s)}^l}{[(\omega_k^s)^2(1+i\eta_k^s-\omega^2)]}\right|^2 \quad (2.22)$$

变换式（2.22）有

$$\left|(\boldsymbol{D}_{gl}\boldsymbol{D}_{ll}^{-1}\boldsymbol{F}^l)_{mm}\right|^2 = \omega^4 \sum_{s=1}^{N_r}\left\langle\left|F_{j(k,s)}^l\right|^2\right\rangle_k \left\langle\frac{j_{rmn}^2}{2\eta_k^s}\right\rangle_k \sum_{k=1}^{N_s} j_{rmn}^2(k)\left|\frac{F_{j(k,s)}^l}{[(\omega_k^s)^2(1+i\eta_k^s-\omega^2)]}\right|^2 \quad (2.23)$$

式中，$\langle\ \rangle_k$ 表示在局部模态上进行平均。式（2.23）计算修正力数值，且各模态上的力互不相关。

（2）各模态上的力相关。

上节的推导只适用于各模态上的力不相关的情况，如果各模态的力相关，则采取另一种方法计算，有 $(D_{sk}^{ll})^{-1}F_k^l = q^{lB}$，所以式 $D^{gl}(D_{sk}^{ll})^{-1}\boldsymbol{F}^l$ 可变换成

$$(\boldsymbol{D}_{gl}\boldsymbol{D}_{ll}^{-1}\boldsymbol{F}^l)_m = \sum_{k=1}^{N_s} D_{ms}^{gl}q_k^{lB} \quad (2.24)$$

式（2.24）中，q^{lB} 为整体响应幅值 q^g 为零时的局部响应幅值，将式（2.14）、式（2.9）代入可得

$$(\boldsymbol{D}_{gl}\boldsymbol{D}_{ll}^{-1}\boldsymbol{F}^l)_m = \sum_{s=1}^{N_r}\sum_{k=1}^{N_s}\left\{-\omega^2\int_{v_s}\rho(x)\phi_m^{gT}(x)\phi_{j(k,s)}^l(x)\mathrm{d}x\right\}q_{j(k,s)}^{lB} \quad (2.25)$$

交换求和与积分次序得

$$(\boldsymbol{D}_{gl}\boldsymbol{D}_{ll}^{-1}\boldsymbol{F}^l)_m = \sum_{s=1}^{N_r} -\omega^2 \int_{v_s} \rho(x)\phi_m^{gT}(x)u_s^B(x)\mathrm{d}x \qquad (2.26)$$

$$\boldsymbol{u}_s^B(\boldsymbol{x}) = \sum_{r=1}^{N_s} q_{j(k,s)}^{lB} \phi_{j(k,s)}^l(x) \qquad (2.27)$$

其中，$\boldsymbol{u}_s^B(\boldsymbol{x})$ 表示子系统 s 的受挡局部模态位移响应。

3. 整体模态响应 $\boldsymbol{q}^g$ 的求解

将式（2.17）、（2.19）、（2.23）、（2.26）代入整体运动方程式（2.11），根据 FEM 的求解过程，即可求出整体模态响应 $\boldsymbol{q}^g$。

2.1.3 求解局部模态方程

利用 SEA 求解局部运动方程。下式为第 s 个子系统对应的能量平衡方程：

$$\omega\eta_s E_s + \omega\sum_{\substack{r=1\\r\neq s}}^{N_r} \eta_{rs} v_r \left(\frac{E_r}{v_r} - \frac{E_s}{v_s}\right) = P_r \qquad (S=1,2,\cdots,N_r) \qquad (2.28)$$

式中，E_s、E_r 表示子系统 s、r 的局部模态能量，$P_s = P_s^l + P_s^g$，P_s^l 表示局部模态力的输入功率，用传统 SEA 法获得[11]，P_s^g 为整体模态向局部模态输入功率。变换式（2.12），下式为第 s 子系统第 k 个模态运动方程：

$$(\omega_k^s)^2(1+i\eta_k^s-\omega^2)q_{j(k,s)}^l = F_{j(k,s)}^l -[(\boldsymbol{D}^{gl})^T \boldsymbol{q}^g]_{j(k,s)} \qquad (2.29)$$

如果 $F_{j(k,s)}^l = 0$，总的输入功率由 P_s^g 组成，$P_s^g = \dfrac{\omega^4 \pi v_s}{4}\sum_{m=1}^{N_r}\sum_{n=1}^{N_r} j_{rmn}^2 q_m q_n^* \mathrm{d}x\mathrm{d}x$。若 $F_{j(k,s)}^l \neq 0$，则总的输入功率由 P_s^g、P_s^l 两部分组成。P_s^l 采用普通 SEA[11] 方法求出。得到 P_s 代入式（2.28），即可求得局部模态对应的能量响应。

2.2 简支梁弯曲振动的 FE-SEA 混合法原理

2.2.1 简支梁混合法运动方程

考虑等截面简支梁承受垂直作用载荷。梁长度为 L，横截面面积为 A，密度为 ρ，梁抗

弯刚度为 EI，梁上 x_0 处的垂直载荷为 F。以多结点一个梁单元对梁进行离散，梁在 x 处的位移可表示为

$$U(x,t) = q_1(t)\left(1 - \frac{3x^2}{L^2} + \frac{2x^3}{L^3}\right) + q_2(t)x\left(1 - \frac{2x}{L} + \frac{x^2}{L^2}\right) + q_3(t)\left(\frac{3x^2}{L^2} - \frac{2x^3}{L^3}\right) + q_4(t)\left(-\frac{x^2}{L} + \frac{x^3}{L^2}\right)$$
$$+ \sum_{n=5}^{g} q_n(t)\sin\left[\frac{(n-4)\pi x}{L}\right] + \sum_{n=g+1}^{\infty} q_n(t)\sin\left[\frac{(n-4)\pi x}{L}\right]$$
（2.30）

式中，$q_1(t)$、$q_3(t)$ 为梁单元两端的结点位移；$q_2(t)$、$q_4(t)$ 为梁单元两端的扭转角；$q_n(t)$ 表示梁第 n 阶模态振幅。假定 g 个整体模态，$g+1$ 项开始是局部模态。与第 1 章的梁单元一致，式中除前四项，其他为无结点位移项[5, 6]，以下推导中将其处理为单元的虚拟结点，与实际结点类似。

据 FEM 法推导单元整体模态质量阵 M：

$$M = \frac{\rho AL}{420}\begin{bmatrix} 156 & 22L & 54 & -13L & M_{1,5} & \cdots & M_{1,j} & \cdots & M_{1,n+4} \\ & 4L^2 & 13L & -3L^2 & M_{2,5} & \cdots & M_{2,j} & \cdots & M_{2,n+4} \\ & & 156 & -22L & M_{3,5} & \cdots & M_{3,j} & \cdots & M_{3,n+4} \\ & & & 4L^2 & M_{4,5} & \cdots & M_{4,j} & \cdots & M_{4,n+4} \\ & & & & M_{5,5} & \cdots & & & M_{5,n+4} \\ & & & & & & & & \vdots \\ & & & & & & & & M_{n+4,n+4} \end{bmatrix} \quad (n=1,2,\cdots,s-4) \quad （2.31）$$

$$M_{1,n+4} = \rho A \int_0^L \left(1 - \frac{3x^2}{L^2} + \frac{2x^3}{L^3}\right)\sin\frac{n\pi x}{L}\,dx$$

$$M_{2,n+4} = \rho A \int_0^L x\left(1 - \frac{2x}{L} + \frac{x^2}{L^2}\right)\sin\frac{n\pi x}{L}\,dx$$

$$M_{3,n+4} = \rho A \int_0^L \left(\frac{3x^2}{L^2} - \frac{2x^3}{L^3}\right)\sin\frac{n\pi x}{L}\,dx \quad （2.32）$$

$$M_{4,n+4} = \rho A \int_0^L \left(-\frac{x^2}{L} + \frac{x^3}{L^2}\right)\sin\frac{n\pi x}{L}\,dx$$

$$M_{n+4,n+4} = \rho A \int_0^L \left(\sin\frac{n\pi x}{L}\right)^2 dx$$

同样基于 FE 法推出单元整体模态刚度阵 K，矩阵元素具体表示为

$$K = \frac{EI}{L^3} \begin{bmatrix} 12 & 6L & -12 & 6L & K_{1,5} & \cdots & K_{1,j} & \cdots & K_{1,n+4} \\ & 4L^2 & -6L & 2L^2 & K_{2,5} & \cdots & K_{2,j} & \cdots & K_{2,n+4} \\ & & 12 & -6L & K_{3,5} & \cdots & K_{3,j} & \cdots & K_{3,n+4} \\ & & & 4L^2 & K_{4,5} & \cdots & K_{4,j} & \cdots & K_{4,n+4} \\ & & & & K_{5,5} & \cdots & & & K_{5,n+4} \\ & & & & & & & & \vdots \\ & & & & & & & & K_{n+4,n+4} \end{bmatrix} \quad (n=1,2,\cdots,s-4) \quad (2.33)$$

$$\begin{aligned} K_{1,n+4} &= EI \int_0^L \left(\frac{6}{L^2} - \frac{12x}{L^3} \right) \left(\frac{n\pi}{L} \right)^2 \sin \frac{n\pi x}{L} \mathrm{d}x \\ K_{2,n+4} &= EI \int_0^L \left(\frac{4}{L} - \frac{6x}{L^2} \right) \left(\frac{n\pi}{L} \right)^2 \sin \frac{n\pi x}{L} \mathrm{d}x \\ K_{3,n+4} &= EI \int_0^L \left(-\frac{6}{L^2} + \frac{12x}{L^3} \right) \left(\frac{n\pi}{L} \right)^2 \sin \frac{n\pi x}{L} \mathrm{d}x \\ K_{4,n+4} &= EI \int_0^L \left(\frac{2}{L} - \frac{6x}{L^2} \right) \left(\frac{n\pi}{L} \right)^2 \sin \frac{n\pi x}{L} \mathrm{d}x \\ K_{n+4,n+4} &= EI \int_0^L \left(\frac{n\pi}{L} \right)^4 \left(\sin \frac{n\pi x}{L} \right)^2 \mathrm{d}x \end{aligned} \quad (2.34)$$

同样基于 FE 法推出单元整体模态广义力阵 F，矩阵元素具体表示为

$$F = \begin{bmatrix} F_1 & F_2 & \cdots & F_{n+4} \end{bmatrix} \quad (n=1,2,\cdots,s-4) \quad (2.35)$$

$$F_{n+4} = F \sin \frac{n\pi x}{L} \quad (2.36)$$

2.2.2 简支梁混合法模型中修正参数的推导

整体运动方程求解与普通 FEM 方法一致，因此局部模态对整体刚度矩阵和广义力影响参数的推导是关键。根据本章 2.1 节，推导 ΔD，ΔF 的具体表达式。

如果结构只有一个子系统，总模态数为 N，且整体模态中包含 g 个模态振型函数。则式（2.17）可写为

$$\Delta D_{mn} = (D_{gl} D_{ll}^{-1} D_{gl}^{\mathrm{T}})_{mn} = \omega^4 \sum_{k=g+1}^{N} M_{mk}^{gl} M_{nk}^{gl} [(\omega_k^2)(1+i\eta_k) - \omega^2]^{-1} \quad (2.37)$$

对于式（2.37）就 $\omega_k \ll \omega$（非共振局部模态）和 $\omega_k \approx \omega$（共振局部模态）分别讨论。
当 $\omega_k \ll \omega$ 时：

$$(\boldsymbol{D}_{gl}\boldsymbol{D}_{ll}^{-1}\boldsymbol{D}_{gl}^{\mathrm{T}})_{mn} = -\omega^2 \sum_{k=g+1}^{N} M_{mk}^{gl} M_{nk}^{gl} \quad (m,n=1,\cdots,g) \tag{2.38}$$

由式（2.38）可以看出，局部模态对全局模态的影响可以看成主要是惯性影响，即影响其质量。对有限元部分的质量矩阵进行修正，将式（2.32）代入式（2.38）即可求出修正参数。

当 $\omega_k \approx \omega$ 时：

$$(\boldsymbol{D}_{gl}\boldsymbol{D}_{ll}^{-1}\boldsymbol{D}_{gl}^{\mathrm{T}})_{mn} = -i\frac{\pi\omega^3}{2}E(M_{mk}^{gl}M_{nk}^{gl})v \quad (m,n=1,\cdots,g) \tag{2.39}$$

式（2.39）中，v 表示子系统的模态密度，即模态数 N 与带宽 Δw 之比；$E(M_{mk}^{gl}M_{nk}^{gl})$ 代表 $(M_{mk}^{gl}M_{nk}^{gl})$ 在局部模态 k 的平均值。从式（2.37）可以看出局部模态对全局模态的影响是阻尼的影响。将式（2.33）代入式（2.37）即可求出修正参数。

$$\Delta F_m = [\boldsymbol{D}^{gl}(\boldsymbol{D}^{ll})^{-1}\boldsymbol{F}^l]_m = -\omega^2 \sum_{k=g+1}^{N} M_{mn} F_n^l [\omega_k^2(1+\eta_k) - \omega^2]^{-1} \quad (m,n=1,\cdots,g) \tag{2.40}$$

对于式（2.40）就 $\omega \ll \omega$（非共振局部模态）和 $\omega_k \approx \omega$（共振局部模态）分别讨论。

当 $\omega_k \ll \omega$ 时：

$$\Delta F_m = [\boldsymbol{D}^{gl}(\boldsymbol{D}^{ll})^{-1}\boldsymbol{F}^l]_m = -\omega^2 \sum_{k=g+1}^{N} M_{mk}^{gl} F_k^l \quad (m,n=1,\cdots,g) \tag{2.41}$$

当 $\omega_k \approx \omega$ 时：

$$\Delta F_m = [\boldsymbol{D}^{gl}(\boldsymbol{D}^{ll})^{-1}\boldsymbol{F}^l]_m = \frac{i\pi}{2}E(M_{mk}^{gl})F_k^l v \quad (m,n=1,\cdots,g) \tag{2.42}$$

将式（2.33）代入式（2.41）、（2.42）即可求出修正参数。

当 $\omega_k > \omega$ 时，不考虑局部模态对整体模态的影响，只考虑整体模态向局部模态的能量输入[2]。将修正参数代入整体模态 FE 部分即可求出整体模态振幅 q^g。

2.2.3 简支梁混合法模型中局部运动方程的求解

局部运动方程利用 SEA 求解。子系统的能量平衡方程为

$$\omega\eta_k E_k = P_k \tag{2.43}$$

式中，E_k 表示子系统的局部模态 k 的能量，$P_k = P_k^l + P_k^g$，用普通 SEA 法计算局部模态力输入功率 P_k^l [11]，整体模态向局部模态 k 输入的功率为 P_k^g。

$$P_k^g = \frac{\omega^4 \pi v}{4} \sum_{m=1}^{g} \sum_{n=1}^{g} \left(\sum_{k=g+1}^{N} M_{mk} M_{nk} \right) q_m q_n \tag{2.44}$$

将式（2.33）及整体模态振幅 q^g 代入式（2.44）求出输入局部模态 k 的能量 P_k^g，代入式（2.43）即可求出局部模态 k 的能量 P_k。

2.2.4 列车-无砟轨道-桥梁（路基）混合法模型

无砟轨道-桥梁（路基）单元中，相对于其他部分，钢轨振动频率范围很大，且钢轨中高频振动是轮轨噪声预测的主要依据，对于高频钢轨振动，FE 方法在计算精度及效率上有明显不足，所以在分析钢轨高频振动时采用更具有优势的 SEA 来模拟。取 160 m 钢轨，本书将钢轨 2 000 Hz（模态数为 120）以下用该新型 FE 单元仿真，而 2 000~5 000 Hz（模态数为 121~220）采用 SEA 模拟。根据图 1.2，钢轨整体模态部分自由度数为 120（$N_r = 124$），局部模态自由度为 121~220，钢轨局部模态（SEA）模态函数为 $\varphi_{rn}(x) = \sin(n-4)\pi x/L$, ($n = 125, 126, \cdots, 224$)。无砟轨道-桥梁（路基）单元中的其他部分采用 FE 来模拟计算。

1. 轨道钢轨局部模态对整体模态的影响

在文献[2]中整体模态的 FE 部分是在频域下求解的，本书的车桥耦合模型是时变系统，因此车桥耦合混合法模型中整体模态的 FE 部分在时域下求解。因此需要在时域下对钢轨整体模态动力矩阵的相应部分做出修正。据本章 2.2.2 节式（2.36）、（2.37）分别对轨道-桥梁（路基）单元的钢轨质量矩阵 M_r 及钢轨阻尼矩阵 C_r 进行修正。同时根据式（2.39）、（2.40）在频域下对钢轨广义力进行修正，然后对修正项进行离散傅里叶逆变换，对时域下的 FE 部分结点力 F_r 进行修正。

2. 列车-轨道-桥梁系统整体模态有限元动力方程

车桥耦合混合法模型中建立的车辆-轨道-桥梁系统的时变动力 FE 方程：

$$M\ddot{a} + C\dot{a} + Ka = Q \tag{2.45}$$

式（2.45）即第 1 章车桥耦合 FE 模型方程，只是将钢轨局部模态的影响修正参数代入质量矩阵 M 中相应的钢轨质量 M_r、阻尼矩阵 C 中相应的钢轨阻尼矩阵 C_r 及广义力 Q 中相应的钢轨部分 F_r 中。

与第 1 章有限元模型一样，为保证整个系统的计算模型的几何不变性，当车轮运行至桥墩处时，采用有限元的零位移约束，即假设桥墩处桥梁竖直方向的位移为零。系统动力 FE

方程的数值求解同样采用 Newmark 积分法，即可得到系统振动响应的时域解。

3. 钢轨局部模态的求解

求解整体模态 FE 动力方程得到钢轨整体模态位移响应后，据式（2.33）、（2.42）即可求得钢轨整体模态输入局部模态的能量。代入 SEA 能量平衡方程式（2.41）后，即可求出钢轨局部模态对应的能量，将整体模态计算的时域响应转化成频域对应的能量，即可得到钢轨整体频域下的总能量响应。

2.2.5 列车-无砟轨道-桥梁混合法模型验证

桥上无砟轨道系统、列车计算参数见文献[10]，焊缝不平顺如图 2.1 所示。

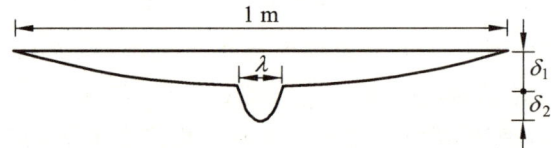

图 2.1 焊缝不平顺模型图

图 2.1 中，$\lambda = 0.1$ m，$\delta_1 = 0.2$ mm，$\delta_2 = 0.1$ mm，一动四拖高速动车组以 350 km/h 的速度通过该焊缝不平顺，线路总长 160 m，轨道-桥梁单元中钢轨全局自由度取 120，局部自由度取 121～220。因为 $\omega_k \ll \omega$，所以在局部模态对整体模态的影响中只对钢轨 FE 部分的质量矩阵 M_r、结点力阵 F_r 依据式（2.38）、（2.41）分别进行修正。轨道板、底座混凝土底板和桥梁分别取 120、120、50 个自由度[4]。轮轨力（焊缝不平顺处）时程曲线结果对比见图 2.2。

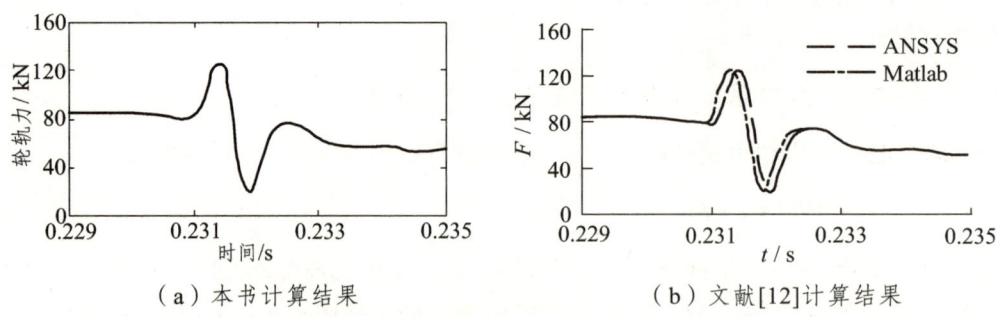

（a）本书计算结果　　　　　（b）文献[12]计算结果

图 2.2 轮轨力时程曲线结果对比

图 2.2（a）、（b）分别为书中模型和文献[10]计算结果，可见两者无论是数值还是曲线图形都吻合良好，验证了本模型的正确性和可行性。

2.3 混合法模型计算轨道结构响应具体步骤

混合法模型计算结构响应具体步骤：

（1）以钢轨振动的特点为依据写出形如式（2.30）的钢轨振动位移表达式，以结构激发模态频率的高低为依据，将模态分成整体模态和局部模态两部分。

（2）依据有限元法，利用式（2.31）、式（2.33）、式（2.35）分别求出钢轨整体模态对应的质量、刚度、力矩阵。

（3）根据混合法的具体条件，利用式（2.38）、式（2.39）求出钢轨部分修正的质量矩阵或阻尼矩阵，同时利用式（2.41）或式（2.42）修正广义力矩阵。

（4）由系统的整体运动方程式（2.45），利用直接积分法求出整体模态响应的时域解，并将其中钢轨整体位移响应转化成对应的整体模态能量响应。

（5）根据混合法原理，由式（2.45）求得钢轨整体模态对局部模态的功率输入，并代入式（2.43）求出钢轨的局部模态能量，即得到钢轨整体频域内对应的总能量。

2.4 本章小结

复杂结构振动响应的仿真计算，确定的 FEM 和统计的 SEA 是两种主要的计算方法。其中，FEM 适合计算结构低频动力响应，计算高频问题时自由度增多，导致计算量增大及累积误差变大；而 SEA 适合计算结构高频动力响应，其统计的算法解决了计算速度的限制，分析高频很有效。但其得到的是统计的结果，无法给出结构响应具体数值。但随着结构频率的降低，模态密度变小时，其假设不再适用，其分析结果也就不可靠了。

在此基础上，本章研究讨论了一种分析复杂结构振动响应的混合法，即将分析低频响应的 FEM 和分析高频响应的 SEA 结合起来的 FE-SEA 混合法。本章将混合法运用到简支梁弯曲振动响应的计算中，给出了相应修正动力刚度矩阵、修正广义力矩阵及整体模态对局部模态输入功率的表达式的理论推导过程。同时，将混合法应用到列车-无砟轨道-桥梁（路基）耦合有限元模型中，推导了混合法在时域下应用时对应的局部模态对整体模态（有限元）部分的影响，即质量矩阵和阻尼矩阵以及修正力阵的具体表达式。同时也推导了整体模态对局部模态的影响，即输入功率的表达式。最后总结了 FE-SEA 混合法求解车桥耦合系统振动响应的具体步骤，给出了利用 FE-SEA 混合法分析列车-无砟轨道-桥梁（路基）耦合结构响应的流程。最后，采用已有文献算例参数，利用本书混合法模型对算例进行计算，与参考文献的计算结果进行对比，验证了本书混合法模型的可行性。

第 3 章 车辆-无砟轨道-桥梁耦合系统振动特性分析

2012 年，我国已有 1.3 万千米的客运专线投入运营。在我国，高速铁路大多采用高架桥形式，因此高速铁路列车轨道桥梁结构的动力学问题已成为当今轮轨动力学研究的热点。

本章利用第 2 章提出的车辆-无砟轨道-桥梁耦合系统混合法模型，针对不同的轨道不平顺激励、不同行车速度、不同无砟轨道-桥梁结构参数对无砟轨道-桥梁结构动力特性进行研究，进而揭示其关键参数，目的是对无砟轨道-桥梁结构的各项参数进行合理选择，从源头上达到减振降噪、减缓轨道变形、延长轨道使用寿命、提高轨道结构稳定性的良好效果。

3.1 车辆-无砟轨道-桥梁耦合系统振动的激励源

分析不同波长轨道随机不平顺对无砟轨道-桥梁结构动力特性影响时，首先应对轨道随机不平顺进行了解。轨道随机不平顺包括轨道高低、轨道方向、轨道水平和轨道轨距不平顺。轨道不平顺是引起列车和轨道结构振动噪声的主要原因，是车辆-无砟轨道-桥梁系统耦合振动的主要激励源。因此有效管理轨道不平顺能从源头上控制车辆轨道系统振动。

3.1.1 轨道不平顺

轨道不平顺分为高低、水平、轨距、方向不平顺和三角坑，如图 3.1 所示。

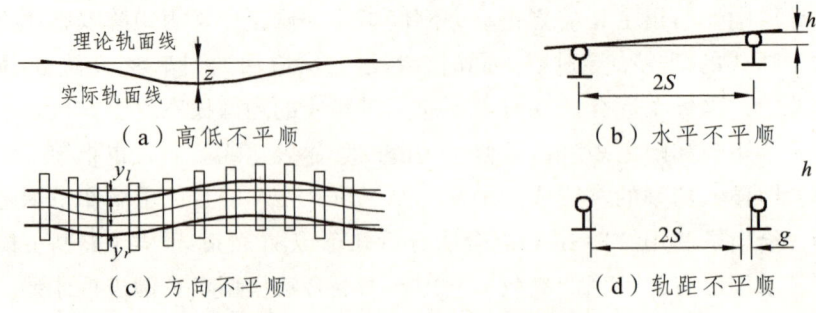

图 3.1 轨道的几何形位不平顺

轨道不平顺可模拟成随线路长度变化的随机函数，可将该随机函数考虑成由一系列不同波长、波幅相位的简谐波叠加而成的随机波[13]。车辆-无砟轨道-桥梁系统振动的激励源是轨道不平顺，通常利用功率谱密度函数来定义轨道不平顺。轨道不平顺功率谱图在坐标中的描述是以波长或频率为横坐标，以谱密度为纵坐标的连续变化曲线。轨道不平顺功率谱图能清晰地表达不同波长或频率与不平顺幅值大小之间的关系。随着对轮轨动力学研究的不断深入，国内外学者发现不同波长的轨道不平顺对车辆轨道耦合系统动力特性的影响是不同的，如不同波长轨面垂向高低不平顺对轮轨力的影响非常明显。按照轨面垂向高低不平顺波长的不同，把轨面垂向高低不平顺波长分为长波、中波以及短波，其中长波波长为几米至几十米，中波波长在 1 米至几米，而短波波长为几毫米至几十厘米。通过分析不同波长对无砟轨道-桥梁结构振动特性的影响分析，有针对性地控制特定波长的不平顺，这样可以达到降低轨道结构振动和轮轨噪声（即减振降噪）的目的。以下对国内外常用的轨道不平顺功率谱进行介绍。

1. 美国不平顺功率谱

美国不平顺功率谱轨道级别分为 6 级，适用波长范围为 1.524～304.8 m。

轨道高低不平顺表达式为

$$S_v(\omega) = \frac{kA_v\omega_c^2}{(\omega^2+\omega_c^2)\omega^2} \tag{3.1}$$

轨道方向不平顺表达式为

$$S_a(\omega) = \frac{kA_a\omega_c^2}{(\omega^2+\omega_c^2)\omega^2} \tag{3.2}$$

轨道水平及轨距不平顺表达式为

$$S_v(\omega) = \frac{4kA_v\omega_c^2}{(\omega^2+\omega_c^2)(\omega^2+\omega_s^2)} \tag{3.3}$$

式中，k 一般取 0.25；$s(\omega)$ 为轨道不平顺功率谱密度，单位为 $cm^2 \cdot m/rad$；ω 为空间频率，单位为 rad/m；ω_c、ω_s 为截断频率，单位为 rad/m；A_v、A_a 为与线路等级有关的粗糙度系数，详见表 3.1。

表 3.1 美国谱不平顺参数

参数		各级轨道的参数值					
符号	单位	1	2	3	4	5	6
A_v	cm²·m/rad	1.210 7	1.018 1	0.681 6	0.537 6	0.209 5	0.033 9
A_a	cm²·m/rad	3.363 4	1.210 7	0.412 8	0.302 7	0.076 2	0.033 9
ω_s	rad/m	0.604 6	0.930 8	0.852 0	1.312	0.820 9	0.438 0
ω_c	rad/m	0.824 5	0.824 5	0.824 5	0.824 5	0.824 5	0.824 5

2. 德国高低谱

轨道高低不平顺:

$$S_v(\omega) = \frac{A_v \omega_c^2}{(\omega^2 + \omega_r^2)(\omega^2 + \omega_s^2)} \tag{3.4}$$

轨道方向不平顺:

$$S_a(\omega) = \frac{A_a \omega_c^2}{(\omega^2 + \omega_r^2)(\omega^2 + \omega_s^2)} \tag{3.5}$$

轨道水平不平顺:

$$S_c(\omega) = \frac{A_a \omega_c^2 \omega^2}{(\omega^2 + \omega_r^2)(\omega^2 + \omega_c^2)(\omega^2 + \omega_s^2)} \tag{3.6}$$

轨距不平顺:

$$S_g(\omega) = \frac{A_g \omega_c^2 \omega^2}{(\omega^2 + \omega_r^2)(\omega^2 + \omega_c^2)(\omega^2 + \omega_s^2)} \tag{3.7}$$

式中,ω_c、ω_r、ω_s、A_a、A_v、A_g 各参数见表3.2。

表 3.2 德国谱不平顺参数

轨道级别	ω_c	ω_r	ω_s	A_a	A_v	A_g
单位	rad/m	rad/m	rad/m	10^{-7} m·rad	10^{-7} m·rad	10^{-7} m·rad
低频干扰	0.824 6	0.020 6	0.438 0	2.119	4.032	0.532
高频干扰	0.824 6	0.020 6	0.438 0	6.125	10.80	1.032

3. 铁科院短波不平顺谱

以上轨道不平顺功率谱适用波长范围为几米到几十米,在轨道桥梁结构的低频振动分析中可以满足精度,而对于数百到数千赫兹的轮轨高频振动,就需要考虑轨道的短波不平顺。铁道科学研究院对石太线轨道垂向不平顺进行了实测,得到我国 50 kg/m 标准轨线路垂向不平顺功率谱密度:

$$S(f) = \frac{0.036}{f^{3.15}} \quad (3.8)$$

式中,f 为空间频率,单位为 cycle/m,此功率谱密度适合波长范围为 0.01~1 m。

4. Sato 谱

20 世纪 80 年代前后,日本的 Sato[14]在进行轨道高频振动研究时,总结出了一套轨道不平顺表达式:

$$S(\Omega) = \frac{A}{\Omega^3} \quad (3.9)$$

式中,Ω 为粗糙度波数,A 为轮轨表面粗糙度系数,$A = 4.15 \times 10^{-8} \sim 5.0 \times 10^{-7}$。

3.1.2　轨道不平顺的数值模拟方法

文献[15]对国内外几种典型轨道谱进行了比较分析,得出德国高干扰轨道谱比美国六级谱略好。我国高速铁路轨道谱在波长 30 m 以上的长波高低不平顺与德国低干扰谱基本接近,但是在 7~30 m 波长范围内高低和方向不平顺与德国高干扰谱基本一致,而在 1~7 m 波长范围内高低和方向不平顺,尚比德国高干扰谱轨道状态要差。我国三大干线铁路轨道谱在 7~30 m 范围内的方向不平顺与美国五级线路谱基本相当,而在 1~7 m 波长范围内尚不如美国五级谱,在整个波长范围内均明显差于美国六级线路谱,在整个频率范围内高低不平顺基本上是介于美国五级谱和六级谱之间。分析线性频域内的随机振动时,功率谱密度函数可直接输入分析模型。但在非线性随机振动的时域分析时,应先求得随机激励样本,然后才能用数值积分法求解振动系统响应。比较常用的数值方法有二次滤波法、三角级数法等[16],本书采用西南交通大学陈果、翟婉明的不平顺谱模拟新方法[12]。

(1) 三角级数法。

三角级数法用具有零均值的各态历经平稳 Gauss 过程来假定轨道不平顺,并将其用三角级数表示,是工程上一种常用的方法。

设轨道不平顺为各态历经随机过程 $x[t]$，则其功率谱密度函数为

$$\begin{cases} F_x[w,T] = \int_0^T x[t]\exp[-iwt]\mathrm{d}t \\ S_x[w] = \lim_{T\to\infty} \dfrac{1}{T}\left|F_x[w,T]\right|^2 \end{cases} \tag{3.10}$$

轨道不平顺随机过程可以采用复数形式的傅里叶级数表达：

$$\begin{cases} x[t] = \sum_{k=0}^{N-1} C_k \exp[-iw_0 t] \\ C_k = \dfrac{1}{T}\int_0^T x[t]\exp[-ikw_0 t]\mathrm{d}t \end{cases} \tag{3.11}$$

其离散表达式为

$$\begin{cases} x[j\Delta t] = \sum_{k=0}^{N-1} C_k \exp\left[i\dfrac{2jk\Pi}{N}\right] \\ C_k = \dfrac{1}{N}\sum_{k=0}^{N-1} x[n\Delta t]\exp\left[-i\dfrac{2kn\Pi}{N}\right] \end{cases} \tag{3.12}$$

由式（3.11）和式（3.12）得

$$C_k = \dfrac{1}{T}\int_0^T x[t]\exp[-ikw_0 t]\mathrm{d}t = \dfrac{1}{T}F_x[kw_0, T] \tag{3.13}$$

将式（3.13）代入式（3.10）得

$$S_x[kw_0] = \lim_{T\to\infty}\dfrac{1}{T}\left|F_x[kw_0,T]\right|^2 = \lim_{T\to\infty} T\left|C_k\right|^2 \tag{3.14}$$

其中，$|C_k| = \lim\limits_{T\to\infty}\sqrt{\dfrac{S_x[kw_0]}{T}}$。

将轨道不平顺展开成复数傅里叶级数：

$$\begin{cases} x[t] = \sum_{j=-k}^{k} C_j \exp[ijw_0 t] \\ C_k = \dfrac{1}{T}\int_{-\frac{T}{2}}^{\frac{T}{2}} x[t]\exp[-ijw_0 t]\mathrm{d}t \end{cases} \tag{3.15}$$

由于 $C_j = \overline{C_{-j}}$ 且 $C_0 = 0$，故式（3.15）可改写为

$$\begin{cases} x[t] = 2\sum_{j=1}^{k}|C_k|\cos[jw_0 t + \theta] \\ C_j = \frac{1}{T}\int_{-\frac{T}{2}}^{\frac{T}{2}} x[t]\exp[-ijw_0 t]\mathrm{d}t \end{cases} \quad (3.16)$$

引入随机变量 θ_j 来描述 C_j 的随机特性，令 θ_j 在 $0 \sim 2\pi$ 区间上服从均匀分布，于是轨道不平顺的三角级数表达式为

$$x[n\Delta t] = \sum_{j=1}^{k}\sqrt{\frac{2S_x\left[\frac{j\pi}{k\Delta t}\right]}{K\Delta t}}\cos\left[\frac{jn\pi}{K} + \theta_j\right] \quad (3.17)$$

式中，$w_0 = \pi / K\Delta t$。

（2）轨道不平顺新模拟方法。

由于本书采用积分法在时域内求解，首先必须将轨道不平顺空间谱密度通过时频转换的方法转换为时序样本。

西南交通大学陈果[15]根据轨道不平顺功率谱求出频谱随机相位及幅值，再通过 IFFT 得到其时域模拟样本。该算法步骤为

① 将采样点总数为 N 的轮轨单边谱 $G(k)$ 转换成双边谱 $S(k)$：

$$S(k) = G(k)/2 \quad (k = 0, 1, \cdots, N-1) \quad (3.18)$$

其中，k 是频率的采样点数。

② 据周期图法原理幅值谱与功率谱存在以下关系：

$$S(k) = \frac{|DFT(x_s)|^2}{N^2} = \frac{|X(k)|^2}{N^2} \quad (3.19)$$

x_s 为时域样版的采样数据，从而有

$$X(k) = N\sqrt{S(k)} \quad (3.20)$$

③ 由于有 $X(k) = |X(k)|\mathrm{e}^{i\beta}$，综合式（3.20），给定序列 $X(n)$ 的频谱值 $X(k)$ 为

$$X(k) = |X(k)|\mathrm{e}^{i\beta} = N\sqrt{S(k)}\mathrm{e}^{i\beta} \quad (3.21)$$

式中，i 为虚数单位；β 为相位角，服从 $0 \sim 2\pi$ 的均匀分布。

④ 将复序列 $X(k)$ 进行 IFFT，即得到轨道不平顺的时域模拟样本：

$$X(n) = \frac{1}{N}\sum_{K=0}^{N-1} X(K) e^{i2\pi kn/N} \quad (n=0,1,\cdots,N-1) \quad (3.22)$$

3.1.3 轨道不平顺的数值模拟结果

至今为止，我国尚没有一套完整的适合我国高速铁路轮轨动力特性分析的轨道不平顺谱，因此在轮轨动力研究中只能借用已有的拟合公式。在中长波不平顺状态时，本书借用与我国高速铁路最接近的德国低干扰谱的拟合公式，而在短波不平顺时，则采用在轮轨高频振动广泛应用的 Sato 谱作为轮轨耦合的激励源。对两种不平顺谱采用陈果构造的谱数值模拟新方法进行模拟，得到时域系列空间样本及轨道不平顺功率谱解析值与模拟值的比较，如图 3.2 ~ 3.5 所示。

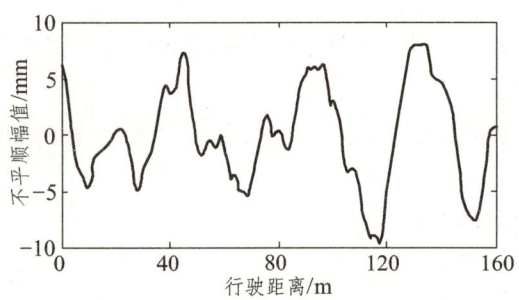

图 3.2 德国低干扰谱时域系列

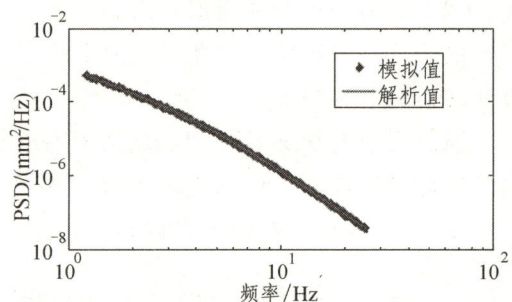

图 3.3 功率谱解析值与模拟值比较

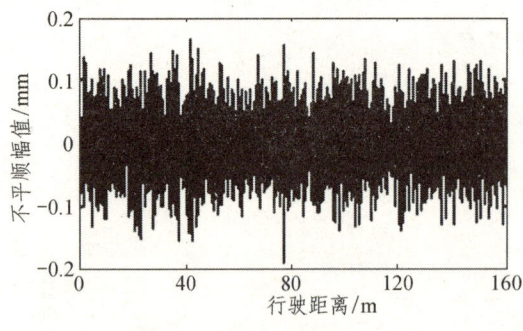

图 3.4 Sato 谱时域系列

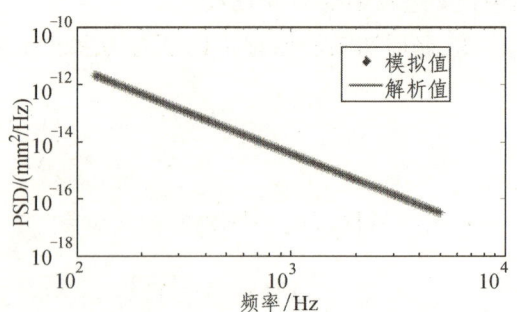

图 3.5 功率谱解析值与模拟值比较

其中，图 3.2 与文献 [13]，图 3.4 与文献 [17] 模拟结果吻合良好，从图 3.3、图 3.5 可以看出，此种方法模拟的数值结果与解析值十分接近，模拟精度很高。

3.2 轨道不平顺及波长对无砟轨道桥梁振动特性的影响分析

短波随机不平顺是国内外滚动噪声领域中广泛采用的不平顺激励[17, 18]，但在进行列车-轨道-桥梁系统动力特性研究时很少考虑，大多采用确定性不平顺及中长波随机不平顺作为激励[4, 19, 20]。上述轨道不平顺功率谱的波长范围在几米到几十米，可以满足机车车辆和桥梁结构的低频随机振动分析。然而波长在 0.01～0.5 m 的短波随机不平顺也是高速铁路轨道不平顺的重要组成部分，其对数百到数千赫兹的轮轨高频振动及高速铁路安全正常运行有很大的影响。因此本书利用车辆-无砟轨道-桥梁耦合动力学模型，针对短波、中长波随机不平顺分析列车高速运行时对轨道桥梁系统动力特性的影响，并对不同波长不平顺对系统动力特性的影响进行了对比研究。通过分析，旨在揭示无砟轨道-桥梁的最不利不平顺状态，为无砟轨道-桥梁不平顺管理提供理论依据，从源头上达到减振的目的。

3.2.1 无砟轨道-桥梁以及车辆参数的确定

1. FEM 参数的确定

计算中车辆选用和谐号高速动车组 CRH3（见图 3.6），无砟轨道-桥梁模型以京沪高铁铺设的 CRTS II 型无砟轨道（见图 3.7）作为轨道结构形式，分析选取总长 160 m 的无砟轨道-桥梁线路，一动一拖高速动车组以 300 km/h 的速度通过。其中钢轨、轨道板、混凝土底座板、桥梁的比例阻尼系数 $\alpha_{r,s,f,b}$、$\beta_{r,s,f,b}$ 都取 0.000 2。车辆及轨道结构参数见表 3.3、表 3.4。

图 3.6 和谐号 CRH3 动车组

图 3.7 京沪高速铁路某高架桥段

表3.3 动车组CRH3车辆结构参数

参数	取值	参数	取值	参数	取值
车体质量 M_c /kg	40 000	二系弹簧刚度 K_{s2} /(MN/m)	0.8	一系弹簧刚度 K_{s1} /(MN/m)	2.08
构架质量 M_t /kg	3 200	一系阻尼系数 C_{s1} /(kNs/m^2)	100	固定轴距 $2l_1$ /m	2.5
轮对质量 M_{wi} /kg	2 400	二系阻尼系数 C_{s2} /(kNs/m^2)	120	构架中心距离 $2l_2$ /m	17.375

表3.4 CRTS Ⅱ 无砟轨道-桥梁结构参数

参数	取值	参数	取值
钢轨质量 $\rho_r A_r$ /(kg/m)	60	垫板的刚度系数 k_{y1} /(MN/m)	60
轨道板质量 $\rho_s A_s$ /(kg/m)	637.5	桥梁的支承阻尼系数 c_{y3} /(kN·s/m^2)	248
桥梁质量 $\rho_b A_b$ /(kg/m)	24692.5	桥梁的支承刚度系数 k_{y3} /(MN/m)	100
底座质量 $\rho_f A_f$ /(kg/m)	1106.25	垫板阻尼系数 c_{y1} /(kN·s/m^2)	47.7
钢轨抗弯刚度 $E_r I_r$ /MN·m^2	6.7557	CA砂浆的阻尼系数 c_{y2} /(kN·s/m^2)	83
轨道板抗弯刚度 $E_s I_s$ /MN·m^2	3.315	CA砂浆的刚度系数 k_{y2} /(GN/m)	0.9
底座抗弯刚度 $E_f I_f$ /MN·m^2	99.5625	轨枕间距 d_t /m	0.65
桥梁抗弯刚度 $E_b I_b$ /MN·m^2	230	轮轨接触弹簧刚度 k_c /(GN/m)	1.325

轨道状态分别为平顺状态及轨道随机不平顺状态，不平顺状态中考虑短波不平顺Sato谱及中长波不平顺德国低干扰谱。Sato不平顺功率谱密度表达式及参数选取依据文献[17]，波长范围取 5~500 mm[17]；德国低干扰谱密度表达式及参数选取依据文献[13]，波长范围取0.5~50 m[13]。两种不平顺均采用上节介绍的方法进行数值模拟得到其时域样本。结合第2章混合法模型中局部模态对整体模态的影响条件，即激励频率与钢轨固有频率间的对比条件，根据不平顺波长（激励频率）范围分6种工况进行计算，工况一为平顺状态，工况二、三、四分别为Sato谱波长的0.005~0.01 m、0.01~0.1 m、0.1~0.5 m三个频段，工况五为低干扰谱波长0.5~50 m频段，工况六对Sato谱的0.005~0.5 m的整个波长范围进行计算。其中，工况五、六不平顺时域样本在上节已经模拟，工况二、三、四的不平顺时域样本模拟结果见图3.8~3.10。

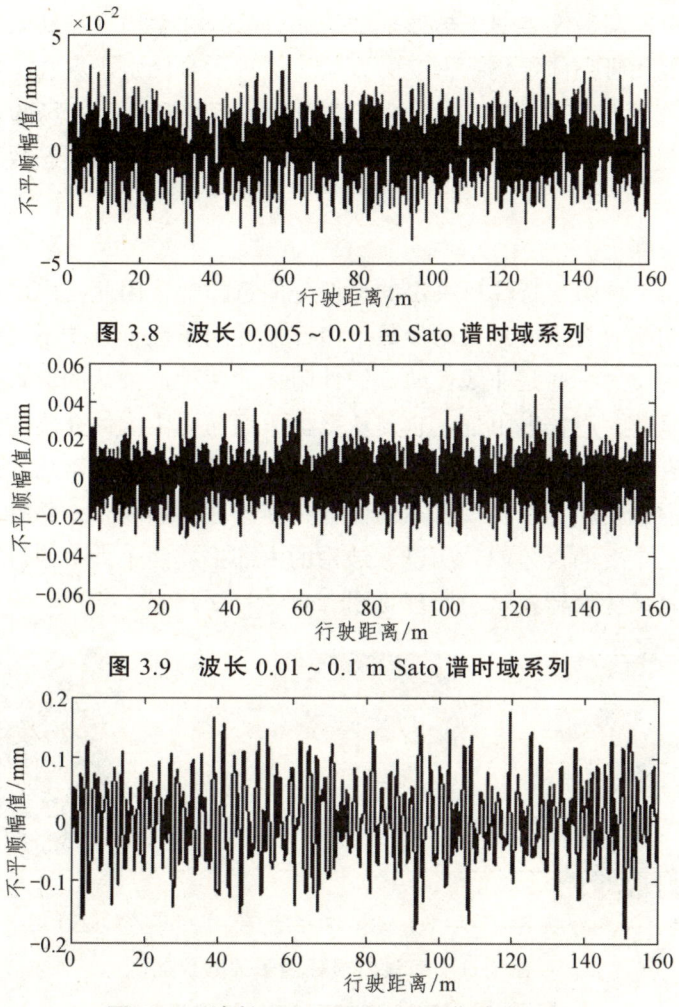

图 3.8 波长 0.005～0.01 m Sato 谱时域系列

图 3.9 波长 0.01～0.1 m Sato 谱时域系列

图 3.10 波长 0.1～0.5 m Sato 谱时域系列

2. SEA 参数的确定

本书钢轨振动高频部分采用 SEA 法进行计算,其中有关参数(即子系统输入功率、模态密度、内部损耗因子的准确选取)对计算精度有着重要的影响。

(1)计算子系统输入功率。

本书钢轨局部模态输入功率,一部分来自局部模态力的输入功率,用传统 SEA 法获得[11],另一部分来自整体模态对局部模态的输入功率,在求得钢轨整体模态位移响应后采用第 2 章 2.1.3 节方法求得。

(2)测试和计算钢轨的模态密度。

统计能量分析中模态密度类似于热力学中的热容量,它是描述振动系统储存能量能力大小的一个物理量,因此研究确定模态密度的方法,对进一步确定子系统(振型群)的响应能量及功率流是非常重要的。文献[11]中讨论了常用的子系统和简化声场的模态密度计算公式及试验方法。其中本书在第2章中指出钢轨模态密度的计算公式为模态数(振型数)与带宽的比值。

(3)钢轨内损耗因子。

内部损耗是指由系统阻尼特性所决定的那部分能量损耗,因此,内部损耗因子统计能量分析对预测结构振动响应有重要意义的参数。内部损耗因子综合若干不同的阻尼或能量损耗机理,一些是线性的,另一些是非线性的。线性阻尼的两种最公认的形式是结构的阻尼,它是结构材料特性的函数;声辐射阻尼,它与从结构表面向周围流体介质的辐射损失有关。这3种阻尼机理相互独立地作用,所以结构元件内部损耗因子是3种阻尼的线性和内部损耗解析式一般得不到。内部损耗因子随模态不同而异,使问题更加复杂,并且广泛地认为它在估算系统动态响应中是重要的误差源。所以,结构的内部损耗因子大多通过试验得到。本书也采用试验的方法(其试验仪器及试验原理见图3.11~3.12)[21]。

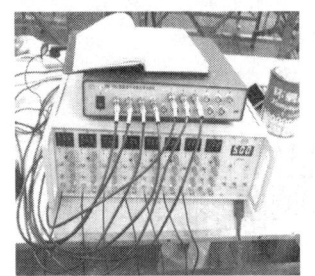 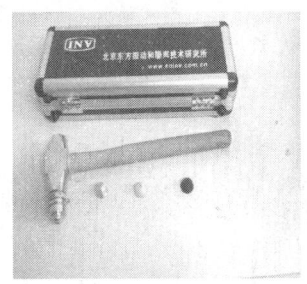 

(a)电荷放大器及数据采集分析仪　　(b)MSC-3型力锤　　(c)悬挂的钢轨试件

图3.11　钢轨内损耗因子实验仪器

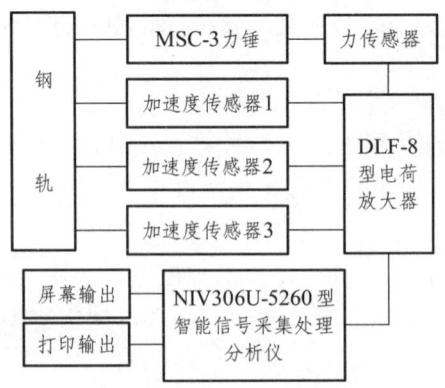

图3.12　实验系统框图

稳态能量流方法是公认的测量内部损耗因子的最佳方法[21]，其关键是要精确测量外激励源对系统的输入功率 p_{in} 及系统空间平均的振动能量 E，并根据下面公式求出：

$$\eta = p_{in}/(\omega E) \tag{3.23}$$

其中，$p_{in} = R_{fv}(\tau = 0) = \int_{-\infty}^{\infty} S_{fv}(\omega) d\omega$。$S_{fv}$ 和 R_{fv} 分别为速度与力信号的互谱和互相关，ω 为计算频带内的中心频率（见表 3.5）。

表 3.5　钢轨损耗因子实验值

频率/Hz	2 000	2 500	3 000	3 500	4 000	4 500	5 000
损耗因子	0.039	0.04	0.052	0.061	0.064	0.061	0.052

（4）子系统间耦合损失因子的确定。

耦合损失因子是统计能量分析法中特有的参数，表明两个子系统的耦合程度，本书在混合法模型中只考虑钢轨一个子系统，不考虑钢轨局部模态与轨道板及桥梁等结构的耦合，所以不需要确定耦合损失因子。

3.2.2　不同工况的混合法模型

计算中采用第 2 章混合法模型，其中无砟轨道-桥梁单元中钢轨 2 000 Hz 以下振动采用 FEM 模拟，2 000 ~ 5 000 Hz 采用 SEA 仿真，对应选取全局自由度 120，局部自由度 121 ~ 220，轨道板、底座混凝土板和桥梁分别取 120、120、50 个自由度。工况二，$\omega_k \ll \omega$（ω_k、ω 分别为钢轨第 k 阶局部模态自然频率和激励频率），所以在局部模态对整体模态的影响中只对钢轨有限元部分的质量矩阵、结点力阵依据式（2.38）、式（2.42）分别进行修正。工况三只考虑共振部分（$\omega_k \approx \omega$）对整体模态的影响，将钢轨每 10 个模态划分为一个频段，依据式（2.39）、式（2.42）对钢轨有限元部分的阻尼矩阵、结点力阵分别进行修正。而工况一、四、五由于 $\omega_k > \omega$，不考虑局部模态对整体模态的影响，只是依据本书 2.1.3 节考虑整体模态对局部模态的能量输入。工况六则为工况二、三、四的线性和（排除其中两种工况车辆自重影响）。各工况 FEM 部分积分步长为 0.08 s。

3.2.3　计算结果分析

1. 时域结果分析

图 3.13 给出了工况一、工况五、工况六的轮轨力时程曲线，图 3.14 ~ 3.16，给出了 3 种

工况典型位移时程曲线,图 3.17~3.19 给出了 3 种工况典型速度时程曲线,图 3.20~3.22 给出了 3 种工况典型加速度时程曲线。表 3.6~3.8 给出了 6 种工况典型物理值时域最大值结果,其中轮轨力为第一轮对轮轨力。

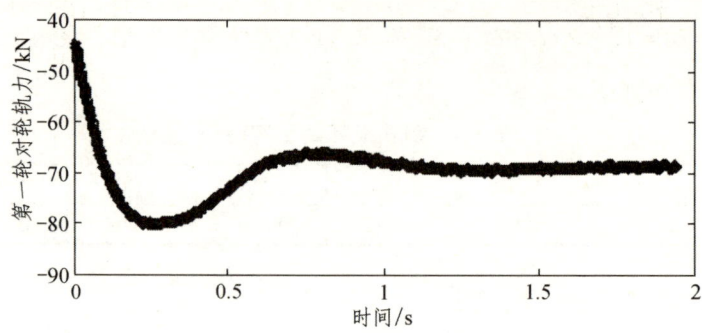

(a)平顺状态轮轨力时程曲线

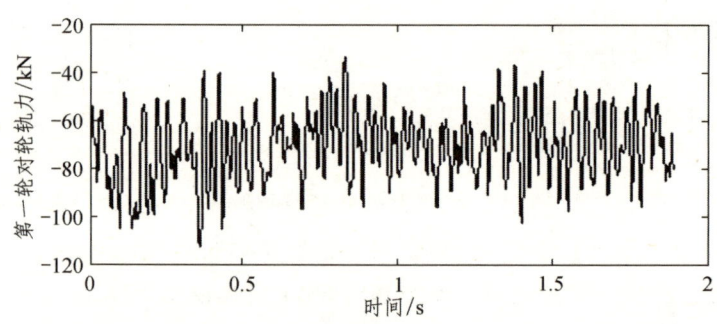

(b)德国低干扰谱状态轮轨力时程曲线

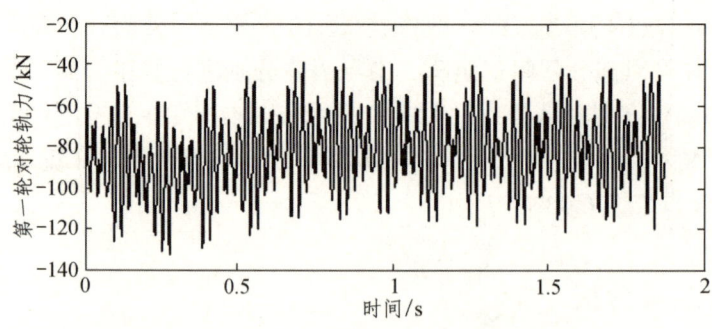

(c)Sato 谱状态轮轨力时程曲线

图 3.13　不同不平顺状态轮轨力时程曲线

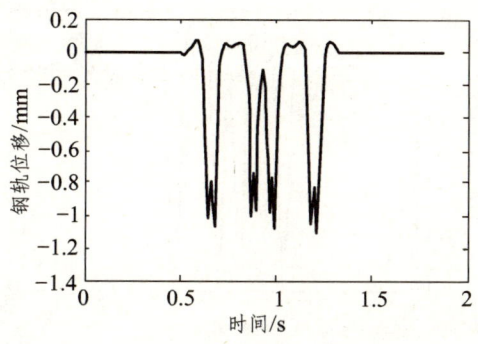

（a）钢轨竖向位移时程曲线

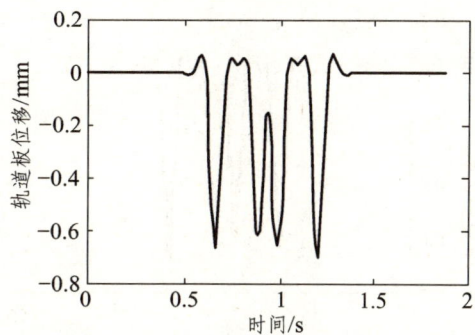

（b）轨道板竖向位移时程曲线

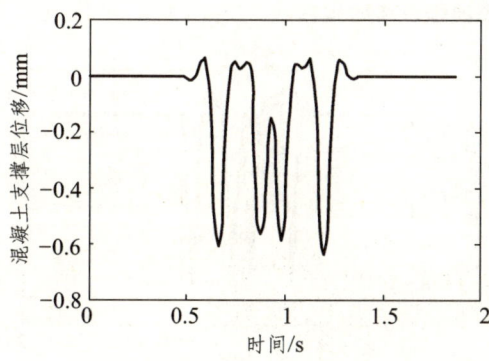

（c）混凝土底座板竖向位移时程曲线

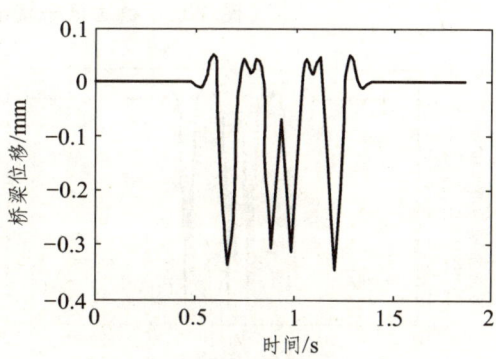

（d）桥梁竖向位移时程曲线

图 3.14 平顺状态典型位移时程曲线

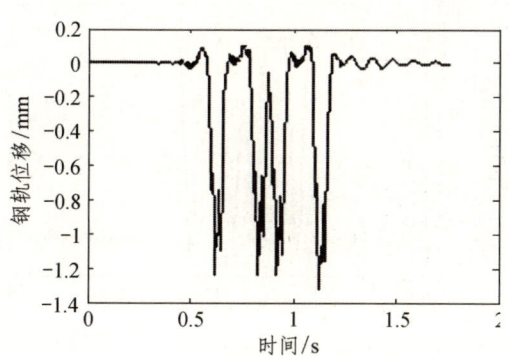

（a）钢轨竖向位移时程曲线

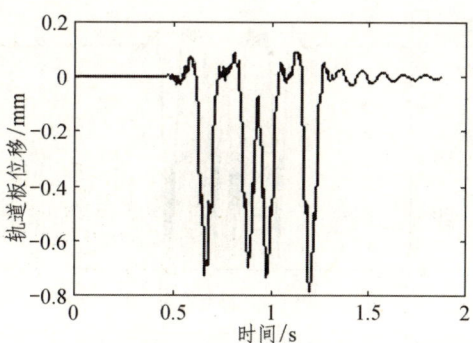

（b）轨道板竖向位移时程曲线

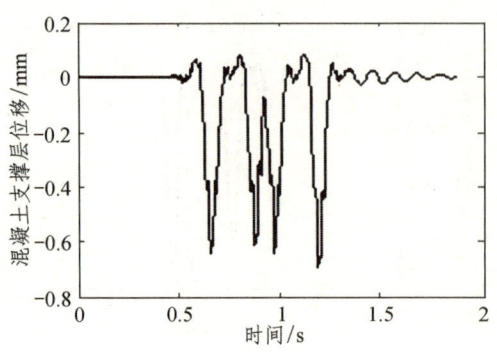

（c）混凝土底座板竖向位移时程曲线

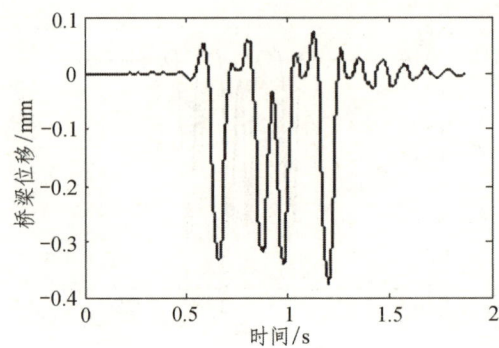

（d）桥梁竖向位移时程曲线

图 3.15　德国低干扰谱状态典型位移时程曲线

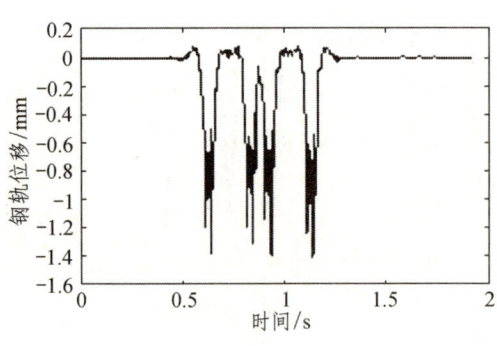

（a）钢轨竖向位移时程曲线

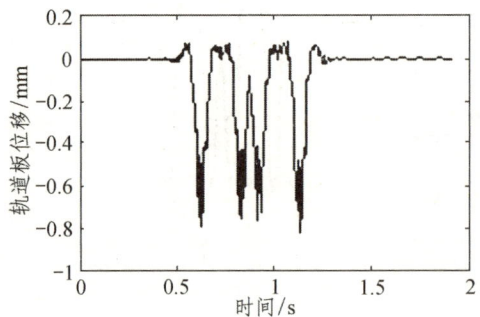

（b）轨道板竖向位移时程曲线

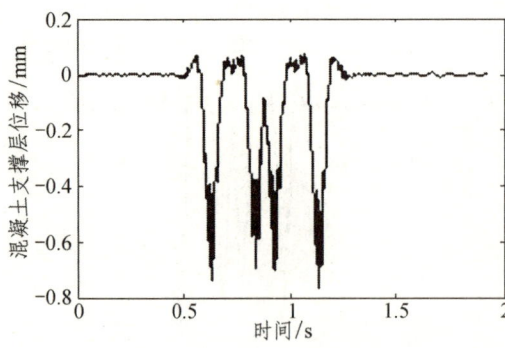

（c）混凝土底座板竖向位移时程曲线

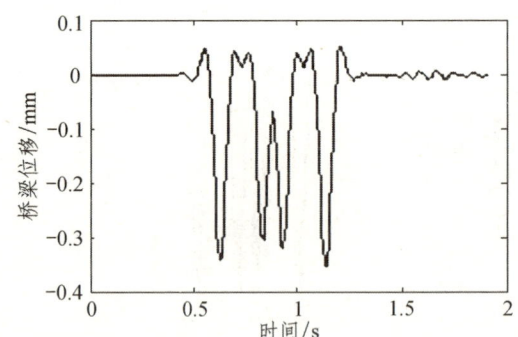

（d）桥梁竖向位移时程曲线

图 3.16　Sato 谱状态典型位移时程曲线

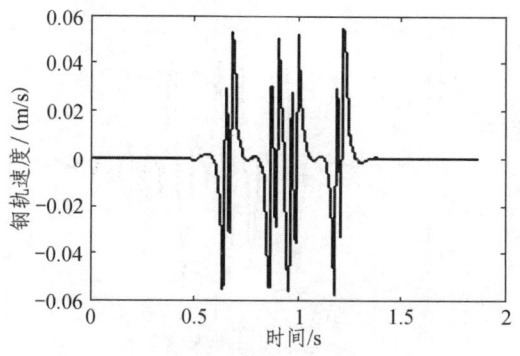

（a）钢轨竖向速度时程曲线

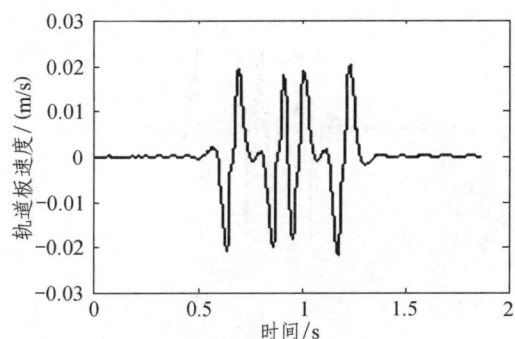

（b）轨道板竖向速度时程曲线

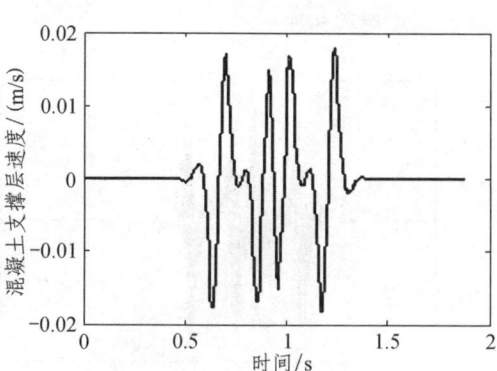

（c）混凝土底座板竖向速度时程曲线

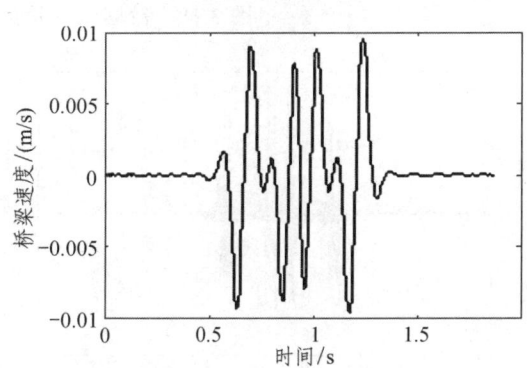

（d）桥梁竖向速度时程曲线

图 3.17　平顺状态时典型速度时程曲线

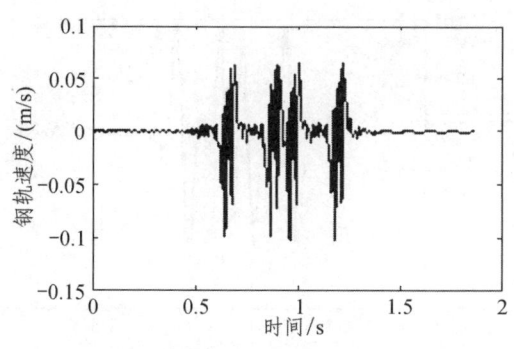

（a）钢轨竖向速度时程曲线

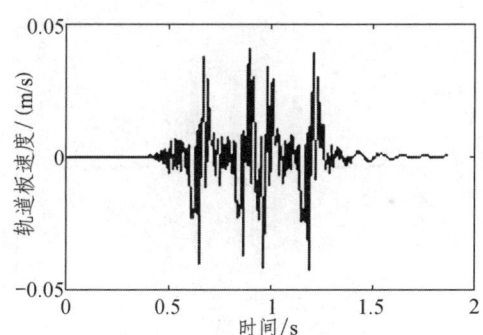

（b）轨道板竖向速度时程曲线

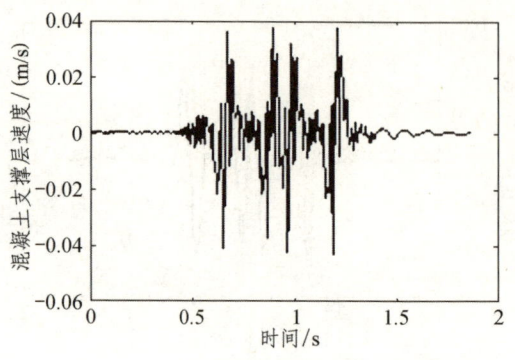

（c）混凝土底座板竖向速度时程曲线

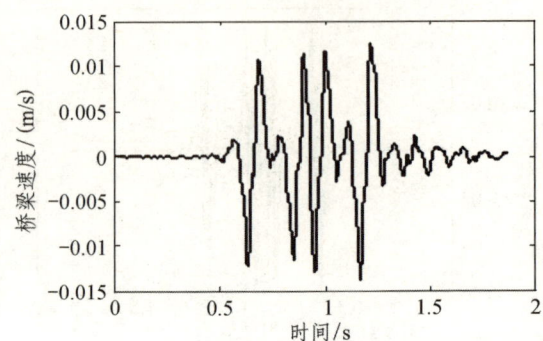

（d）桥梁竖向速度时程曲线

图 3.18　德国低干扰谱状态典型速度时程曲线

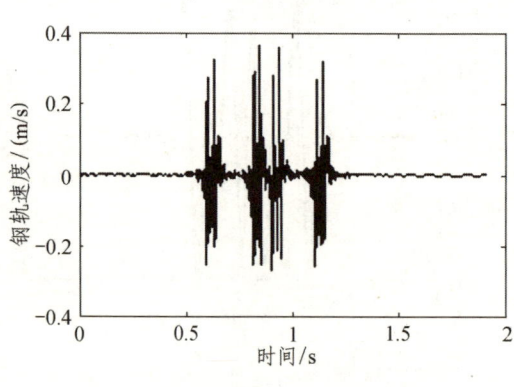

（a）钢轨竖向速度时程曲线

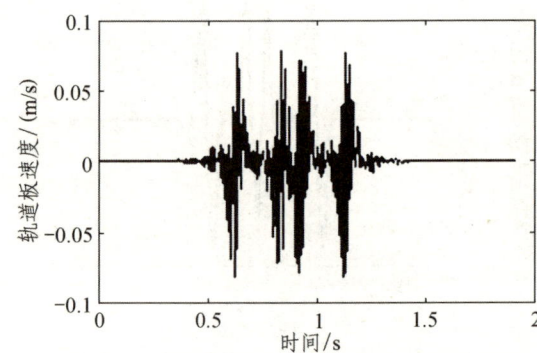

（b）轨道板竖向速度时程曲线

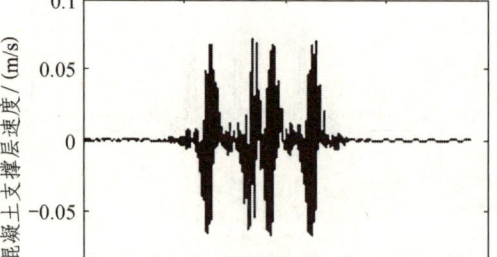

（c）混凝土底座板竖向速度时程曲线

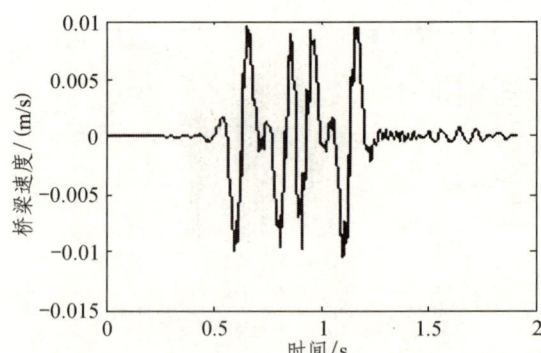

（d）桥梁竖向速度时程曲线

图 3.19　Sato 谱状态典型速度时程曲线

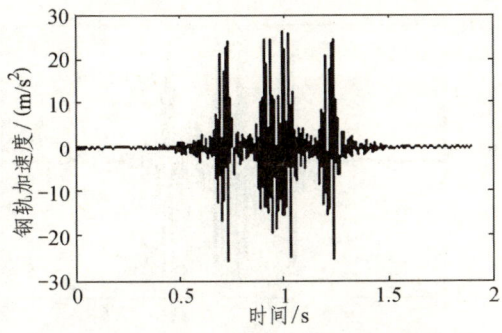

（a）钢轨竖向加速度时程曲线

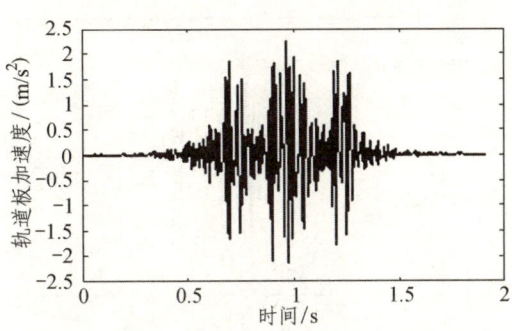

（b）轨道板竖向加速度时程曲线

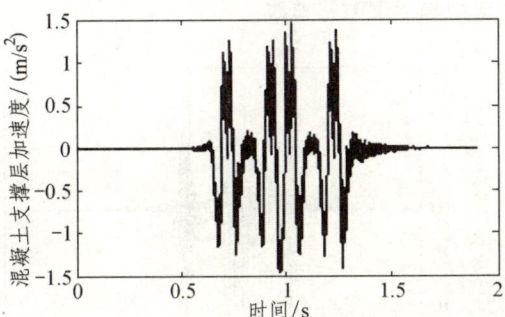

（c）混凝土底座板竖向加速度时程曲线

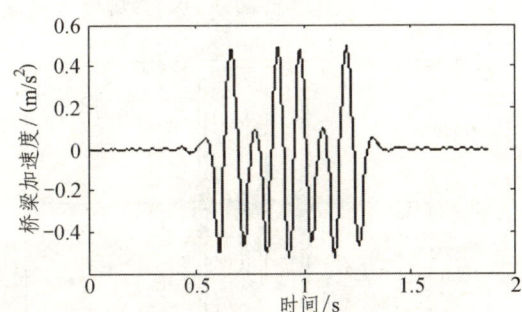

（d）桥梁竖向加速度时程曲线

图 3.20　平顺状态典型加速度时程曲线

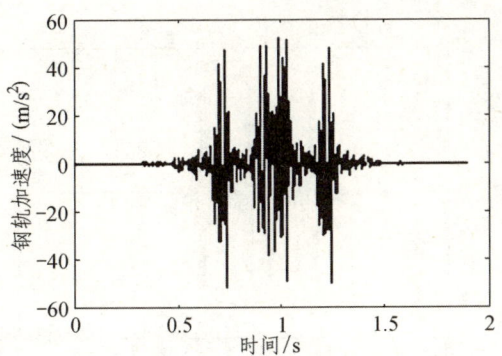

（a）钢轨竖向加速度时程曲线

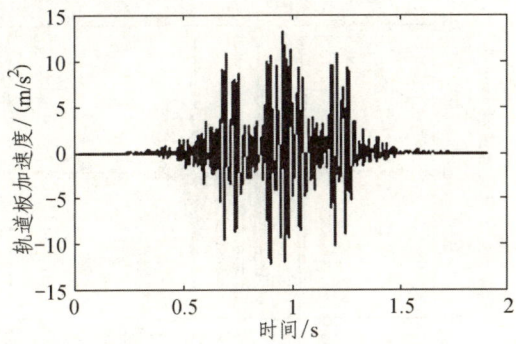

（b）轨道板竖向加速度时程曲线

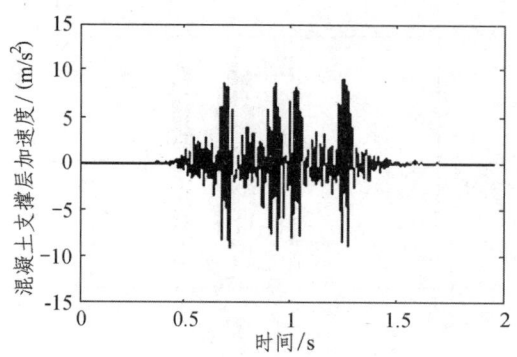
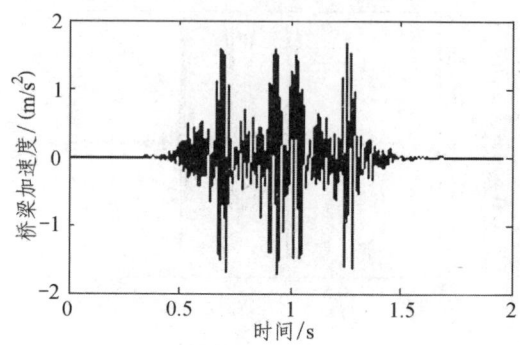

（c）混凝土底座板竖向加速度时程曲线　　　　　（d）桥梁竖向加速度时程曲线

图 3.21　德国低干扰谱状态典型加速度时程曲线

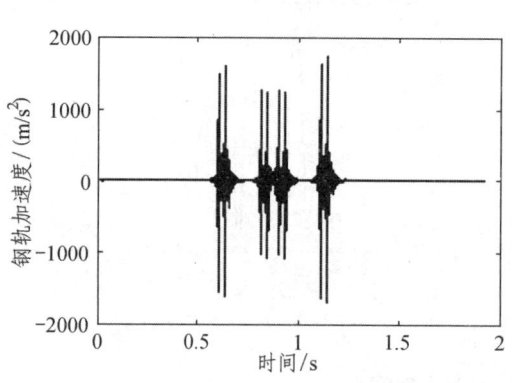
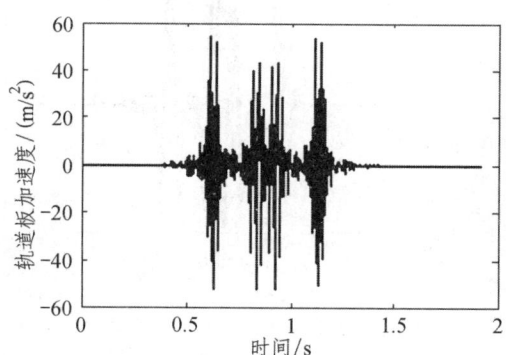

（a）钢轨竖向加速度时程曲线　　　　　　　　（b）轨道板竖向加速度时程曲线

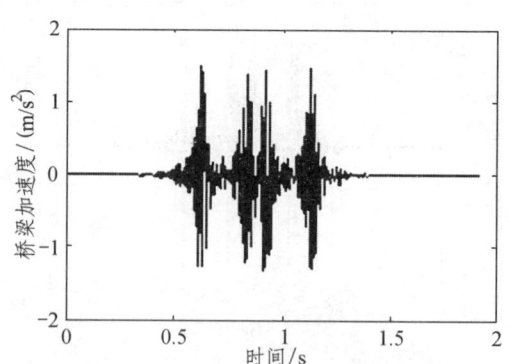

（c）混凝土底座板竖向加速度时程曲线　　　　　（d）桥梁竖向加速度时程曲线

图 3.22　Sato 谱状态典型加速度时程曲线

表3.6 不同工况轮轨力及位移计算结果对照表

工况	轮轨力/kN	钢轨位移/mm	轨道板位移/mm	混凝土支撑层位移/mm	桥梁位移/mm
工况一	80.23	1.16	0.68	0.64	0.35
工况二	84.61	1.19	0.71	0.68	0.35
工况三	90.92	1.28	0.73	0.71	0.35
工况四	105.21	1.32	0.77	0.74	0.37
工况五	112.49	1.39	0.79	0.77	0.38
工况六	131.03	1.42	0.82	0.79	0.37

表3.7 不同工况速度计算结果对照表

工况	钢轨速度/m·s^{-1}	轨道板速度/m·s^{-1}	混凝土支撑层速度/m·s^{-1}	桥梁速度/m·s^{-1}
工况一	0.058	0.022	0.018	0.008
工况二	0.076	0.024	0.021	0.009
工况三	0.211	0.031	0.028	0.009
工况四	0.201	0.046	0.035	0.010
工况五	0.114	0.047	0.042	0.014
工况六	0.283	0.085	0.065	0.011

表3.8 不同工况加速度计算结果对照表

工况	钢轨加速度/m·s^{-2}	轨道板加速度/m·s^{-2}	混凝土支撑层加速度/m·s^{-2}	桥梁加速度/m·s^{-2}
工况一	25	2.3	1.48	0.51
工况二	443	7.3	3.82	0.54
工况三	1320	35.7	17.35	0.69
工况四	93	22.8	15.65	0.84
工况五	52	12.4	10.81	1.63
工况六	1747	54.7	37.52	1.51

(1)轮轨力计算结果分析。

① 从图3.13(a)可以看出,平顺状态下轮轨力时程曲线较为光滑,轮轨力在短暂振荡后,在1s后开始稳定保持在70kN左右;从图3.13(b)、图3.13(c)可看出,随着激励频

率增大曲线振荡的频率也会明显增大。轮轨力最大值明显大于平顺状态时最大值，同时曲线也一直在振荡中，而且其在 Sato 谱全波长状态下最大值明显大于德国低干扰谱状态下最大值，说明短波不平顺对轮轨力的影响大于长波不平顺。

② 从表 3.6 轮轨力数值中可以看出，轮轨力最小值在工况一，即平顺状态下，轮轨力的最大值发生在工况六，即 Sato 谱全波长状态下。工况四，即 Sato 谱 0.1~0.5 m 波长状态下，各部分位移值均小于工况五德国低干扰谱状态下的位移值，工况二、三（Sato 谱波长 0.005~0.01 m，0.01~0.1 m）分别比平顺状态下略大。可见 Sato 谱中 0.1~0.5 m 及低干扰谱波长是轮轨力最不利波长范围。同时，6 种工况中轮轨力最大值变化很大，说明轨道不平顺及不平顺波长的变化对于轮轨力影响较大。

（2）轨道结构位移计算结果分析。

① 从图 3.14~3.16 可看出，轨道结构位移时程曲线中，当车轮经过某一处时，位移数值均较大，反之，位移数值均很小，甚至接近于零。此外，钢轨位移时程曲线都有明显的 8 个峰值，对应 8 个车轮经过，因此可以通过确定车辆何时经轨道结构观察点，以及两尖点间的时间差来确定车型，这些都说明本书模型的正确可行。同一激励状态下，从钢轨、轨道板、混凝土底座板到桥梁的位移数值是依次减小的，而且位移时程曲线也会越来越光滑，这是轨下垫板及 CA 砂浆发挥了减振作用。

② 从图 3.14~3.16 对比中可看出，平顺状态下轨道位移时程曲线更为光滑，随着激励频率增大，曲线中包含小谐波会明显增多，同时由于轨道不平顺激励的作用，轨道结构位移数值会有所增大，其中钢轨位移变化最大，而桥梁位移变化最小，说明轨道不平顺对轨道结构位移的影响是从上到下依次减弱的。且在 Sato 谱与德国低干扰谱的对比中，仍然是短波不平顺状态下大于长波德国低干扰谱，但是变化不大。

③ 从表 3.6 轨道结构位移数值中可看出，每种工况中，轨道结构位移都是由上到下依次减小的，这与图 3.14~3.16 是一致的。6 种工况对比中，轨道结构各部分位移最小值均在工况一，即平顺状态下。桥梁最大位移发生在工况五，即低干扰谱状态下，其他各部分最大位移均发生在工况六，即 Sato 谱全波长状态下。工况四，即 Sato 谱 0.1~0.5 m 波长状态下是 Sato 谱中位移贡献最大的波段，工况二、三（Sato 谱波长 0.005~0.01 m，0.01~0.1 m）分别比平顺状态下略大。对比可知，Sato 谱中 0.1~0.5 m 及低干扰谱波长是轨道结构位移的最不利波长范围，桥梁位移最不利波长为低干扰谱范围。同时在 6 种工况对比中，钢轨位移变化最大，但相对变化也很小，桥梁变化最小，甚至几乎没有变化，说明轨道不平顺及波长变化对轨道结构位移的影响不大。

（3）轨道结构速度计算结果分析。

① 从图 3.17~3.19 可以看出，同轨道结构位移时程曲线类似，在同一激励状态下，从

钢轨、轨道板、混凝土底座板到桥梁的速度数值依次减小，而且速度时程曲线也会越来越光滑，同样是由于轨下垫板及 CA 砂浆的减振作用。

② 从图 3.17~3.19 对比可看出，平顺状态下轨道速度时程曲线更为光滑，随着激励频率增大，曲线中包含小谐波会明显增多，同时由于轨道不平顺激励的作用，轨道结构速度数值会有所增大，与轨道结构位移不同，轨道不平顺对轨道结构各部分速度的影响效应变化没有明显规律性。而且从钢轨、轨道板、混凝土底座板速度曲线中可看出，仍然是短波不平顺状态下数值大于长波德国低干扰谱，而桥梁则是中长波德国低干扰谱状态数值大于短波不平顺状态下数值。

③ 从表 3.7 轨道结构速度数值中可看出，每种工况中，轨道结构速度都是由上到下依次减小的。6 种工况对比中，轨道结构各部分速度最小值仍都在工况一，即平顺状态下。其中钢轨、轨道板、混凝土底座板在工况六，即 Sato 谱全波长状态下。而桥梁速度最大值则发生在工况五，即德国低干扰谱中。钢轨速度最不利波长为 Sato 谱 0.01~0.5 m。轨道板及混凝土底座板速度最不利波长为 Sato 谱 0.1~0.5 m 及低干扰谱波长。桥梁速度最不利波长为低干扰谱波长。同时在 6 种工况的对比中，轨道结构速度有一定变化，说明轨道不平顺及波长变化对轨道结构速度有一定影响。

（4）轨道结构加速度计算结果分析。

① 从图 3.20~3.22 中可以看出，同前面所分析的物理量类似，在同一激励状态下，从钢轨、轨道板、混凝土底座板到桥梁加速度数值依次减小，而且加速度时程曲线也会越来越光滑，同样是由于轨下垫板及 CA 砂浆的减振作用。同时，在每一种激励状态下可以看出，轨道板加速度值与钢轨加速度数值相差程度要大于其他相邻结构层之间的差异，说明轨下结构减振效果要好于其他支承层的减振效果。

② 从图 3.20~3.22 对比中可以看出，平顺状态下轨道加速度时程曲线最为光滑，随着激励频率增大，曲线中包含小谐波会明显增多。同时，由于轨道不平顺激励作用，轨道结构加速度数值会有明显增大，且轨道不平顺对轨道结构各部分的加速度影响效应具有明显的规律性。其中钢轨加速度变化最大，而桥梁加速度变化最小，说明轨道不平顺对轨道结构加速度影响是从上到下依次明显减弱。在 Sato 谱与低干扰谱对比中，短波不平顺状态下数值明显大于中长波德国低干扰谱，且钢轨、轨道板、混凝土底座板加速度数值变化很大，相对来看，桥梁变化较小。

③ 从表 3.8 轨道结构加速度数值中可以看出，每种工况中，轨道结构加速度都是从上到下依次减小的，这与图 3.20~3.22 也是一致的。6 种工况对比中，轨道结构各部分加速度最小值仍都在工况一中，即平顺状态下。与轨道位移和轮轨力相同，除桥梁外各部分最大加速度也均发生在工况六，即 Sato 谱全波长状态下。桥梁最大加速度发生在工况五，钢轨、轨道

板加速度的较大值均发生在工况三（Sato谱波长0.01~0.1 m）状态下，而混凝土底座板则发生在工况五即德国低干扰谱中。钢轨加速度最不利波长为Sato谱0.005~0.1 m，尤以0.01~0.1 m范围最为不利。轨道板、混凝土底座板加速度最不利波长为Sato谱0.01~0.5 m。桥梁加速度最不利波长为低干扰谱范围。同时在6种工况对比中，轨道结构加速度变化很大，说明轨道不平顺及波长的变化对轨道结构加速度影响很大。这与文献[10]的结论一致，从而也再次验证了本书模型的可行性。

总体上，轨道不平顺及不平顺波长变化对轨道桥梁结构振动特性的影响是由上到下逐渐减弱的，对钢轨影响最大，对桥梁影响最弱。对轨道结构动力振动响应参数影响最大的是加速度，最弱的是位移。其中，钢轨、轨道板、混凝土底座板受短波不平顺影响大，尤其是钢轨，而桥梁则受中长波不平顺影响大。

2. 频域结果分析

描述振动特性的参数除了振动位移、振动速度、振动加速度外，还有振动频率。研究者通常将振动频率作为自变量，那么振动位移、速度、加速度则是频率的函数。加速度现在普遍用来评价振动对人体的影响，振动速度则和噪声的大小密切相关。在振动分析中，衡量振动与衡量噪声一样，反应振动强度的加速度、速度等参数也可以用分贝来表述它们的大小，即相应的级值。

（1）振动加速度级分析。

依据我国城市区域环境振动标准（GB 10070—88），并结合倍频程的计算方法，计算出振动加速度级[12]。

按照各中心频率有效值来计算振动加速度级的公式为

$$L_a = 20\lg(a_{frms}/a_0) \quad (3.24)$$

其中，a_{frms}为频域振动加速度有效值；a_0为基准加速度，单位为m/s^2，通常取$a_0 = 10^{-6} m/s^2$。但需要注意的是，由于各国环境振动标准并不一致，所以其具体取值应遵循各国标准中的规定。$L_a(dB)$的计算步骤如下：

① $a(t)$为加速度时域信号，t为信号时间范围，$s_v(f)$为功率谱密度函数，计算方法如式（3.25）所示：

$$s_v(f) = 2\frac{|a(f)|^2}{T} \quad (3.25)$$

$a(f)$为$a(t)$的傅里叶变换幅值，T为$a(t)$的时间周期，f为频率。

② 计算某一频带的总功率 P_{f_l,f_u}：

$$P_{f_l,f_u} = \int_{f_l}^{f_u} S_v(f)df \quad (3.26)$$

f_u 为上限频率，f_l 为下限频率，国际标准 ISO2631 规定频带计算采用 1/3 倍频程方法，1/3 倍频程的上限、下限频率和中心频率见表 3.9。

表 3.9　1/3 倍频程中心频率及频率范围

频带	下限频率 f_l/Hz	中央频率 f_c/Hz	上限频率 f_u/Hz
1	2.23	2.51	2.82
2	2.81	3.16	3.55
3	3.54	3.9	4.47
4	4.46	5.0	5.62
5	5.62	6.3	7.08
6	7.07	7.9	8.91
7	8.90	10.0	11.2
8	11.2	12.5	14.1
9	14.1	15.8	17.8
10	17.8	19.9	22.4
11	22.4	25.1	28.1
12	28.1	31.5	35.6
13	35.6	40	44.9
14	44.9	50	56.1
15	56.1	63	70.7
16	70.7	80	89.8
17	89.8	100	112
18	112	125	140
19	140	160	178
20	178	200	224
21	224	250	280
22	280	315	353

续表

频带	下限频率 f_l/Hz	中央频率 f_c/Hz	上限频率 f_u/Hz
23	353	400	449
24	449	500	561
25	561	630	707
26	707	800	898
27	898	1 000	1 122
28	1 122	1 250	1 403
29	1 403	1 600	1 796
30	1 796	2 000	2 245
31	2 245	2 500	2 806
32	2 806	3 150	3 535
33	3 535	4 000	4 490
34	4 490	5 000	5 612

③ 计算该频带中心频率的有效值 a_{frms}：

$$a_{frms} = \sqrt{P_{f_l,f_u}} \quad (3.27)$$

④ 振动加速度级 L_a(dB)：

$$L_a = 20\lg(a_{frms}/a_0) \quad (3.28)$$

图 3.23～3.26 给出了 3 种工况（平顺、低干扰谱、Sato 谱）1/3 倍频程轨道结构振动加速度级曲线。

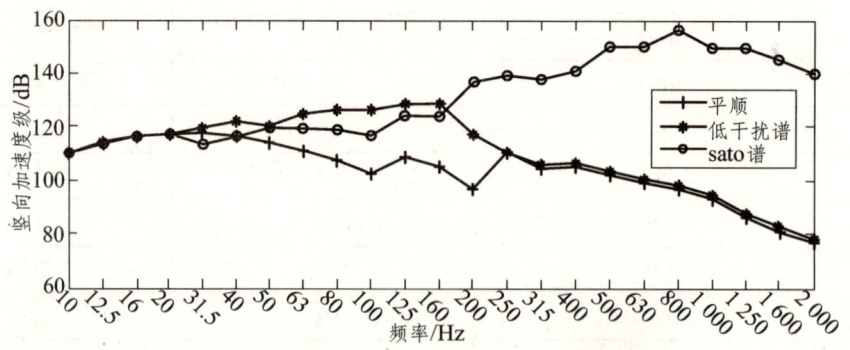

图 3.23 钢轨竖向加速度级 1/3 倍频程图

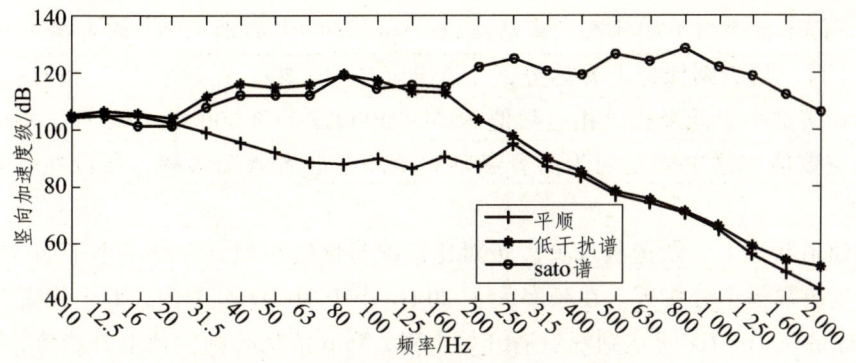

图 3.24 轨道板竖向加速度级 1/3 倍频程

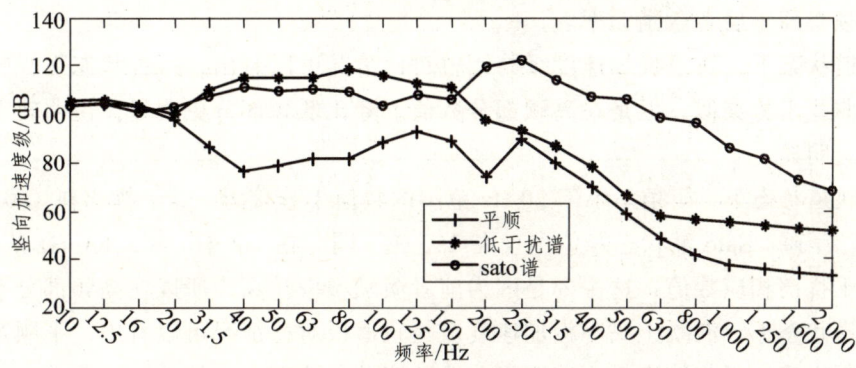

图 3.25 混凝土底座板竖向加速度级 1/3 倍频程图

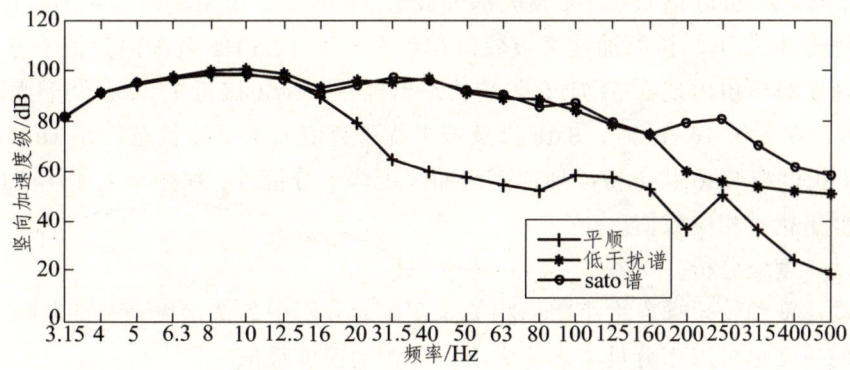

图 3.26 桥梁竖向加速度级 1/3 倍频程图

由图 3.23~3.26 可得出以下结论：

① 3 种轨道状态下，在频率小于 20 Hz 范围内，钢轨加速度级数值十分接近，这是因为这一部分主要受车体自身加速度的影响。在频率大于 20 Hz 范围内，不平顺状态数值明显大

于平顺状态。低干扰谱与平顺状态的走势接近，Sato 谱的走势则不同，前者在 160 Hz 时达到峰值后开始下降，后者则保持上升趋势，峰值出现在 800 Hz。在频率大于 20 Hz 小于 160 Hz 范围内，Sato 谱都小于低干扰谱相应数值。同时 200 Hz 到 2 000 Hz 范围内，Sato 谱都大于低干扰谱相应数值，这主要是因为前者激励频率高于后者激励频率，所以在高频部分数值较大。

② 3 种轨道状态下，轨道板加速度级对比情况与钢轨相似。在频率小于 20 Hz 范围内，轨道板加速度级数值十分接近。在频率大于 20 Hz 小于 80 Hz 范围内，低干扰谱大于 Sato 谱状态。低干扰谱在 160 Hz 时达到峰值后开始下降，Sato 谱状态则保持上升趋势，峰值出现在 800 Hz。同时，在 160 Hz 到 2 000 Hz 的范围内，Sato 谱都大于低干扰谱相应数值，这是因为前者激励频率高于后者激励频率。

3 种轨道状态下，轨道板加速度级与钢轨对比情况可以看出，每种状态下，轨道板与钢轨加速度级曲线走势类似，但是在高频部分数值下降比低频部分更明显。说明轨下阻尼对高频削弱作用更明显。

③ 3 种轨道状态下，在频率小于 20 Hz 范围内数值十分接近。低干扰谱在 160 Hz 时达到峰值后则开始下降，Sato 谱状态峰值出现在 250 Hz。同时在 160 Hz 到 2 000 Hz 范围内，Sato 谱都大于低干扰谱相应数值，这主要是因为前者激励频率较高，所以在高频部分数值较大。

3 种轨道状态下，混凝土底座板加速度级与轨道板对比情况可以看出，平顺及低干扰谱状态下，混凝土底座板与轨道板加速度级曲线数值及走势都十分接近，说明此时 CA 砂浆减振效果有限。但是在 Sato 谱状态下，高频部分数值下降明显。说明其对高频削弱作用更明显。

④ 3 种轨道状态下，桥梁加速度级数值在频率小于 12.5 Hz 范围内数值十分接近。Sato 谱状态桥梁速度级峰值出现在 31 Hz，平顺状态出现在 8 Hz（接近主频），低干扰谱平顺状态出现在 10 Hz。在大于 16 Hz 时，Sato 谱及低干扰谱数值大于平顺状态。在 16 Hz 到 160 Hz 范围内，低干扰谱与 Sato 状态桥梁加速度级曲线走势十分接近，在频率大于 160 Hz 时，Sato 谱状态大于低干扰谱相应数值。

（2）振动速度级分析。

钢轨振动速度和轮轨噪声大小密切相关。在振动分析中，衡量振动与衡量噪声一样，反应振动强度的速度也可以用分贝来表述大小，即振动速度级值。

按照各中心频率的有效值来计算振动速度级 L_v 的公式为

$$L_v = 20\lg(v_{frms}/v_0) \tag{3.29}$$

其中，v_{frms} 为频域振动速度有效值，v_0 为基准速度，单位为 m/s，通常取 $v_0 = 2.54 \times 10^{-8}$ m/s。但需要注意的是，由于各国的环境振动标准并不一致，所以其具体取值应遵循各国标准中的规定。L_v(dB)的计算步骤同L_a(dB)类似,只是将其中的加速度量相应地替换成速度量即可。图 3.27 给出了 3 种工况（平顺、低干扰谱、Sato 谱）1/3 倍频程钢轨振动速度级曲线。

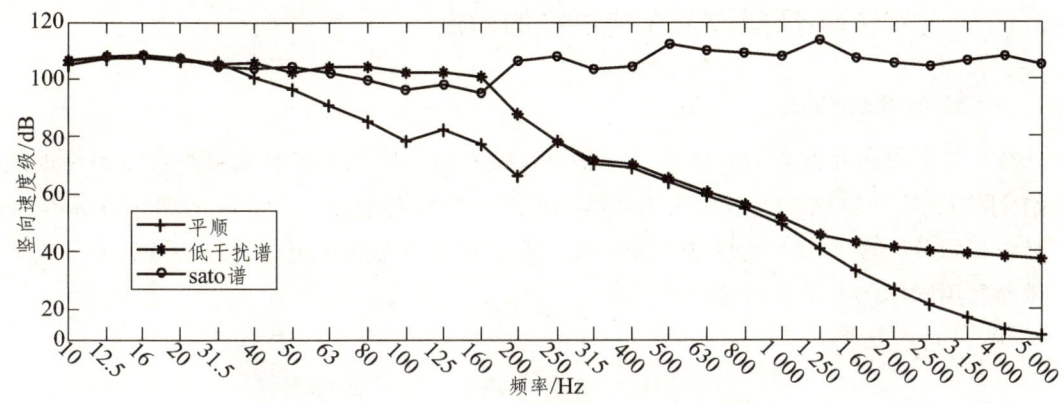

图 3.27　钢轨竖向速度级 1/3 倍频程图

从图 3.27 中可看出，3 种轨道状态下，在频率小于 40 Hz 范围内，钢轨竖向速度级的数值十分接近。在频率大于 40 Hz 小于 160 Hz 范围内，很明显看到低干扰谱大于 Sato 谱状态。低干扰谱与平顺状态走势接近，Sato 谱的走势则不同，前者在 200 Hz 时达到峰值后开始下降，后者则是保持上升的趋势，峰值出现在钢轨一阶固有频率（1 236 Hz）附近，而后速度级保持在高位（108 dB 左右）。同时在 200 Hz 以上范围内，Sato 谱都大于低干扰谱相应的数值，这主要是因为前者的激励频率较高，后者激励频率较低，所以在高频部分的数值较小。因轮轨噪声主要是钢轨高频振动引起的，所以在预测时一般主要考虑短波不平顺激励的影响，这与文献[17]的结论是一致的。

3.3　不同行车速度对无砟轨道桥梁振动特性的影响分析

列车通过无砟轨道-桥梁时，车桥耦合振动系统动力响应特性与列车运行速度有一定关系，行车速度对无砟轨道-桥梁结构的振动特性影响，很多学者做了大量的研究分析，但是大多数研究只针对中低行车速度，在高速状态下，特别是在 350 km/h 以上行车速度分析研究还相对较少。为了分析高速列车运行速度与系统动力学性能之间的相关性，本书主要集中研究高速状态下，行车速度对各不同轨道不平顺波长激励下无砟轨道及桥梁振动特性的影响，即行车速度与不平顺波长间的相关度。选择的速度工况分别为 200 km/h、250 km/h、300 km/h，

350 km/h、400 km/h 5 种工况，着重分析不同工况下各种轨道不平顺激励下的轨道结构振动特性。

3.3.1 无砟轨道-桥梁以及车辆参数的确定

1. FEM 参数的确定

计算中车辆选用和谐号 CRH3 一动一拖高速动车组，无砟轨道-桥梁模型以京沪高铁铺设的 CRTS Ⅱ 型无砟轨道结构参数作为模拟结构形式，分析选取总长 160 m 的无砟轨道-桥梁线路。其中车辆及轨道结构参数与 3.2 节一致，轨道状态以及波长范围划分与 3.2 节一致。不平顺激励采用同样的不平顺时域样本。

2. SEA 参数的确定

本节所采用的 SEA 各参数与 3.2 节一致。

3.3.2 不同工况的混合法模型

计算中采用第 2 章的混合法模型，其中无砟轨道-桥梁单元中钢轨全局自由度取 120，局部自由度取 121~220，轨道板、混凝土底座板和桥梁分别取 120、120、50 个自由度。积分步长选取 0.08 s。因平顺状态下的轨道结构的竖向振动速度效应分析没有意义，所以本节各工况混合法模型分为两种，即德国低干扰谱及 Sato 谱状态，且两种状态的混合法模型与上节一致。即 Sato 谱状态下仍然分为波长 0.005~0.01 m、0.01~0.1 m、0.1~0.5 m 三个频段仿真。Sato 谱全频段响应为以上三频段的线性和（排除其中两个频段的车辆自重影响）。

3.3.3 计算结果分析

为了完整、综合地分析评价行车速度效应，下面列举了部分程序计算结果，包括不同轨道不平顺状态下钢轨、轨道板、混凝土底座板及桥梁各时域振动指标最大值的速度效应，以及相应的钢轨加速度级及钢轨速度级的速度效应。

1. 时域最大值分析

（1）轮轨力。

轮轨力最大值仍以第一轮对的轮轨力为分析对象，如图 3.28、表 3.10 所示。

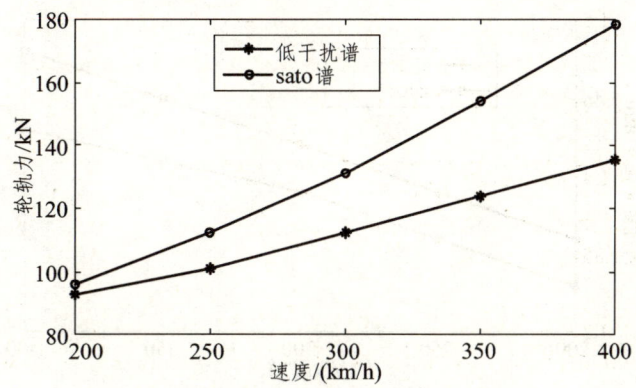

图 3.28　不同行车速度下轮轨力最大值

表 3.10　不同行车速度轮轨力最大值（kN）计算结果对照表

速　度	波　长				
	0.005～0.01 m	0.01～0.1 m	0.1～0.5 m	0.005～0.5 m Sato 谱	0.5～50 m 低干扰谱
200 km/h	71.26	73.16	85.46	95.69	92.56
250 km/h	78.65	81.36	95.09	112.36	101.23
300 km/h	84.61	90.92	105.21	131.03	112.49
350 km/h	93.25	98.01	116.15	153.56	123.57
400 km/h	101.11	109.23	126.91	178.35	135.45

由图 3.28 和表 3.10 可得出以下结论：

① 低干扰谱与 Sato 谱两种状态下，最大轮轨力都随着行车速度的增加而增大，且 Sato 谱状态下变化趋势更明显，变化相对量接近 90%，说明行车速度对短波不平顺状态的轮轨力影响更大。在同一不平顺状态下，行车速度从 300 km/h 增大到 400 km/h 时，轮轨力最大值变化趋势更明显，说明在高速行驶时，速度越大，对轮轨力最大值影响越大。

② Sato 谱状态下的轮轨力最大值在各个速度下均大于低干扰谱下对应的数值，且速度越大，差值也在增大，说明速度对 Sato 谱的影响大于低干扰谱。

③ 在 Sato 谱其他频段状态下，最大轮轨力都随着行车速度的增加有所增大，其中 0.005～0.01 m 频段变化最小，0.01～0.1 m 频段变化最大，与 Sato 谱状态下变化趋势基本一致，且相同速度下各频段对比情况同 3.2.3 节分析一致。

（2）钢轨竖向位移（见图 3.29、表 3.11）。

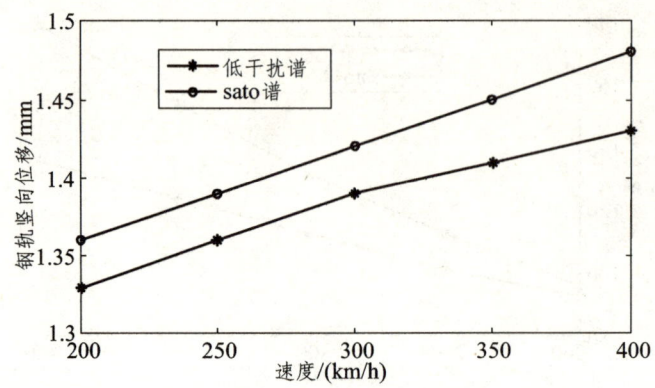

图 3.29 不同行车速度下钢轨竖向位移最大值

表 3.11 不同行车速度钢轨竖向位移最大值（mm）计算结果对照表

速 度	波 长				
	0.005~0.01 m	0.01~0.1 m	0.1~0.5 m	0.005~0.5 m Sato 谱	0.5~50 m 低干扰谱
200 km/h	1.17	1.25	1.26	1.36	1.33
250 km/h	1.17	1.26	1.28	1.39	1.36
300 km/h	1.19	1.28	1.32	1.42	1.39
350 km/h	1.19	1.29	1.33	1.45	1.41
400 km/h	1.20	1.30	1.36	1.48	1.43

由图 3.29 和表 3.11 可得出以下结论：

① 低干扰谱与 Sato 谱两种状态下，钢轨位移都随着行车速度的增加有所增大，且两种波长变化趋势大体一致，但是总体变化相对量都不到 10%，说明行车速度对钢轨竖向位移的影响不大。

② Sato 谱状态下，钢轨竖向位移最大值在各个速度下均大于低干扰谱下对应的数值，且速度越大，差值也在增大。

③ 在 Sato 谱其他频段状态下，钢轨位移都随着行车速度的增加有所增大，总体变化趋势与 Sato 谱及低干扰谱大体一致，其中 0.005~0.01 m 频段变化最小，整个 Sato 谱频段变化最大，且相同速度下各频段对比情况同 3.2.3 节分析一致。

（3）轨道板竖向位移（见图 3.30、表 3.12）。

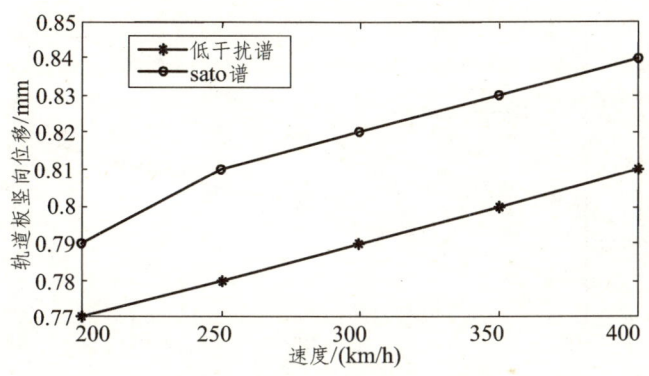

图 3.30　不同行车速度下轨道板竖向位移最大值

表 3.12　不同行车速度轨道板竖向位移最大值（mm）计算结果对照表

速　度	波　长				
	0.005～0.01 m	0.01～0.1 m	0.1～0.5 m	0.005～0.5 m Sato 谱	0.5～50 m 低干扰谱
200 km/h	0.69	0.70	0.75	0.79	0.77
250 km/h	0.69	0.71	0.76	0.81	0.78
300 km/h	0.71	0.73	0.77	0.82	0.79
350 km/h	0.71	0.73	0.78	0.83	0.80
400 km/h	0.72	0.74	0.78	0.84	0.81

由图 3.30 和表 3.12 可得出以下结论：

① 低干扰谱与 Sato 谱两种状态下，轨道板位移都随着行车速度的增加有所增大，且两种波长变化趋势大体一致，但是总体变化相对量不超过 6%，说明行车速度对轨道板竖向位移影响较小。Sato 谱状态下轨道板竖向位移最大值在各个速度下均大于低干扰谱下对应的数值，但是差值没有钢轨位移明显。

② 在 Sato 谱其他频段状态下，轨道板竖向位移都随着行车速度的增加有所增大，总体变化趋势与 Sato 谱及低干扰谱大体一致，0.005～0.01 m 频段变化最小，整个 Sato 谱频段变化最大，同速度下各频段对比情况大致同 3.2.3 节一致。

（4）混凝土底座板竖向位移（见图 3.31、表 3.13）。

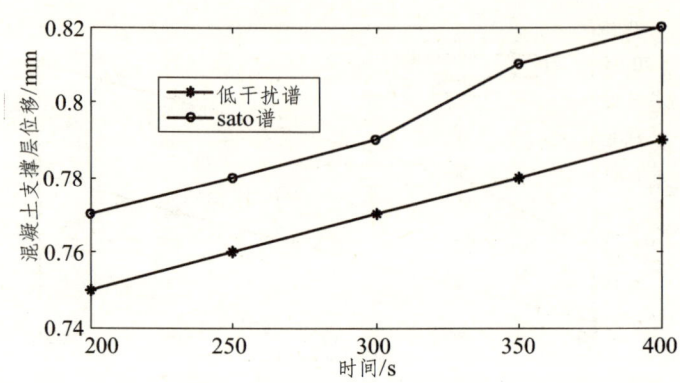

图 3.31 不同行车速度下混凝土底座板竖向位移最大值

表 3.13 不同行车速度混凝土底座板竖向位移最大值（mm）计算结果对照表

速 度	波 长				
	0.005～0.01 m	0.01～0.1 m	0.1～0.5 m	0.005～0.5 m Sato 谱	0.5～50 m 低干扰谱
200 km/h	0.63	0.66	0.70	0.77	0.75
250 km/h	0.63	0.67	0.71	0.78	0.76
300 km/h	0.64	0.68	0.72	0.79	0.77
350 km/h	0.69	0.72	0.75	0.81	0.78
400 km/h	0.69	0.73	0.76	0.82	0.79

由图 3.31 和表 3.13 可得出以下结论：

① 低干扰谱与 Sato 谱两种状态下，混凝土底座板位移都随着行车速度的增加有所增大，但是总体变化相对量很小，有些甚至没有变化。说明行车速度对混凝土底座板竖向位移影响很小。

② Sato 谱状态下，混凝土底座板竖向位移最大值在各个速度下均大于低干扰谱下对应的数值，趋势与轨道板一致。

③ 在 Sato 谱其他频段状态下，混凝土底座板竖向位移都随着行车速度的增加有所增大，总体变化趋势与 Sato 谱及低干扰谱大体一致，其中 0.005～0.01 m 频段变化最小，Sato 谱频段变化最大，同速度下各频段对比情况大致同 3.2.3 节一致。

（5）桥梁竖向位移（见图 3.32、表 3.14）。

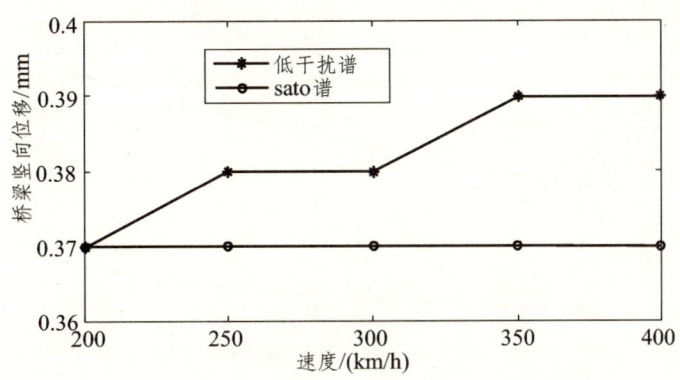

图 3.32 不同行车速度下桥梁竖向位移最大值

表 3.14 不同行车速度桥梁竖向位移最大值（mm）计算结果对照表

速度	波长				
	0.005~0.01 m	0.01~0.1 m	0.1~0.5 m	0.005~0.5 m Sato 谱	0.5~50 m 低干扰谱
200 km/h	0.35	0.35	0.36	0.37	0.37
250 km/h	0.35	0.35	0.36	0.37	0.38
300 km/h	0.35	0.35	0.37	0.37	0.38
350 km/h	0.35	0.35	0.37	0.37	0.39
400 km/h	0.35	0.35	0.37	0.37	0.39

由图 3.32 和表 3.14 可得出以下结论：

① 低干扰谱状态下，桥梁位移随着行车速度的增加有所增大，但是总体变化相对量很小，Sato 谱状态下桥梁位移随着行车速度的增加没有变化，说明行车速度对桥梁竖向位移的影响非常小。

② Sato 谱状态下桥梁竖向位移最大值小于或等于低干扰谱下对应的数值。速度对 Sato 谱作用下桥梁最大位移值影响小于低干扰谱下对应的数值。

③ 在 Sato 谱其他频段状态下，桥梁竖向位移都随着行车速度的增加基本没有变化，低干扰谱变化最大，相同速度下各频段对比情况大致同 3.2.3 节分析一致。

（6）钢轨竖向速度（见图 3.33、表 3.15）。

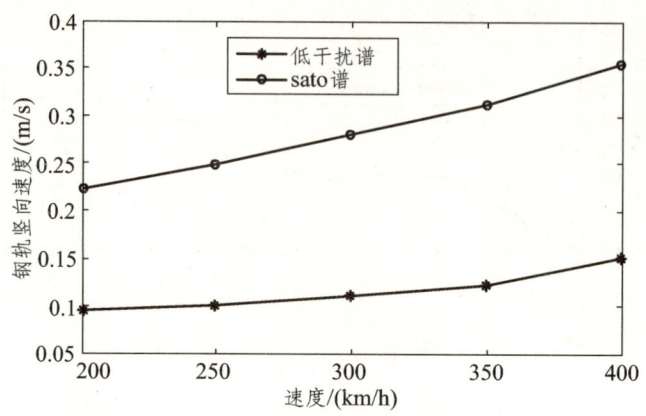

图 3.33　不同行车速度下钢轨竖向速度最大值

表 3.15　不同行车速度钢轨竖向速度最大值（m/s）计算结果对照表

速　度	波　长				
	0.005～0.01 m	0.01～0.1 m	0.1～0.5 m	0.005～0.5 m Sato 谱	0.5～50 m 低干扰谱
200 km/h	0.074	0.183	0.174	0.223	0.095
250 km/h	0.075	0.206	0.183	0.249	0.101
300 km/h	0.076	0.211	0.201	0.281	0.111
350 km/h	0.094	0.249	0.238	0.312	0.123
400 km/h	0.114	0.289	0.277	0.354	0.149

由图 3.33 和表 3.15 可以得出以下结论：

① 低干扰谱与 Sato 谱两种状态下，钢轨振动速度都随着行车速度的增加有所增大，总体变化相对量在 60%左右，说明行车速度对钢轨振动速度最大值有一定影响。

② Sato 谱状态下，钢轨速度最大值在各个速度下均大于低干扰谱下对应的数值，且速度越大，差值也在增大。

③ 在 Sato 谱其他频段状态下，钢轨位移都随着行车速度的增加有所增大，总体变化趋势与 Sato 谱及低干扰谱大体一致，其中 0.005～0.01 m 频段变化最小，整个 Sato 谱频段变化最大，同速度下各频段对比情况同 3.2.3 节一致。

（7）轨道板竖向速度（见图 3.34、表 3.16）。

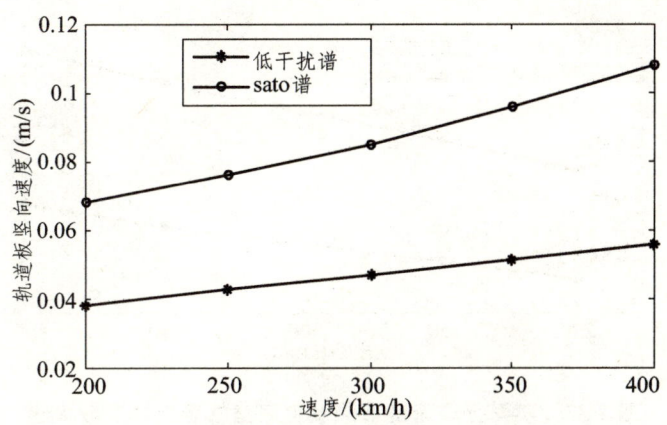

图 3.34 不同行车速度下轨道板竖向速度最大值

表 3.16 不同行车速度轨道板竖向速度最大值（m/s）计算结果对照表

速 度	波 长				
	0.005~0.01 m	0.01~0.1 m	0.1~0.5 m	0.005~0.5 m Sato 谱	0.5~50 m 低干扰谱
200 km/h	0.021	0.027	0.043	0.068	0.038
250 km/h	0.022	0.029	0.044	0.076	0.043
300 km/h	0.024	0.031	0.046	0.085	0.047
350 km/h	0.025	0.033	0.048	0.096	0.051
400 km/h	0.026	0.034	0.051	0.108	0.056

由图 3.34 和表 3.16 可得出以下结论：

① 低干扰谱与 Sato 谱两种状态下，轨道板振动速度都随着行车速度的增加有所增大，总体变化相对量在 50%左右，说明行车速度对轨道板振动速度最大值有一定影响。

② Sato 谱状态下，轨道板速度最大值在各个速度下均大于低干扰谱下对应的数值，且速度越大，差值也在增大。

③ 在 Sato 谱其他频段状态下，轨道板速度都随着行车速度的增加有所增大，总体变化趋势与 Sato 谱及低干扰谱大体一致，其中 0.1~0.5 m 频段相对变化最小，整个 Sato 谱频段变化最大，且同速度下各频段对比情况同 3.2.3 节分析一致。

（8）混凝土底座板竖向速度（见图 3.35、表 3.17）。

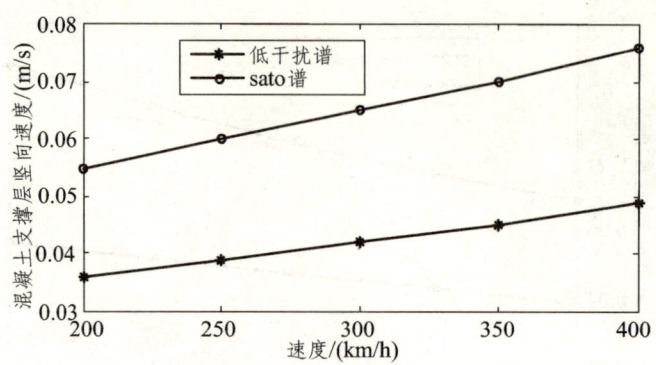

图 3.35 不同行车速度下混凝土底座板竖向速度最大值

表 3.17 不同行车速度混凝土底座板竖向速度最大值（m/s）计算结果对照表

速度	波长				
	0.005～0.01 m	0.01～0.1 m	0.1～0.5 m	0.005～0.5 m Sato 谱	0.5～50 m 低干扰谱
200 km/h	0.018	0.026	0.028	0.055	0.036
250 km/h	0.020	0.027	0.029	0.060	0.039
300 km/h	0.021	0.028	0.031	0.065	0.042
350 km/h	0.023	0.030	0.032	0.070	0.045
400 km/h	0.024	0.032	0.034	0.076	0.049

由图 3.35 和表 3.17 可得出以下结论：

① 低干扰谱与 Sato 谱两种状态下，混凝土底座板振动速度都随着行车速度的增加有所增大，总体变化相对量在 35%左右，说明行车速度对混凝土底座板振动速度最大值有一定影响。

② Sato 谱状态下，混凝土底座板速度最大值在各个速度下均大于低干扰谱下对应的数值，且速度越大，差值也在增大。

③ 在 Sato 谱其他频段状态下，混凝土底座板速度都随着行车速度的增加有所增大，总体变化趋势及对比情况同轨道板速度分析一致。

（9）桥梁竖向速度（见图 3.36、表 3.18）。

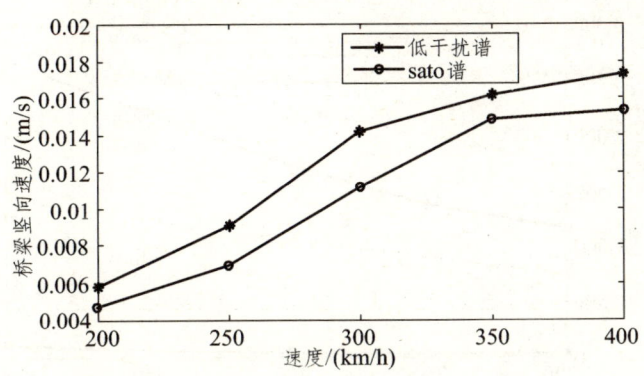

图 3.36 不同行车速度下桥梁竖向速度最大值

表 3.18 不同行车速度桥梁竖向速度最大值（m/s）计算结果对照表

速 度	波 长				
	0.005～0.01 m	0.01～0.1 m	0.1～0.5 m	0.005～0.5 m Sato 谱	0.5～50 m 低干扰谱
200 km/h	0.009 1	0.009 1	0.010 3	0.01	0.014 1
250 km/h	0.009 1	0.009 1	0.010 4	0.011 1	0.014 1
300 km/h	0.009 2	0.009 2	0.010 4	0.011 1	0.014 2
350 km/h	0.009 3	0.009 3	0.010 5	0.011 2	0.014 2
400 km/h	0.009 3	0.009 4	0.010 5	0.011 2	0.014 3

由图 3.36 和表 3.18 可得出以下结论：

① 低干扰谱与 Sato 谱两种状态下，桥梁速度都随着行车速度的增加有所增大，但是总体变化相对量很小，说明行车速度对桥梁竖向速度影响非常小。

② Sato 谱状态下，桥梁竖向速度最大值小于低干扰谱下对应的数值。速度对 Sato 谱作用下桥梁最大速度值影响小于低干扰谱下对应的数值。

③ 在 Sato 谱其他频段状态下，桥梁竖向速度都随着行车速度的增加基本没有变化或变化很小，低干扰谱变化最大，且相同速度下各频段对比情况大致同 3.2.3 节分析一致。

（10）钢轨竖向加速度（见图 3.37、表 3.19）。

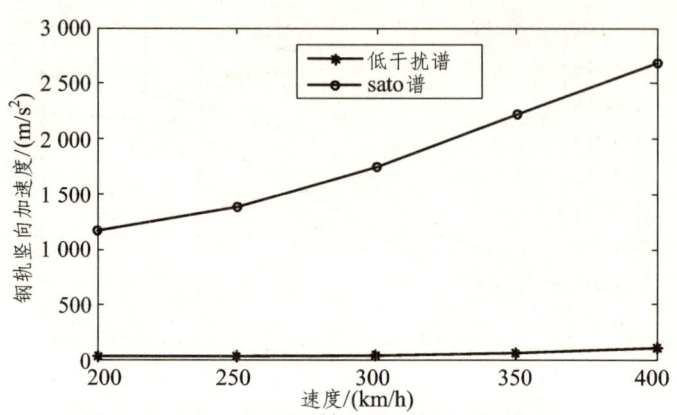

图 3.37 不同行车速度下钢轨竖向加速度最大值

表 3.19 不同行车速度钢轨竖向加速度最大值(m/s^2)计算结果对照表

速度	波 长				
	0.005~0.01 m	0.01~0.1 m	0.1~0.5 m	0.005~0.5 m Sato 谱	0.5~50 m 低干扰谱
200 km/h	289	732	38	1 159	27.11
250 km/h	355	1 095	61	1 392	33.89
300 km/h	443	1 320	93	1 747	52.23
350 km/h	525	1 446	128	2 221	70.32
400 km/h	678	1 878	159	2 685	116.48

由图 3.37 和表 3.19 可得出以下结论：

① 低干扰谱与 Sato 谱两种状态下，随着行车速度的增加钢轨加速度都增大很多，总体变化相对量低干扰谱增大了接近 3 倍，Sato 谱增大了 1.5 倍，但 Sato 谱增加的绝对量很大，说明行车速度对钢轨加速度最大值影响很大。

② Sato 谱状态下，钢轨加速度最大值在各个速度下均大于低干扰谱下对应的数值，且速度越大，差值也在增大。

③ Sato 谱其他频段下，钢轨加速度都随着行车速度的增加增大很多，同一速度下 0.01~0.1 m 频段加速度最大，再次验证了短波不平顺对钢轨加速度影响很大。

（11）轨道板竖向加速度（见图 3.38、表 3.20）。

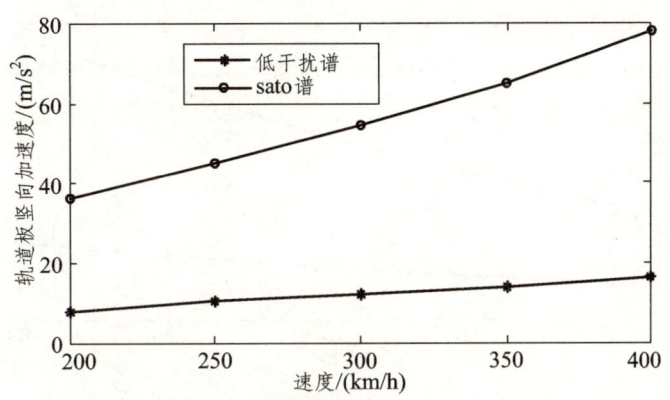

图 3.38 不同行车速度下轨道板竖向加速度最大值

表 3.20 不同行车速度轨道板竖向加速度最大值（m/s^2）计算结果对照表

速度	波长				
	0.005~0.01 m	0.01~0.1 m	0.1~0.5 m	0.005~0.5 m Sato 谱	0.5~50 m 低干扰谱
200 km/h	5.2	25.9	10.5	36.1	8.0
250 km/h	6.3	30.7	16.3	44.9	10.7
300 km/h	7.3	35.7	22.8	54.7	12.4
350 km/h	8.4	44.1	26.9	65.1	14.3
400 km/h	12.1	63.7	30.4	78.3	16.5

由图 3.38 和表 3.20 可得出以下结论：

① 低干扰谱与 Sato 谱两种状态下，随着行车速度的增加轨道板加速度都增大很多，总体变化相对量增大了 1 倍左右，但 Sato 谱增加的绝对量更大，说明行车速度对轨道板加速度最大值影响较大。

② Sato 谱状态下，轨道板加速度最大值在各个速度下均大于低干扰谱下对应的数值，且速度越大，差值也在增大。

③ 在 Sato 谱其他频段下，轨道板加速度都随着行车速度的增加而增大，同一速度下 0.01~0.1 m 频段加速度数值最大，各频段对比情况大致同 3.2.3 节一致。

（12）混凝土底座板竖向加速度（见图 3.39、表 3.21）。

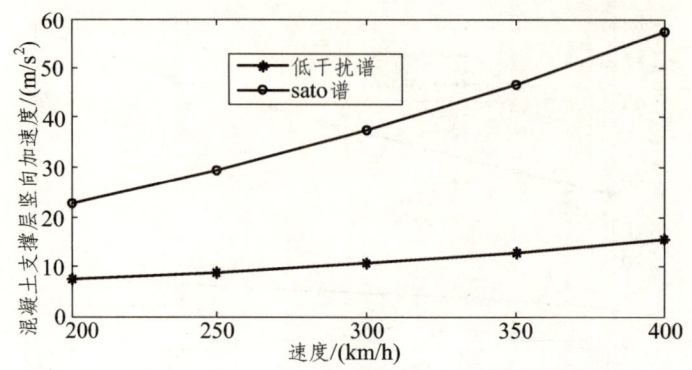

图 3.39 不同行车速度下混凝土底座板竖向加速度最大值

表 3.21 不同行车速度混凝土底座板竖向加速度最大值（m/s²）计算结果对照表

速 度	波 长				
	0.005～0.01 m	0.01～0.1 m	0.1～0.5 m	0.005～0.5 m Sato 谱	0.5～50 m 低干扰谱
200 km/h	2.81	8.12	7.95	22.88	7.63
250 km/h	3.32	11.71	10.31	29.49	8.85
300 km/h	3.82	17.35	15.65	37.51	10.81
350 km/h	6.41	24.19	21.79	46.56	12.91
400 km/h	8.16	32.71	30.64	57.35	15.78

由图 3.39 和表 3.21 可得出以下结论：

① 低干扰谱与 Sato 谱两种状态下，随着行车速度的增加混凝土底座板加速度增大很多，总体变化相对量增大了 1 倍左右，但 Sato 谱增加的绝对量更大，说明行车速度对混凝土底座板加速度最大值影响较大。

② Sato 谱状态下，混凝土底座板加速度最大值在各个速度下均大于低干扰谱下对应的数值，且速度越大，差值也在增大。

③ 在 Sato 谱其他频段状态下，混凝土底座板加速度最大值都随着行车速度的增加而增大，且趋势与轨道板一致。

（13）桥梁竖向加速度（见图 3.40、表 3.22）。

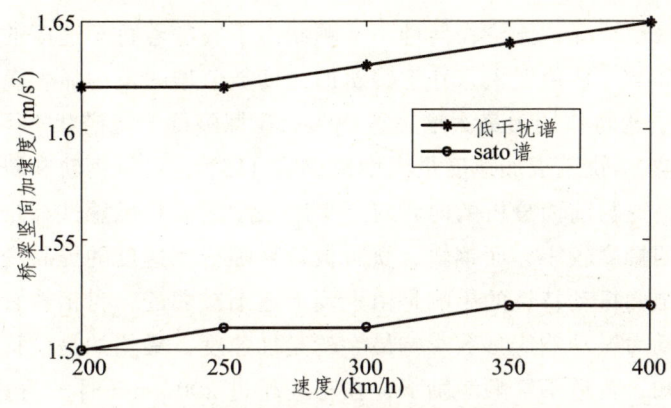

图 3.40　不同行车速度下桥梁竖向加速度最大值

表 3.22　不同行车速度桥梁竖向加速度最大值（m/s^2）计算结果对照表

速　度	波　长				
	0.005~0.01 m	0.01~0.1 m	0.1~0.5 m	0.005~0.5 m Sato 谱	0.5~50 m 低干扰谱
200 km/h	0.53	0.68	0.83	1.50	1.62
250 km/h	0.54	0.68	0.83	1.51	1.62
300 km/h	0.54	0.69	0.84	1.51	1.63
350 km/h	0.54	0.69	0.84	1.52	1.64
400 km/h	0.54	0.69	0.85	1.52	1.65

由图 3.40 和表 3.22 可以得出以下结论：

① 低干扰谱与 Sato 谱两种状态下，桥梁加速度都随着行车速度的增加有所增大，但是总体变化相对量很小，说明行车速度对桥梁加速度影响非常小。

② Sato 谱状态下，桥梁加速度最大值小于低干扰谱下对应的数值。速度对 Sato 谱作用下桥梁最大加速度值影响小于低干扰谱的对应值。

③ Sato 谱其他频段状态下，桥梁竖向加速度都随着行车速度的增加基本没有变化或变化很小，低干扰谱变化最大，且相同速度下各频段对比情况大致同 3.2.3 节分析一致。

以上分析了不同车速通过桥梁时，车桥耦合系统主要动力学参数的振动响应最大值的变化。从表 3.14、3.18、3.22 可以看到系统中桥梁的振动情况。即当提高行车速度，桥梁的竖向位移、竖向速度及竖向加速度并没有明显增大或变小。在列车速度超过 200 km/h 的情况下，列车速度的提高并没有显著增强桥梁结构的振动，主要是因为桥梁自振频率较低，这些速度下列车激励频率与桥梁固有频率相差都较远，尤其是短波不平顺状态各频段，因此桥梁结构振动响应变化不明显。

对于轨道结构振动情况，无论在何种不平顺状态下，随着行车速度的提高，轮轨力、钢轨及轨道板加速度等响应数值变大，其中钢轨加速度数值增幅最为显著。当车速从 200 km/h 提高到 400 km/h 时，轮轨作用力最大增幅达 90%，在德国低干扰谱状态下，钢轨加速度最大增幅甚至达到 329.4%，轨道板加速度最大增幅也有 115%，可见钢轨和轨道板加速度对行车速度的敏感性很高，这与前面分析的两者对不平顺激励的波长敏感性高是统一的。相比轮轨力随行车速度提高的幅度较小，而钢轨、轨道板位移随行车速度的提高变化很小。总体上行车速度对轨道桥梁结构振动特性的影响是由上到下逐渐减弱的，对钢轨影响最大，桥梁影响最弱。对轨道结构动力振动响应参数影响最大的是加速度，最弱的是位移。

由以上分析可知，轨道不平顺激励下，在车速超过 200 km/h 时，随着行车速度的提高，轨道结构振动响应显著增大，钢轨加速度数值增加最大，这会使扣件松动现象加剧。所以在列车高速运行时，在确保运行安全的前提下，应适当降低轨下垫板刚度，以减轻列车对轨道结构的动力冲击作用。

2. 频域结果分析

采用 3.2.3 节的计算方法，主要分析不同轨道不平顺状态下，行车速度对钢轨竖向加速度级、钢轨竖向速度级的影响。

（1）振动加速度级分析。

由图 3.41、图 3.42 可得出以下结论：

① 低干扰谱状态下,钢轨加速度级峰值随着行车速度的增加有向频率更高方向移动的趋势，这是由于随着车速的增加，激励频率也在增大的缘故。在 50 Hz 以上，钢轨加速度级随着行车速度的增加明显增大，但是 3 种速度下曲线趋势是一致的，即随着频率的增大，加速度级减小，这与低干扰谱的激励频率低有关。

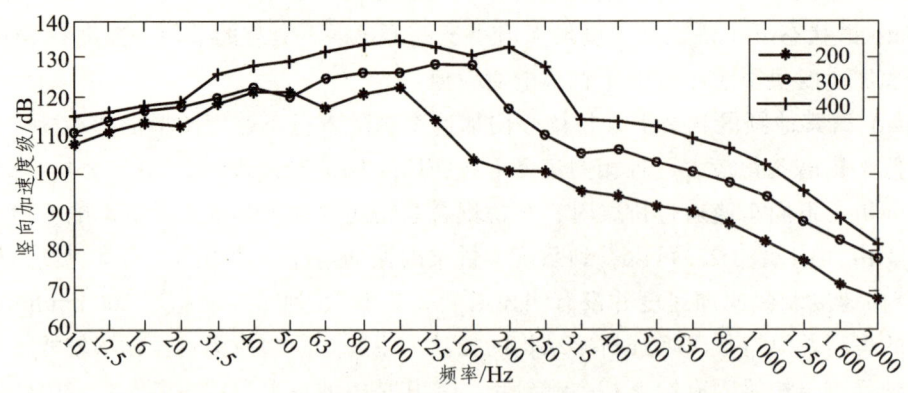

图 3.41　不同行车速度下低干扰谱钢轨竖向加速度级

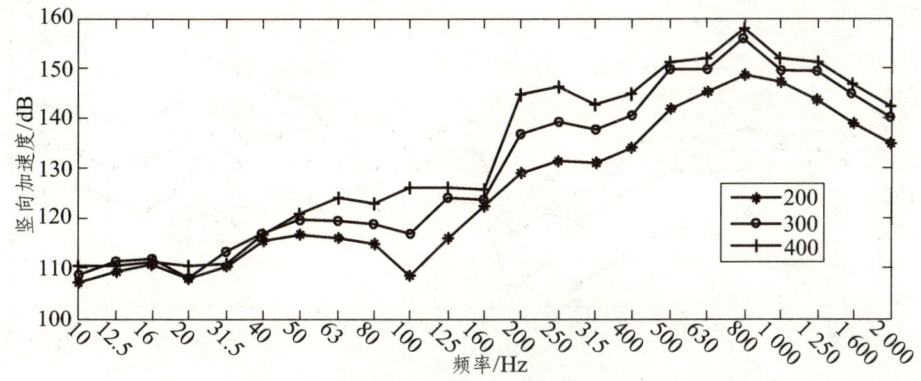

图 3.42　不同行车速度下 Sato 谱钢轨竖向加速度级

② Sato 谱状态下钢轨加速度级在频率小于 50 Hz 时，行车速度的影响不是很明显，在 50 Hz 以上，钢轨加速度级随着行车速度的增加明显增大，其中速度 200～300 km/h 增加幅度大于 300～400 km/h。

③ 相同速度下低干扰谱与 Sato 谱状态对比情况大致同 3.2.3 节分析一致。

（2）振动速度级分析。

由图 3.43、图 3.44 可以得出以下结论：

① 低干扰谱状态下，钢轨速度级峰值随着行车速度的增加有向频率更高方向移动的趋势，这是由于随着车速的增加，激励频率也在增大的缘故。在 50 Hz 以上，钢轨速度级随着行车速度的增加明显增大，但是 3 种速度下曲线趋势是一致的，即随着频率的增大，速度级减小，这与低干扰谱的激励频率低有关。

② Sato 谱状态下，3 种行车速度钢轨速度级峰值都出现在钢轨一阶固有频率（1 236 Hz）附近。在频率小于 30 Hz 时，行车速度影响不是很明显，在 1 000 Hz 以上，钢轨加速度级随着行车速度的增加明显增大，其中速度 200～300 km/h 增加幅度大于 300～400 km/h。

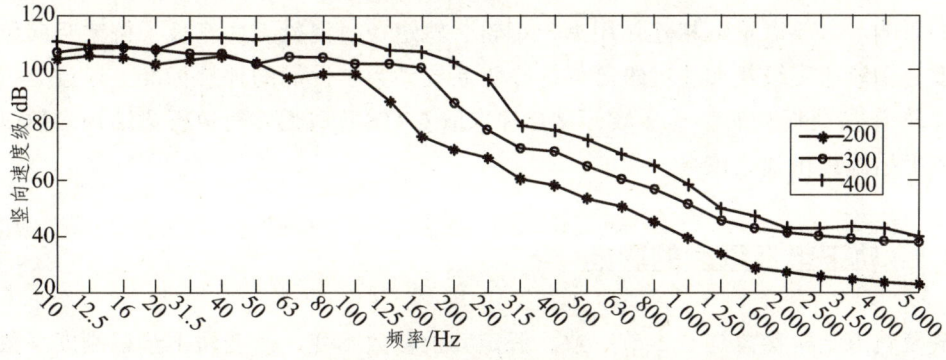

图 3.43　不同行车速度下低干扰谱钢轨竖向速度级

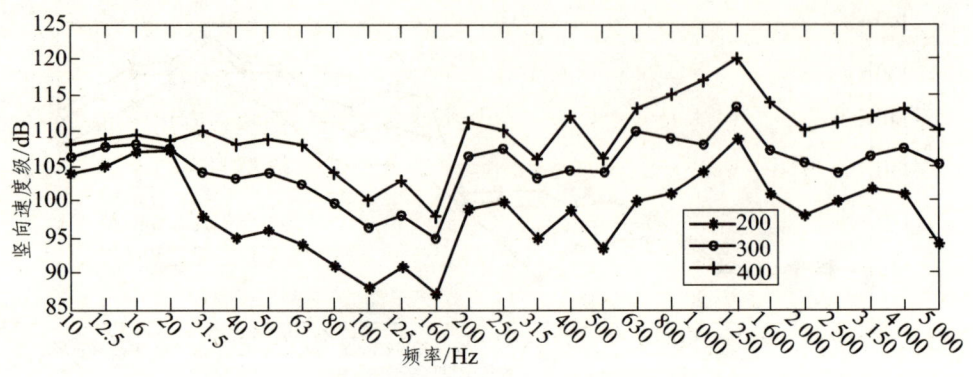

图 3.44　不同行车速度下 Sato 谱钢轨竖向速度级

③ 相同速度下低干扰谱与 Sato 谱状态对比情况大致同 3.2.3 节分析一致。

由于随着车速的增加，激励频率也在增大，所以钢轨速度、加速度级在高频都有所增大，相同轨道状态在不同行车速度时，其钢轨加速度级、速度级曲线的走向基本一致。

3.4　不同轨道参数对无砟轨道桥梁振动特性的影响分析

由于车辆-无砟轨道-桥梁耦合作用的不确定因素很多，如轨道不平顺、轮轨相互作用等问题，所以目前对车桥振动问题进行研究只能是定性上的，难以从定量上精确地分析出轮轨之间以及无砟轨道与桥梁之间等动力作用的特性。但是无砟轨道各部分结构特征的参数变化对车桥耦合系统振动的影响效果是可以从定量上来进行比较的，这样就可以从中得出合理有效的结构减振特征参数。

本节采用第 2 章建立的混合法模型，考虑线路为平顺、低干扰谱及 Sato 谱状态，行车速度 $v=300$ km/h，定量研究轨下垫板、CA 砂浆及桥梁刚度、阻尼等因素对板式轨道整体动力学性能的影响。主要以轮轨相互作用力、钢轨、轨道板、混凝土底座板、桥梁竖向位移和竖向加速度、钢轨速度级及加速度级等指标作为系统动力学性能的评价标准。通过分析，旨在揭示无砟轨道-桥梁振动的敏感参数，对合理选取 CRTS Ⅱ 型无砟轨道桥梁结构参数以及确定有效的减振措施提供理论依据。

3.4.1　轨下垫板刚度的影响

车辆及轨道结构参数与 3.2 节一致，假定其他参数不变，改变轨下垫板刚度系数。本小节取轨下垫板刚度系数分别为 2×10^7 N/m、4×10^7 N/m、6×10^7 N/m、8×10^7 N/m、1.0×10^8 N/m、1.2×10^8 N/m，通过分析系统各项动力响应与参数的关系曲线来确定垫板的合理取值范围。计算中采用第 2 章的混合法模型，其中钢轨固有频率随垫板刚度不同会发生变化，不同垫板刚度钢轨模态固有频率如图 3.45 所示。因此混合法模型中钢轨全局与局部自由度数值会有所变化，由于 6 种刚度下钢轨固有模态在低阶变化较大，高阶变化较小，因此全局模态的选取各有不同，而局部模态由于在 5 000 Hz 时几种情况不同，计算时都取第一种情况对应的 223 个自由度，全局模态数依次为 130、125、120、112、103、92 阶。6 种刚度下轨道板、混凝土底座板和桥梁分别 90、90、50 个自由度。轨道状态以及波长范围划分与 3.2 节一致，即 Sato 谱状态下仍然分为波长 0.005~0.01 m、0.01~0.1 m、0.1~0.5 m 3 个频段仿真。Sato 谱全频段响应为以上三频段的线性和（排除其中两个频段的车辆自重影响）。不平顺激励分别采用 3.2 节不平顺时域样本。

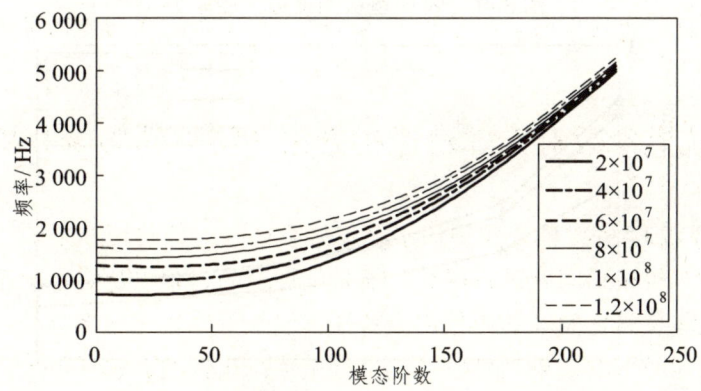

图 3.45 不同垫板刚度钢轨模态与固有频率

为了完整、综合地分析和评价垫板刚度系数变化的效应，下面列举了部分振动响应随垫板刚度系数变化的曲线图，并对其进行分析，包括不同垫板刚度系数下钢轨、轨道板、混凝土底座板及桥梁的各时域振动指标的变化，以及相应的钢轨加速度级及钢轨速度级曲线。

1. 时域最大值分析

（1）轮轨力。

轮轨力最大值分析仍以第一轮对轮轨力为分析对象。

从图 3.46 可看出，轨下垫板刚度系数变化对轮轨力的影响不大，3 种轨道不平顺状态的情况基本一致，随着轨下垫板刚度的增加，轮轨力有所增大。

（2）钢轨竖向位移。

从图 3.47 可以看出，轨下垫板刚度系数的变化对钢轨位移影响明显，3 种轨道不平顺状态的变化情况基本一致。当轨下垫板刚度增加时，钢轨位移明显降低。

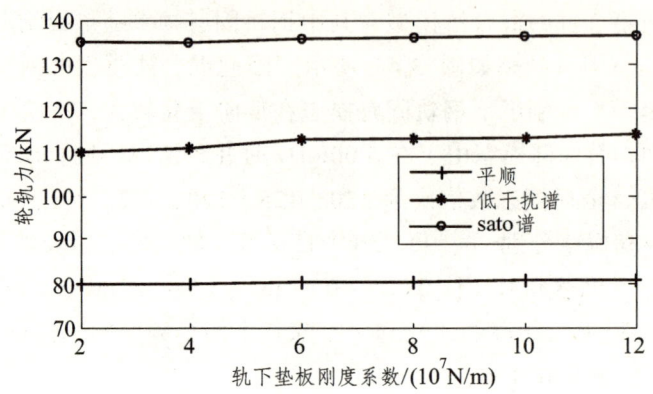

图 3.46 不同垫板刚度最大轮轨力

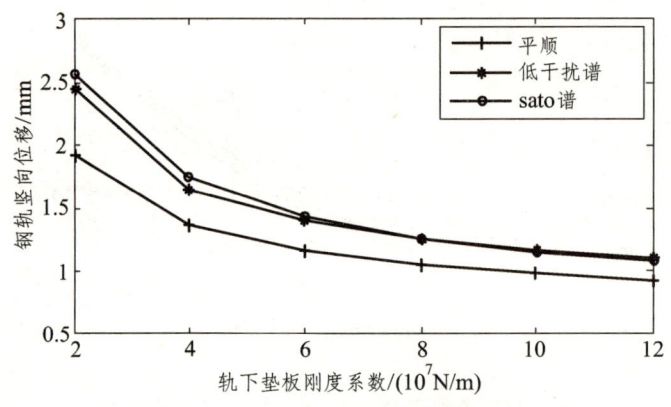

图 3.47 不同垫板刚度钢轨竖向位移

（3）轨道板竖向位移。

从图 3.48 可看出，轨下垫板刚度系数变化对轨道板位移影响明显，趋势与钢轨位移相反。当轨下垫板刚度系数增加时，轨道板位移明显增大。

（4）混凝土底座板竖向位移。

从图 3.49 可看出，轨下垫板刚度系数变化对混凝土底座板位移的影响较小，趋势与轨道板位移近似，3 种轨道不平顺状态的变化情况基本一致。

（5）桥梁竖向位移。

从图 3.50 可看出，轨下垫板刚度系数变化对桥梁位移影响很小，3 种轨道状态变化不一致。平顺状态下随着轨下垫板刚度系数的增加桥梁位移有所增大，另两种状态则有所下降，说明轨下垫板刚度系数变化对桥梁位移影响趋势不确定。

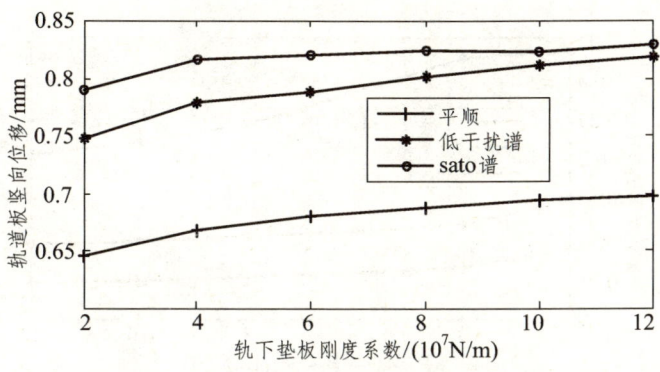

图 3.48 不同垫板刚度轨道板竖向位移

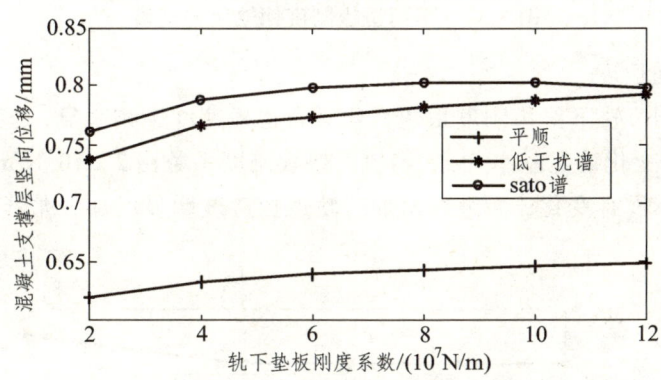

图 3.49 不同垫板刚度混凝土底座板竖向位移

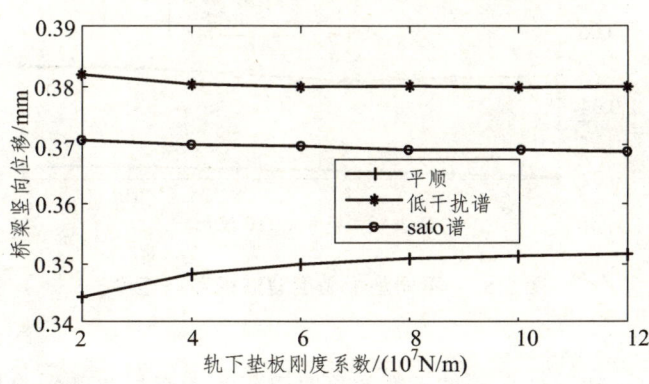

图 3.50 不同垫板刚度桥梁竖向位移

（6）钢轨竖向速度。

从图 3.51 可以看出，轨下垫板刚度系数变化对钢轨速度影响明显，趋势与钢轨位移近似，

3 种轨道不平顺状态变化情况基本一致。

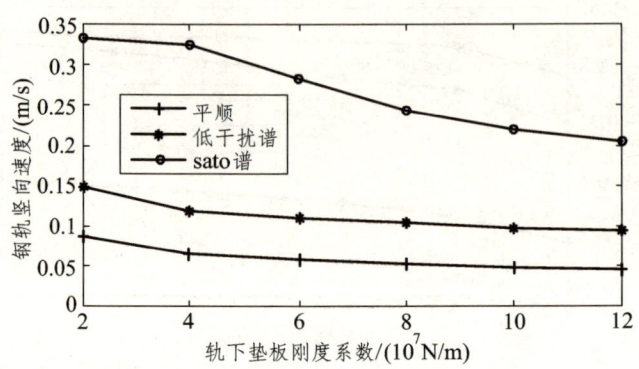

图 3.51　不同垫板刚度钢轨竖向速度

（7）轨道板竖向速度。

从图 3.52 可看出，轨下垫板刚度系数变化对轨道板速度影响明显，趋势与钢轨速度相反，3 种轨道不平顺状态变化情况基本一致。当轨下垫板刚度系数由 2×10^7 N/m 增加到 6×10^7 N/m 时，轨道板速度基本没有变化，而继续增加时轨道板速度明显增加，尤其是从 8×10^7 N/m 开始趋势更为明显。

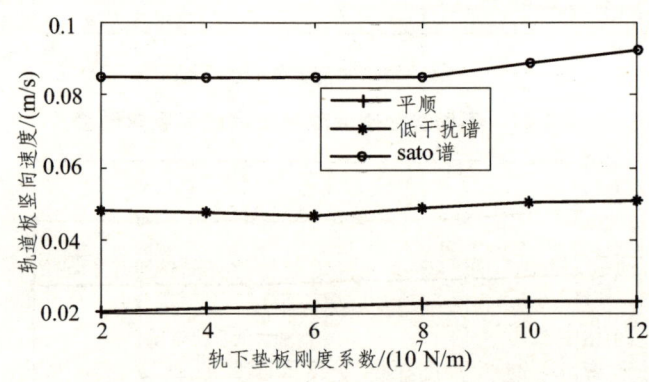

图 3.52　不同垫板刚度轨道板竖向速度

（8）混凝土底座板竖向速度。

从图 3.53 可看出，轨下垫板刚度系数变化对混凝土底座板速度影响与轨道板速度相似，3 种轨道不平顺状态变化情况基本一致。随着轨下垫板刚度的增加混凝土底座板速度明显增加，尤其是从 8×10^7 N/m 开始趋势更为明显。

（9）桥梁竖向速度。

从图 3.54 可看出，轨下垫板刚度系数变化对桥梁速度有一定影响，3 种轨道状态变化情况基本一致。当轨下垫板刚度系数增加时，桥梁速度增大很小。

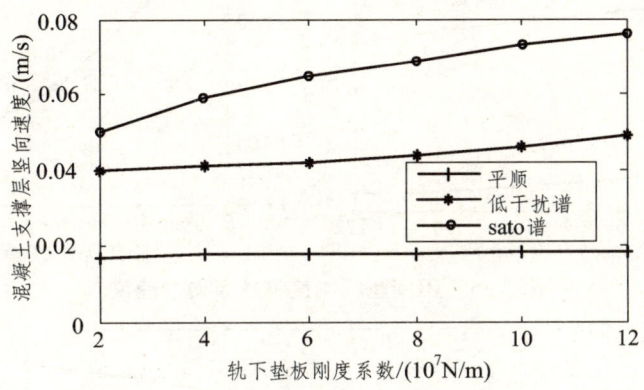

图 3.53　不同垫板刚度混凝土底座板竖向速度

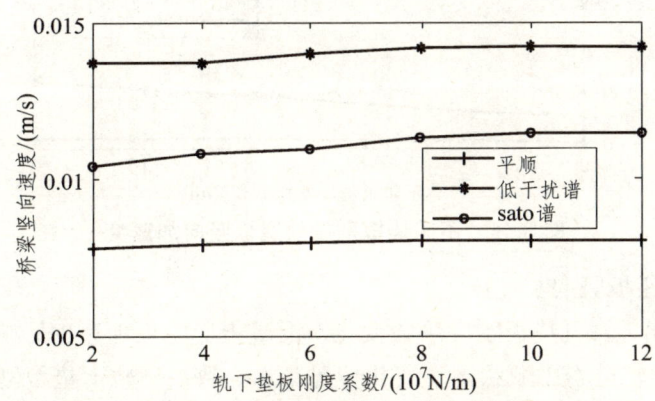

图 3.54　不同垫板刚度桥梁竖向速度

（10）钢轨竖向加速度。

从图 3.55 可以看出，轨下垫板刚度系数变化对钢轨加速度影响明显，趋势与钢轨位移近似，3 种轨道不平顺状态的变化情况基本一致。当轨下垫板刚度系数增加时，钢轨加速度明显变小。

（11）轨道板竖向加速度。

从图 3.56 可看出，轨下垫板刚度系数变化对轨道板加速度的影响明显，趋势与轨道板位移近似，3 种轨道不平顺状态变化情况基本一致。当轨下垫板刚度系数增加时，轨道板加速度明显变大。

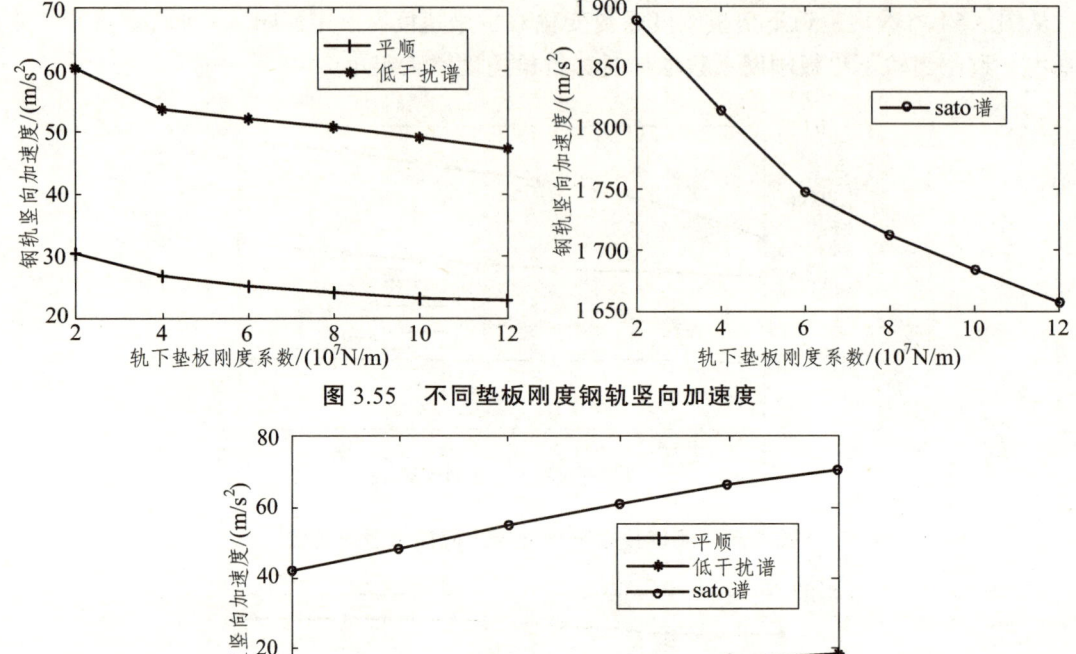

图 3.55 不同垫板刚度钢轨竖向加速度

图 3.56 不同垫板刚度轨道板竖向加速度

（12）混凝土底座板竖向加速度。

从图 3.57 可看出，轨下垫板刚度系数变化对混凝土底座板加速度影响明显，趋势与轨道板加速度近似，3 种轨道不平顺状态、变化情况基本一致。当轨下垫板刚度系数增加时，混凝土底座板加速度变大。

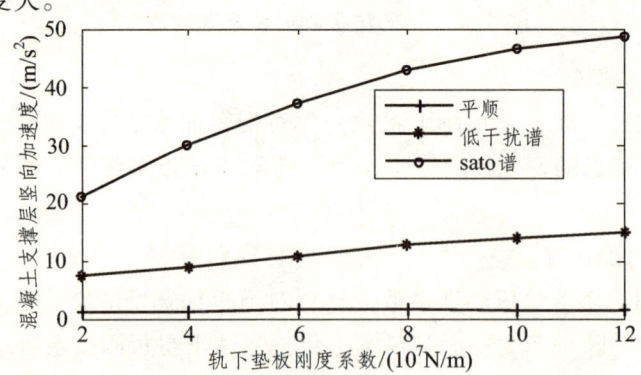

图 3.57 不同垫板刚度混凝土底座板竖向加速度

（13）桥梁竖向加速度。

从图3.58可看出，轨下垫板刚度系数变化对桥梁加速度影响不明显，3种不平顺状态变化情况不一致。当轨下垫板刚度系数增加时，桥梁加速度变化很小。

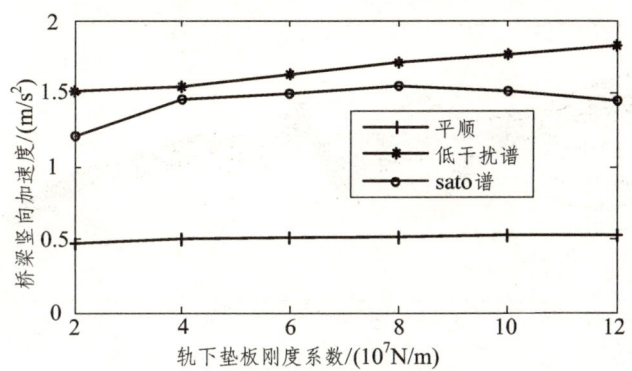

图3.58 不同垫板刚度桥梁竖向加速度

从图3.46～3.58可看出，轨下垫板刚度系数改变对钢轨振动影响还是很明显的。随着垫板刚度的增大，钢轨在各种轨道状态下竖向位移、速度、加速度明显降低。钢轨振动是影响钢轨损伤的主要因素，尤其是钢轨的竖向加速度，因此适当地增大垫板刚度以减小钢轨振动加速度，这是减小钢轨变形与系统振动很有效的一种办法。但是随着垫板刚度的增大，轨道板、混凝土底座板竖向加速度明显增大，在Sato谱状态下更为明显。这是由于直接作用于轨道板的作用力更为集中，从而引起轨道板加速度有所增大。轨道板的振动加速度影响着CA砂浆的受力状态，所以从改善CA砂浆受力角度出发，垫板刚度应该适当减小。从桥梁的竖向位移、速度、加速度变化来看，轨下垫板刚度变化对桥梁振动影响效应很小。

轨下垫板刚度变化对钢轨和轨道板影响效应是相反的，在实际设计应用中，应当使钢轨和轨道板的响应均在一个合理的取值范围内，使整体结构安全可靠又经济，从算例来看，垫板刚度取60～80 kN/mm比较合理。此外，从图中可以看出，轨道板和混凝土底座板位移和速度也有所增大，对轮轨作用力影响不明显。

2. 频域结果分析

采用3.2.3节计算方法，主要分析不同轨道不平顺状态下，垫板刚度对钢轨竖向加速度级、钢轨竖向速度级的影响。

（1）钢轨振动加速度级分析。

从图3.59～3.61可看出，轨下垫板刚度系数改变对钢轨1/3倍频程加速度级影响很大，随着轨下垫板刚度系数的增大，钢轨加速度级明显降低，3种轨道状态下影响趋势基本一致，轨下垫板刚度从 20 MN/m 变化到 120 MN/m，加速度级增大了 7～10 dB。从图 3.59～3.61 可以看出，3 种轨道状态下在整个频段内的影响程度大致相同，再次验证了增大轨下垫板刚度可以减小钢轨振动的结论。

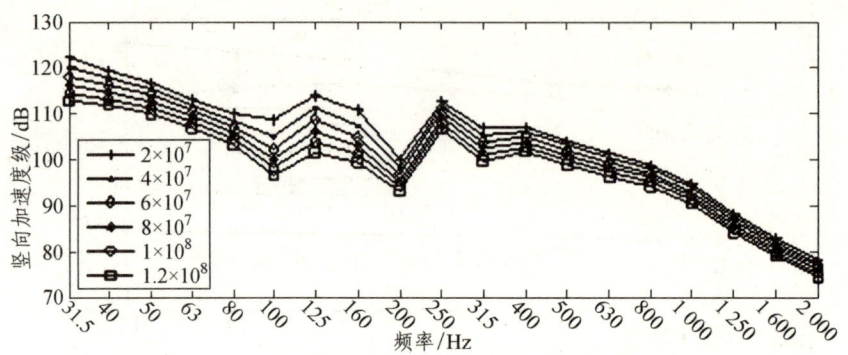

图 3.59　不同垫板刚度平顺状态下钢轨竖向加速度级

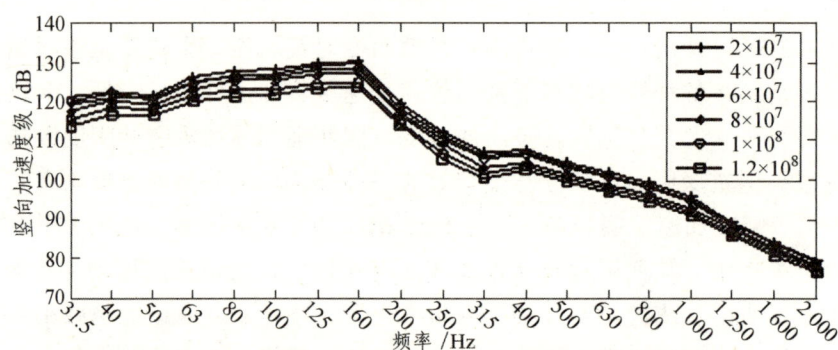

图 3.60　不同垫板刚度下低干扰谱钢轨竖向加速度级

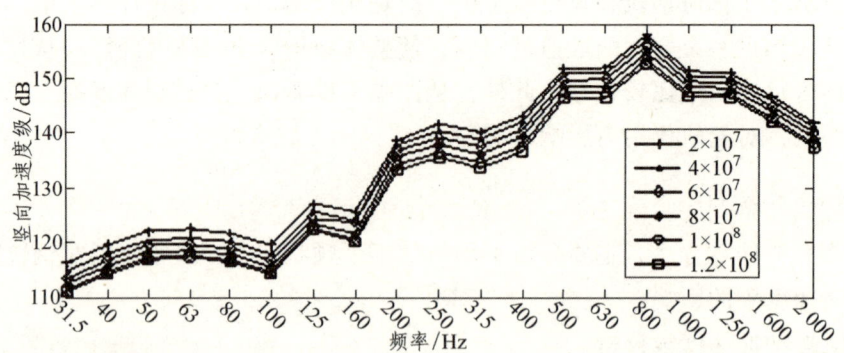

图 3.61　不同垫板刚度下 Sato 谱钢轨竖向加速度级

（2）钢轨振动速度级分析（见图 3.62～3.64）。

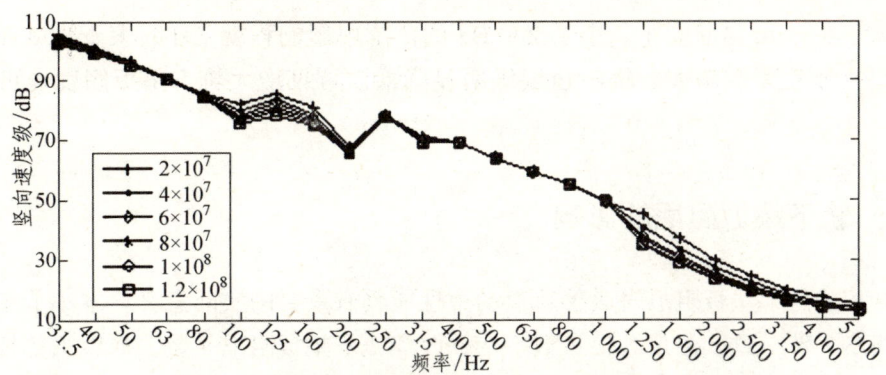

图 3.62 不同垫板刚度平顺状态下钢轨竖向速度级

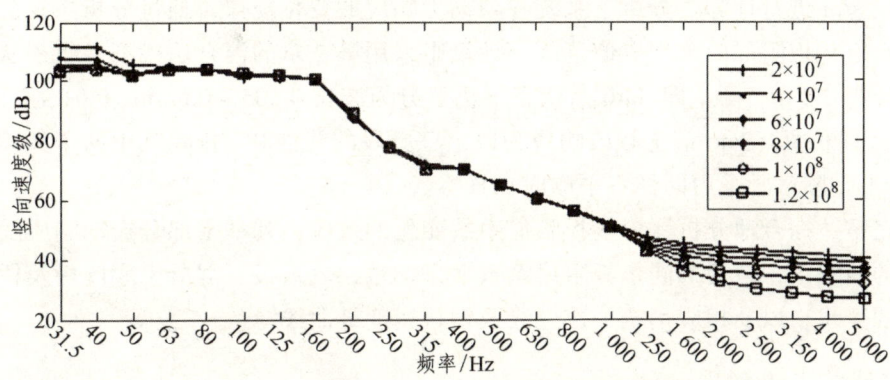

图 3.63 不同垫板刚度低干扰谱钢轨竖向速度级

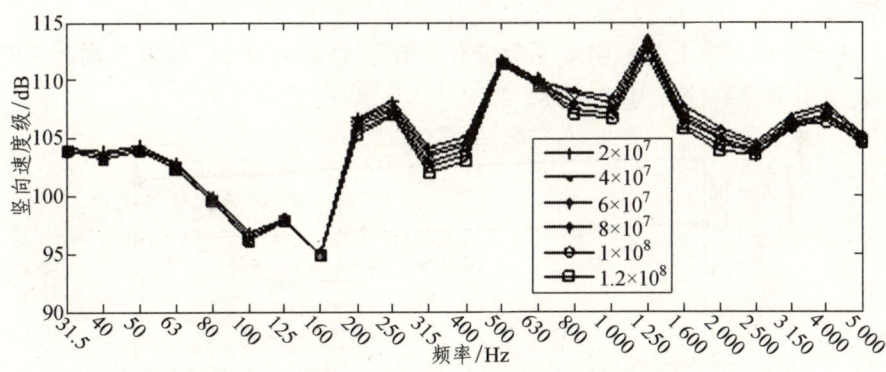

图 3.64 不同垫板刚度 Sato 谱钢轨竖向速度级

从图 3.62~3.64 可看出，轨下垫板刚度系数改变对钢轨 1/3 倍频程速度级的影响很大，平顺及低干扰谱轨道状态下影响趋势基本一致，1 000 Hz 以下频段内影响程度很小，大于 1 000 Hz 频段内，两种状态影响程度都很明显，随着轨下垫板刚度系数的增大，钢轨速度级明显降低。在 Sato 谱状态下，小于 200 Hz 的范围内影响程度变小；大于 600 Hz 频段内，随着轨下垫板刚度系数增大，钢轨速度级明显降低。可见增大轨下垫板刚度也可以降低钢轨噪声。

3.4.2 轨下垫板阻尼的影响

选择合理的轨下垫板阻尼对改善轨道动力性能具有重要的实际意义。本小节车辆及轨道结构参数与 3.2 节一致，假定其他参数不变，改变轨下垫板阻尼系数。取轨下垫板阻尼系数分别为 3.63×10^4 N·s/m、4.77×10^4 N·s/m、1.0×10^5 N·s/m、3.0×10^5 N·s/m、6.0×10^5 N·s/m、10×10^5 N·s/m 进行计算。分析了系统各项动力响应的变化规律，通过分析系统各项动力响应变化来确定垫板阻尼的合理取值范围。计算中采用第 2 章的混合法模型。轨道状态以及波长范围划分与 3.2 节一致，即 Sato 谱状态下仍然分为波长 0.005~0.01 m、0.01~0.1 m、0.1~0.5 m 3 个频段仿真。Sato 谱全频段响应为以上三频段的线性和（排除其中两个频段的车辆自重影响）。不平顺激励采用同样不平顺时域样本。

为了完整、综合地分析评价垫板阻尼系数变化的效应，列举了部分振动响应随垫板阻尼系数变化的曲线图，包括不同垫板阻尼系数下，钢轨、轨道板、混凝土底座板及桥梁各时域振动指标的变化，以及相应钢轨加速度级及钢轨速度级曲线。

1. 时域最大值分析

（1）轮轨力。

从图 3.65 可看出，轨下垫板阻尼系数变化对轮轨力影响很小，随着其增大，轮轨力有所降低，3 种轨道不平顺的情况基本一致。

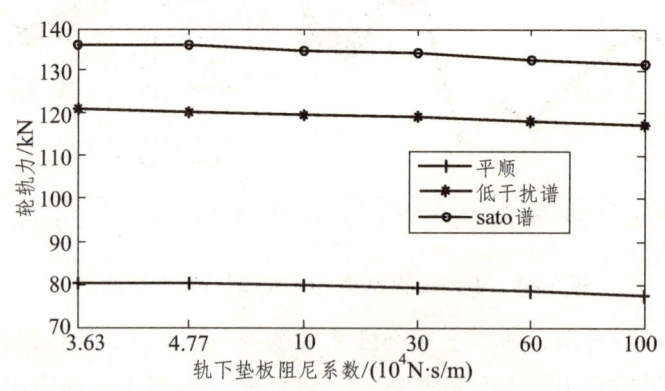

图 3.65 不同垫板阻尼轮轨力

（2）钢轨竖向位移。

从图3.66可看出，轨下垫板阻尼系数变化对钢轨位移影响明显，3种轨道不平顺状态变化情况基本一致。当轨下垫板的阻尼系数由3.63×10^4 N·s/m 增加到 1×10^5 N·s/m 时，钢轨位移基本没有变化，而继续增加时，钢轨位移明显降低。

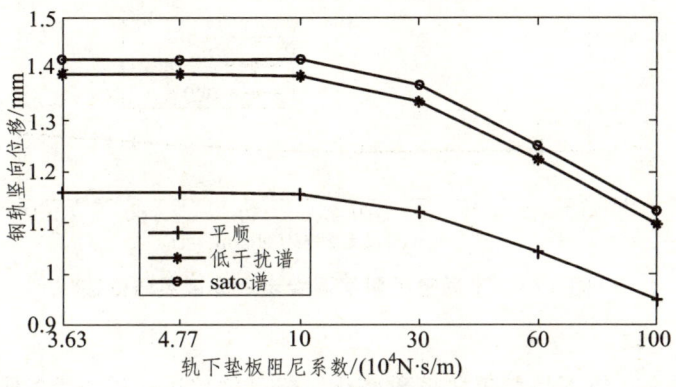

图3.66　不同垫板阻尼钢轨竖向位移

（3）轨道板竖向位移。

从图3.67可看出，轨下垫板阻尼系数变化对轨道板位移影响明显，趋势与钢轨位移刚好相反，三种轨道不平顺状态变化情况基本一致。当轨下垫板阻尼系数由3.63×10^4 N·s/m 增加到 1×10^5 N·s/m 时，轨道板位移基本没有变化，而继续增加时，轨道板位移明显增大。

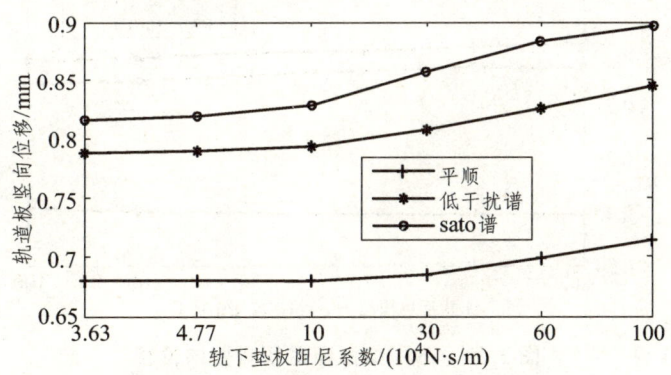

图3.67　不同垫板阻尼轨道板竖向位移

（4）混凝土底座板竖向位移。

从图3.68可看出，轨下垫板阻尼系数变化对混凝土底座板位移影响较小，趋势与轨道板位移近似，3种轨道不平顺状态的变化情况基本一致。当轨下垫板阻尼系数由3.63×10^4 N·s/m 增加到 1×10^5 N·s/m 时，混凝土底座板位移基本没有变化，而继续增加时，混凝土底座板位移有所增大。

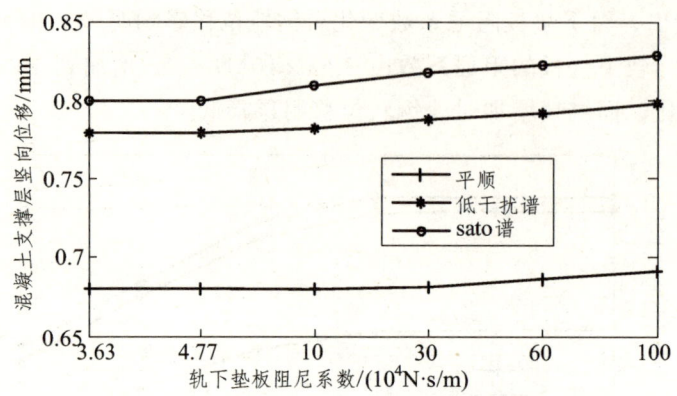

图 3.68　不同垫板阻尼混凝土底座板竖向位移

（5）桥梁竖向位移。

从图 3.69 可看出，轨下垫板阻尼系数变化对桥梁位移影响很小，3 种轨道不平顺状态变化情况不一致。当轨下垫板阻尼系数由 3.63×10^4 N·s/m 增加到 10^5 N·s/m 时，桥梁位移也基本没有变化，而继续增加时，在考虑轨道不平顺时桥梁位移有所降低，但平顺状态下则有所增大。

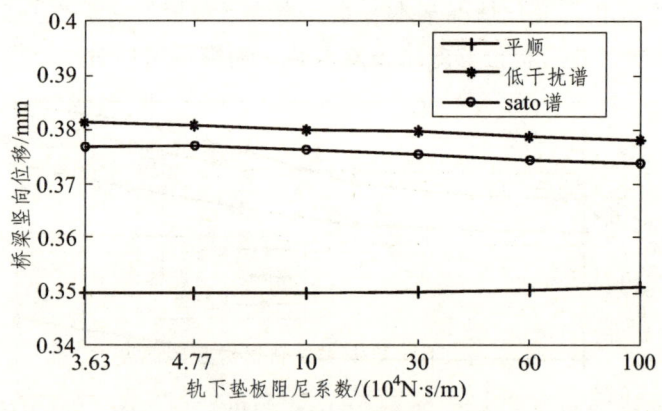

图 3.69　不同垫板阻尼桥梁竖向位移

（6）钢轨竖向速度。

从图 3.70 可看出，轨下垫板阻尼系数变化对钢轨速度影响明显，趋势与钢轨位移近似，3 种轨道不平顺状态变化情况基本一致。当轨下垫板阻尼系数由 3.63×10^4 N·s/m 增加到 4.77×10^4 N·s/m 时，钢轨速度基本没有变化，而继续增加时，钢轨速度明显降低，尤其是 Sato 谱状态下趋势更为明显。

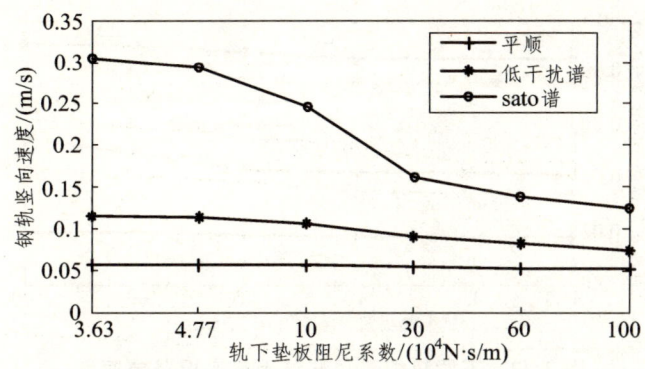

图 3.70　不同垫板阻尼钢轨竖向速度

（7）轨道板竖向速度。

从图 3.71 可看出，轨下垫板阻尼系数变化对轨道板速度影响明显，趋势与钢轨速度相反，3 种轨道不平顺状态变化情况基本一致。当轨下垫板阻尼系数由 3.63×10^4 N·s/m 增加到 4.77×10^4 N·s/m 时，轨道板速度基本没有变化，而继续增加时，轨道板速度明显增加，尤其是从 3×10^5 N·s/m 开始趋势更为明显。

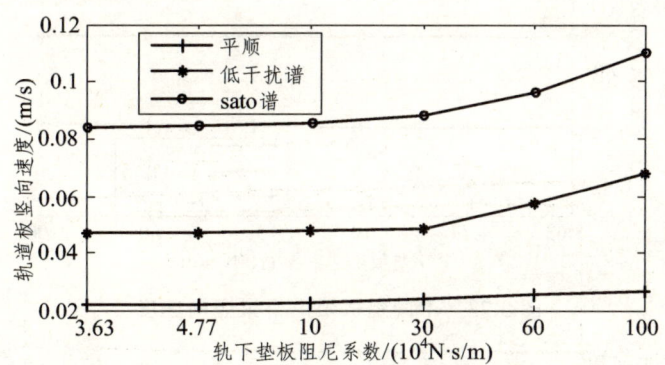

图 3.71　不同垫板阻尼轨道板竖向速度

（8）混凝土底座板竖向速度。

从图 3.72 可看出，轨下垫板阻尼系数变化对混凝土底座板速度影响与轨道板速度相似，3 种轨道不平顺状态变化情况基本一致。当轨下垫板阻尼系数由 3.63×10^4 N·s/m 增加到 4.77×10^4 N·s/m 时，混凝土底座板速度基本没有变化，而继续增加时，混凝土底座板速度明显增加，尤其是从 3×10^5 N·s/m 开始趋势更为明显。

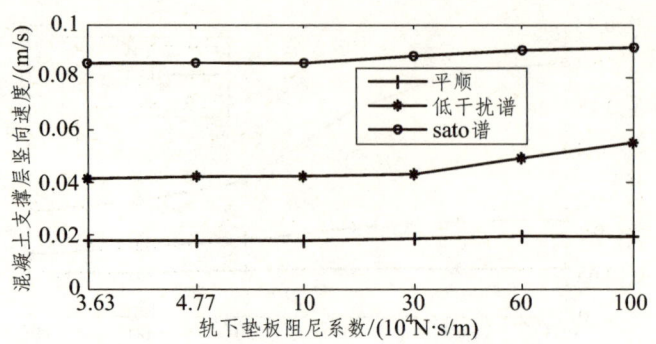

图 3.72 不同垫板阻尼混凝土底座板竖向速度

（9）桥梁竖向速度。

从图 3.73 可看出，轨下垫板阻尼系数的变化对桥梁速度有一定影响，3 种轨道不平顺状态的变化情况基本一致。当轨下垫板阻尼系数由 3.63×10^4 N·s/m 增加到 1×10^5 N·s/m 时，桥梁速度基本没有变化，而继续增加时，桥梁速度有所增大。

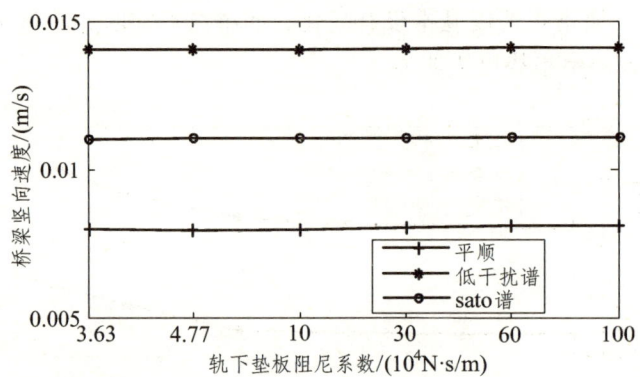

图 3.73 不同垫板阻尼桥梁竖向速度

（10）钢轨竖向加速度。

从图 3.74 可看出，轨下垫板阻尼系数变化对钢轨加速度影响明显，趋势与钢轨位移近似，3 种轨道不平顺状态变化情况基本一致。当轨下垫板阻尼系数由 3.63×10^4 N·s/m 增加到 4.77×10^4 N·s/m 时，钢轨加速度变化较小，而继续增加时，钢轨加速度明显降低，尤其是 Sato 谱状态降低趋势更为明显。

（11）轨道板竖向加速度。

从图 3.75 可看出，轨下垫板阻尼系数变化对轨道板加速度影响明显，趋势与轨道板位移近似，3 种轨道不平顺状态变化情况基本一致。当轨下垫板阻尼系数由 3.63×10^4 N·s/m 增加到 4.77×10^4 N·s/m 时，轨道板加速度变化较小，而继续增加时，轨道板加速度明显增大，尤其是 Sato 谱状态增大趋势更为明显。

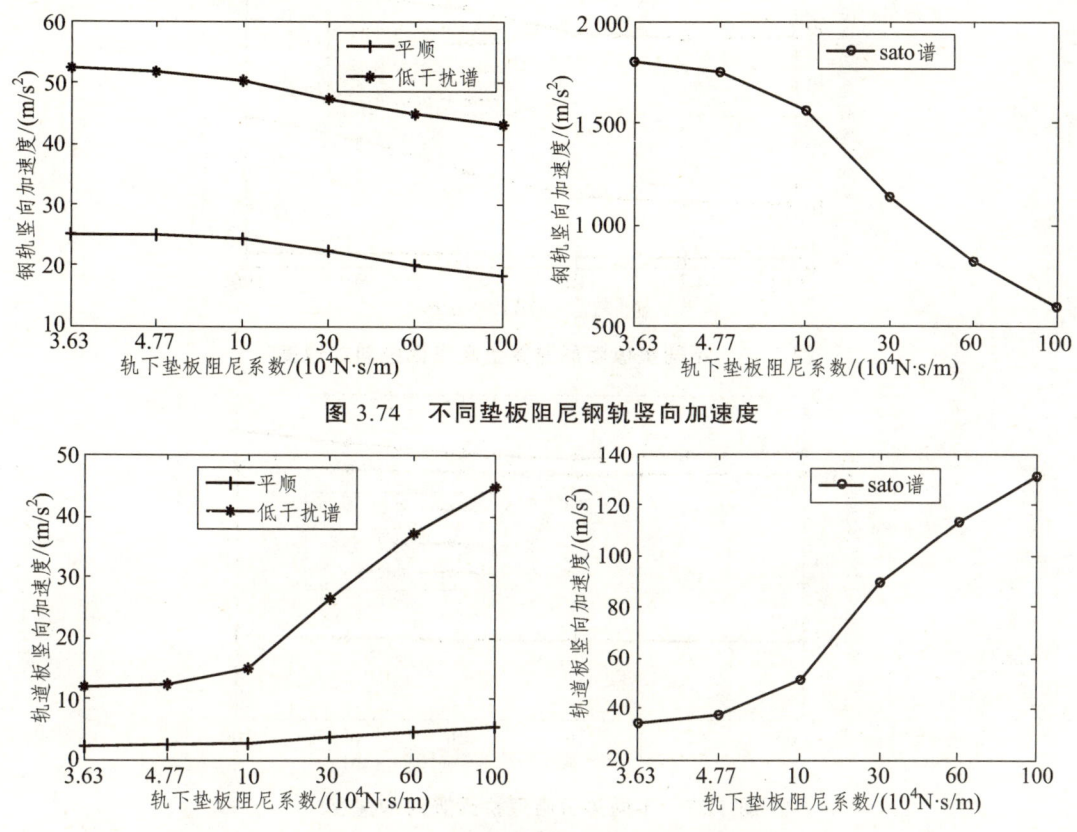

图 3.74 不同垫板阻尼钢轨竖向加速度

图 3.75 不同垫板阻尼轨道板竖向加速度

（12）混凝土底座板竖向加速度。

从图 3.76 可看出，轨下垫板阻尼系数变化对混凝土底座板加速度影响明显，趋势与轨道板加速度近似，三种轨道不平顺状态变化情况基本一致。当轨下垫板阻尼系数由 3.63×10^4 N·s/m 增加到 4.77×10^4 N·s/m 时，混凝土底座板加速度变化较小，而继续增加时，混凝土底座板加速度明显增大，尤其是低干扰谱状态增大趋势更为明显。

（13）桥梁竖向加速度。

从图 3.77 可看出，轨下垫板阻尼系数变化对桥梁加速度影响不明显，趋势与桥梁位移近似，三种轨道不平顺状态变化情况基本一致。当轨下垫板阻尼系数由 3.63×10^4 N·s/m 增加到 1×10^5 N·s/m 时，桥梁加速度基本没有变化，而继续增加时，桥梁加速度有所增大。

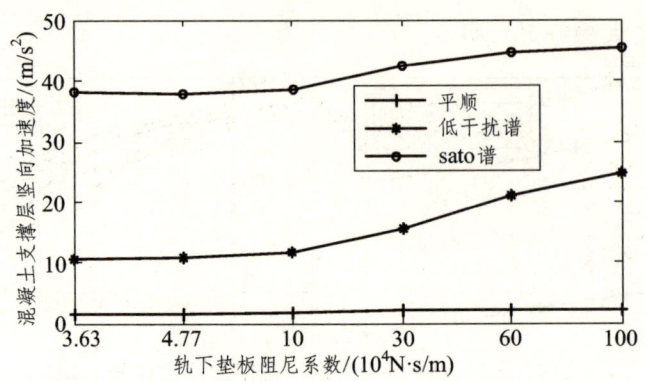

图 3.76 不同垫板阻尼混凝土底座板竖向加速度

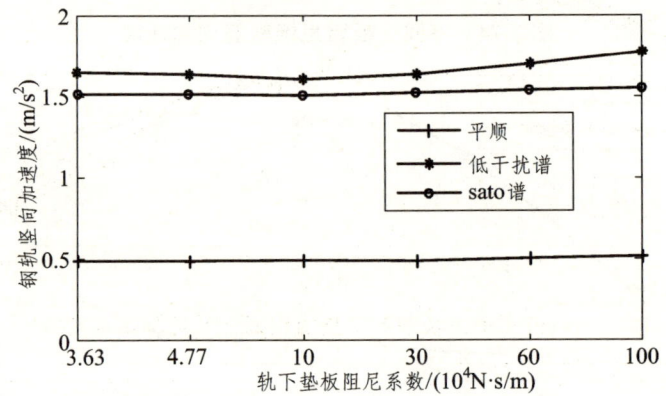

图 3.77 不同垫板阻尼桥梁竖向加速度

从以上计算结果可看出,轨下垫板阻尼增大时,钢轨位移、速度、竖向加速度随之减小。轨道板、混凝土底座板位移、速度、加速度则随着阻尼的增大而增大,加速度则随着阻尼的增大而显著增大,对轮轨作用力有一定的影响。轨下垫板阻尼增大时,对桥梁振动影响很小。当轨下垫板阻尼大于 $1\times10^5\ \mathrm{N\cdot s/m}$ 时,各部分振动响应的变化趋势有比较明显的增大,所以轨下垫板阻尼取在其左右比较合理。由此可见,增大轨下垫板阻尼,虽然可以降低钢轨振动,但对轨道板和混凝土底座板振动影响非常大,所以轨下垫板阻尼系数应尽量取在合理值范围内,这样有利于延长板式轨道的使用寿命。

2. 频域结果分析

采用 3.2.3 节的计算方法,主要分析不同轨道不平顺状态下,垫板阻尼变化对钢轨竖向加速度级、钢轨竖向速度级的影响。

(1)钢轨振动加速度级分析(见图 3.78~3.80)。

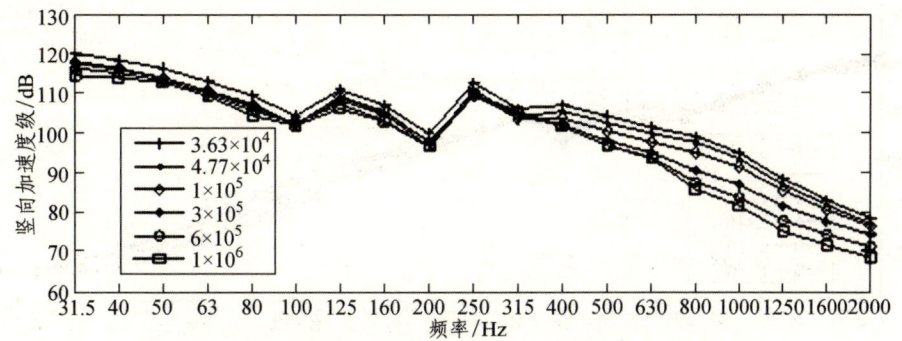

图 3.78 平顺状态不同垫板阻尼钢轨竖向加速度级

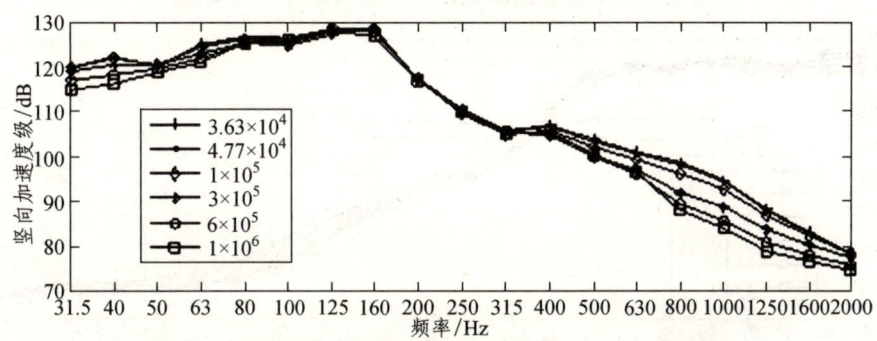

图 3.79 低干扰谱状态不同垫板阻尼钢轨竖向加速度级

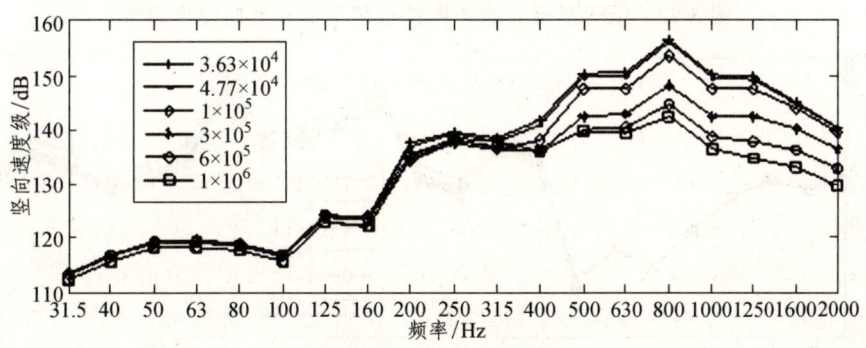

图 3.80 Sato 状态不同垫板阻尼钢轨竖向加速度级

从图 3.78~3.80 可看出,轨下垫板阻尼系数的变化对钢轨加速度级的影响明显,3 种轨道不平顺状态的变化情况基本一致。当轨下垫板阻尼系数由 3.63×10^4 N·s/m 增加到 4.77×10^4 N·s/m 时,各频率的钢轨加速度级变化较小,而继续增加时,在频率大于 400 Hz 时,钢轨加速度级减低明显,尤其是大于 1×10^5 N·s/m 时,Sato 状态下减低幅度更大。

(2)钢轨振动速度级分析(见图 3.81~3.83)。

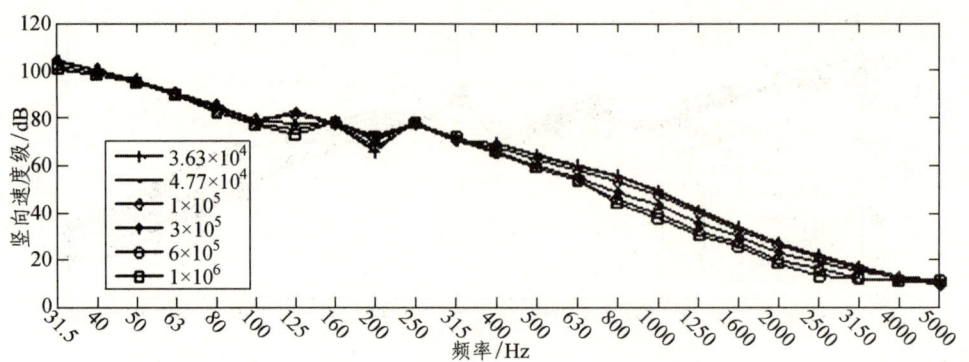

图 3.81　平顺状态不同垫板阻尼钢轨竖向速度级

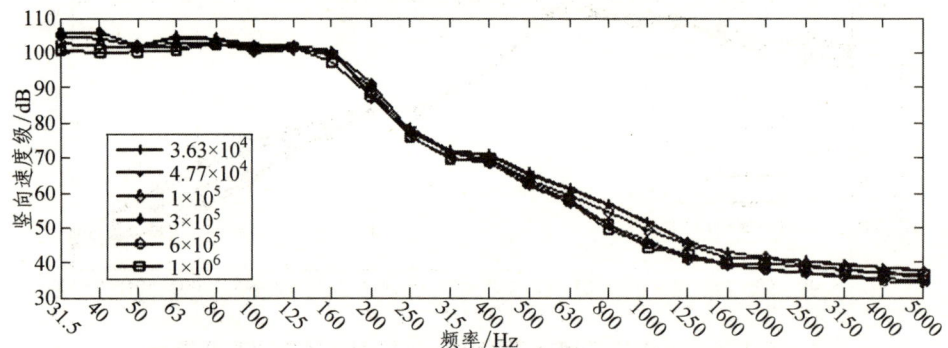

图 3.82　低干扰谱状态不同垫板阻尼钢轨竖向速度级

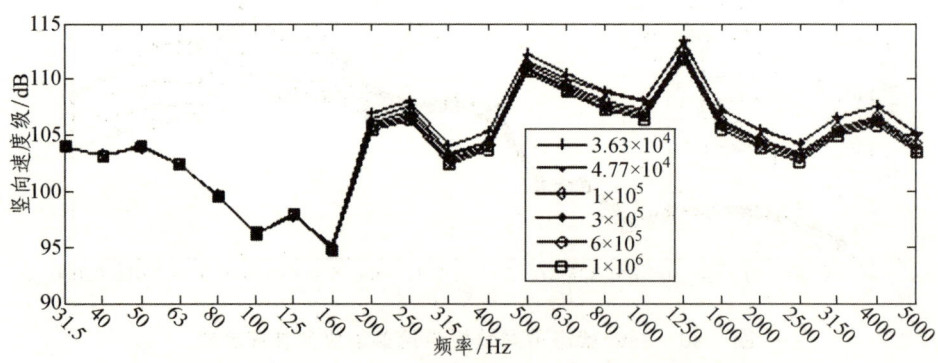

图 3.83　Sato 谱状态不同垫板阻尼钢轨竖向速度级

从图 3.81~3.83 可看出，轨下垫板阻尼系数变化对钢轨速度级影响明显，其影响程度大于轨下垫板刚度系数。因此对于降低钢轨噪声，增大轨下阻尼的效果会更为明显。当轨下垫板阻尼系数由 3.63×10^4 N·s/m 增加到 4.77×10^4 N·s/m 时，各频率的钢轨速度级基本没有变化，而继续增加，平顺、低干扰谱在频率大于 400 Hz 时，钢轨速度级减低明显，尤其是大

于 1×10^5 N·s/m 时。其中，Sato 状态下在频率 200~5 000 Hz 时都有明显下降。

从以上计算结果可看出，轨下垫板阻尼增大时，在一定频率范围内对钢轨的加速度、速度级影响明显。当轨下垫板阻尼大于 1×10^5 N·s/m 时，变化趋势有比较明显的增大，所以轨下垫板阻尼取在其左右比较合理，也可根据实际情况进行选择。

3.4.3 CA 砂浆刚度系数的影响

固定其他计算参数，只变化 CA 砂浆刚度系数。取 CA 砂浆（Cement Asphalt Mortar，CAM）刚度系数分别为 3×10^8 N/m、6×10^8 N/m、9×10^8 N/m、1.2×10^9 N/m、1.5×10^9 N/m、3.0×10^9 N/m 进行研究。分析系统各项动力响应的变化规律，并对其进行比较。计算中采用第 2 章的混合法模型。轨道状态以及波长范围划分与 3.2 节一致，即 Sato 谱状态下仍然分为波长 0.005~0.01 m、0.01~0.1 m、0.1~0.5 m 3 个频段仿真。Sato 谱全频段响应为以上三频段线性和（排除其中两个频段的车辆自重影响）。不平顺激励采用同样不平顺时域样本。

为了完整、综合地分析和评价 CA 砂浆刚度系数变化的效应，列举了不同 CA 砂浆刚度系数下，钢轨、轨道板、混凝土底座板及桥梁各时域振动指标的变化，以及钢轨加速度级及钢轨速度级曲线。

1. 时域最大值分析

（1）轮轨力。

从图 3.84 可看出，CA 砂浆刚度系数变化对轮轨力有一定影响，随着 CA 砂浆刚度系数的增加，3 种轨道状态变化趋势基本一致。当其由 3×10^8 N/m 增加到 9×10^8 N/m 时，是轮轨力降低最为明显的区段，而后轮轨力基本保持不变。

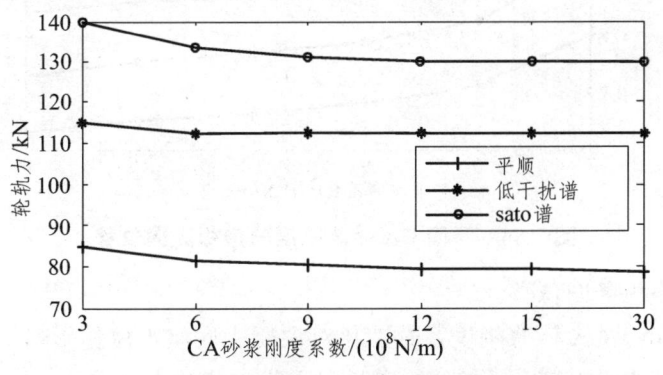

图 3.84 不同 CA 砂浆刚度轮轨力

（2）钢轨竖向位移。

从图 3.85 可看出，CA 砂浆刚度系数变化对钢轨位移影响明显，随着 CA 砂浆刚度系数的增加，钢轨位移明显下降，3 种轨道不平顺状态变化趋势基本一致。同样，当其由 3×10^8 N/m 增加到 9×10^8 N/m 时，是钢轨位移降低较为明显的区段。

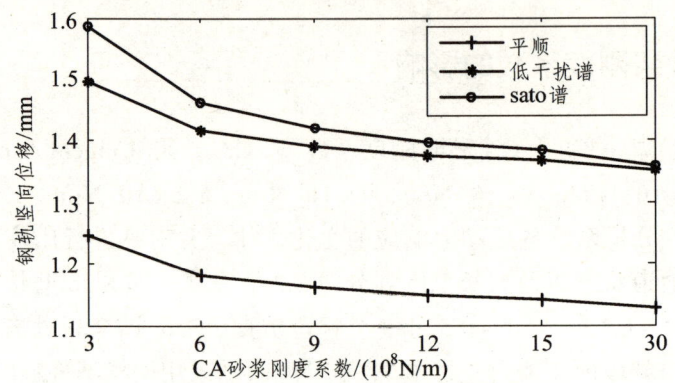

图 3.85　不同 CA 砂浆刚度钢轨竖向位移

（3）轨道板竖向位移。

从图 3.86 可看出，与钢轨位移类似，CA 砂浆刚度系数变化对轨道板位移影响明显，随着 CA 砂浆刚度系数的增加，轨道板位移明显下降，3 种轨道状态变化趋势基本一致。同样，当其由 3×10^8 N/m 增加到 9×10^8 N/m 时，是轨道板位移降低较为明显的区段。

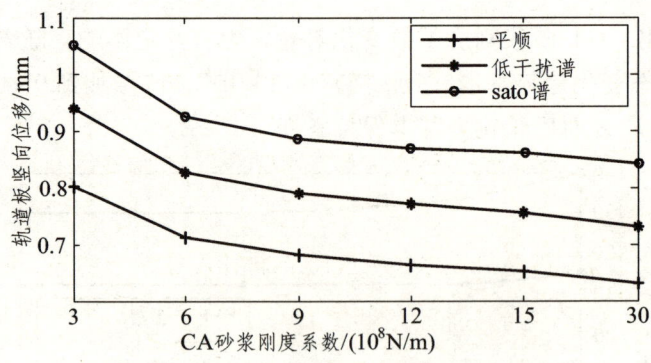

图 3.86　不同 CA 砂浆刚度轨道板竖向位移

（4）混凝土底座板竖向位移。

从图 3.87 可看出，CA 砂浆刚度系数变化对混凝土底座板位移影响不明显，随着 CA 砂浆刚度系数的增加基本没有变化，3 种轨道状态变化趋势基本一致。

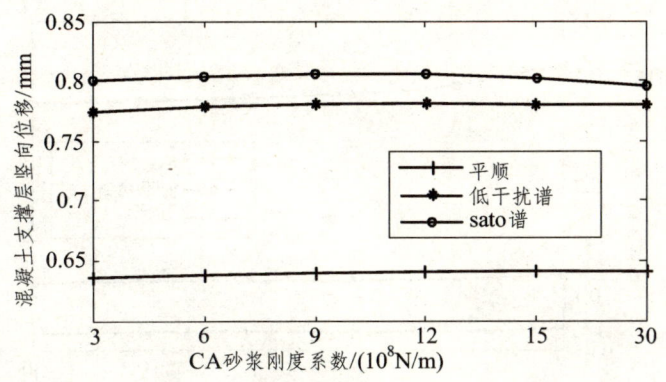

图 3.87　不同 CA 砂浆刚度混凝土底座板竖向位移

（5）桥梁竖向位移。

从图 3.88 可看出，CA 砂浆刚度系数变化对桥梁位移影响不明显，随着 CA 砂浆刚度系数的增加，桥梁位移基本没有变化，3 种轨道状态变化趋势基本一致。

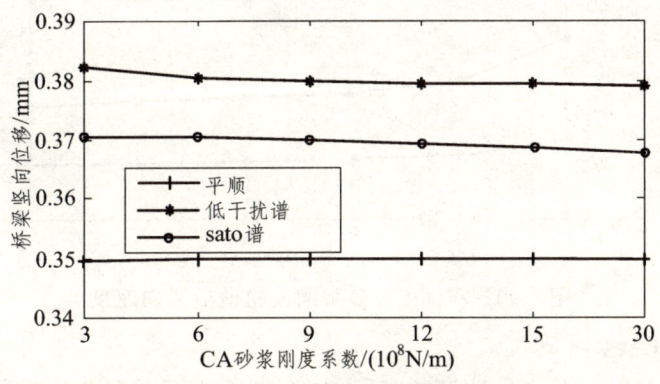

图 3.88　不同 CA 砂浆刚度桥梁竖向位移

（6）钢轨竖向速度。

从图 3.89 可看出，CA 砂浆刚度系数变化对钢轨速度影响不明显，随着 CA 砂浆刚度系数的增加，Sato 状态下钢轨速度在其 3×10^8 N/m 增加到 9×10^8 N/m 时有所下降，而另外两种状态基本没有变化。

（7）轨道板竖向速度。

从图 3.90 可看出，CA 砂浆刚度系数变化对轨道板速度有一定影响，随着 CA 砂浆刚度系数的增加，钢轨速度有所下降，在其 3×10^8 N/m 增加到 9×10^8 N/m 时下降趋势明显，3 种状态变化趋势基本一致。

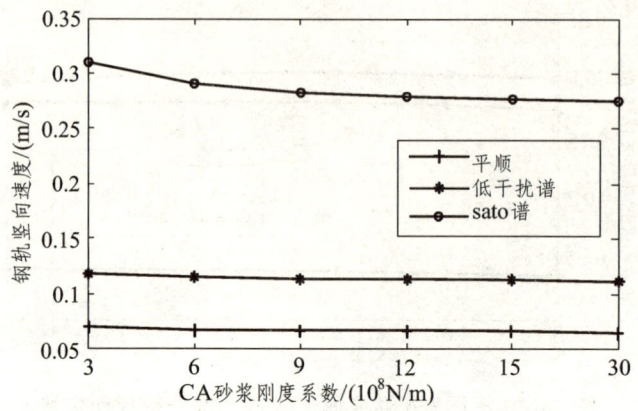

图 3.89　不同 CA 砂浆刚度钢轨竖向速度

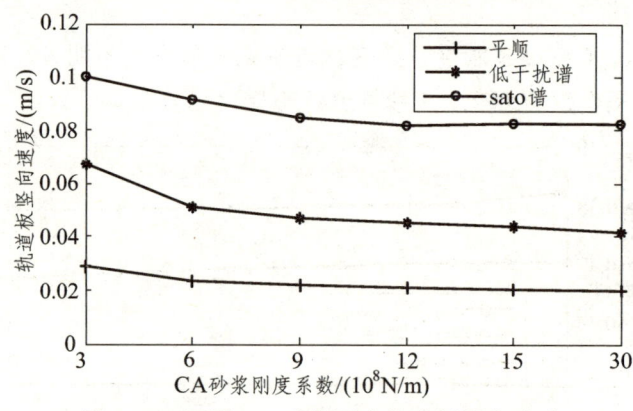

图 3.90　不同 CA 砂浆刚度轨道板竖向速度

（8）混凝土底座板竖向速度。

从图 3.91 可以看出，在 3 种轨道状态下，CA 砂浆刚度系数变化对混凝土底座板速度基本都没有影响。

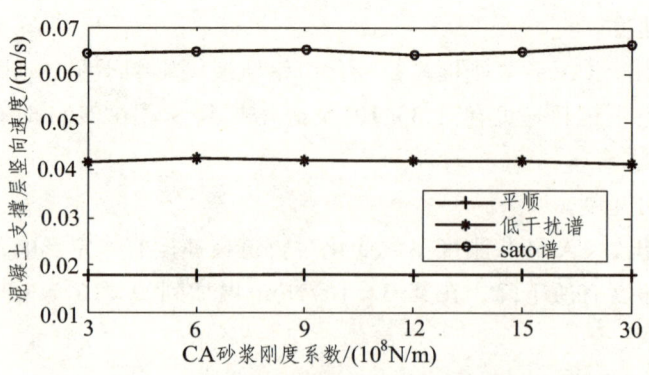

图 3.91　不同 CA 砂浆刚度混凝土底座板竖向速度

（9）桥梁竖向速度。

从图 3.92 可以看出，在 3 种轨道状态下，CA 砂浆刚度系数变化对桥梁速度基本没有影响。

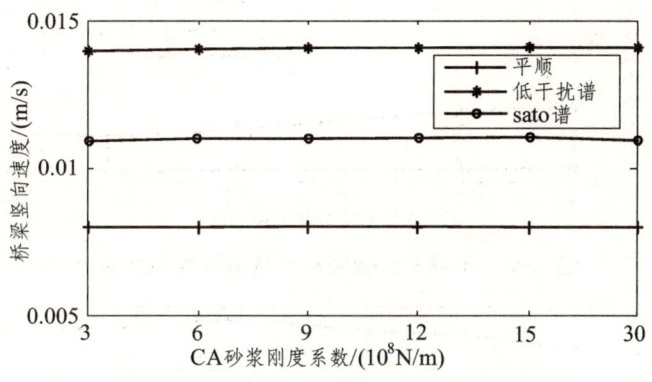

图 3.92　不同 CA 砂浆刚度桥梁竖向速度

（10）钢轨竖向加速度。

从图 3.93 可以看出，随着 CA 砂浆刚度系数的增加，在 Sato 谱状态下钢轨加速度有所下降，但变化很小。其他两种轨道状态下，CA 砂浆刚度系数变化对钢轨加速度基本没有影响。

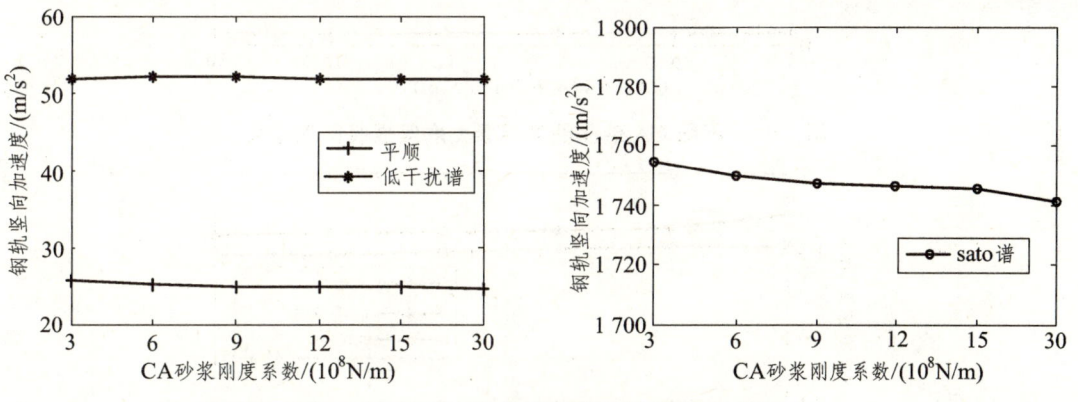

图 3.93　不同 CA 砂浆刚度钢轨竖向加速度

（11）轨道板竖向加速度。

从图 3.94 可以看出，随着 CA 砂浆刚度系数的增加，轨道板加速度有所下降，但变化不大。

（12）混凝土底座板竖向加速度。

从图 3.95 可以看出，CA 砂浆刚度变化对混凝土底座板加速度基本没有影响。

（13）桥梁竖向加速度。

从图 3.96 可以看出，CA 砂浆刚度系数变化对桥梁的加速度基本没有影响。

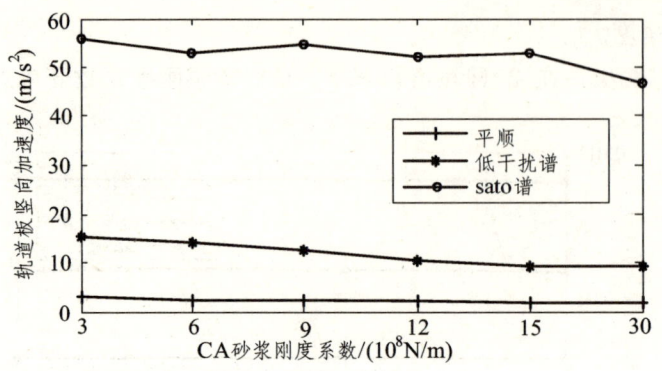

图 3.94 不同 CA 砂浆刚度轨道板竖向加速度

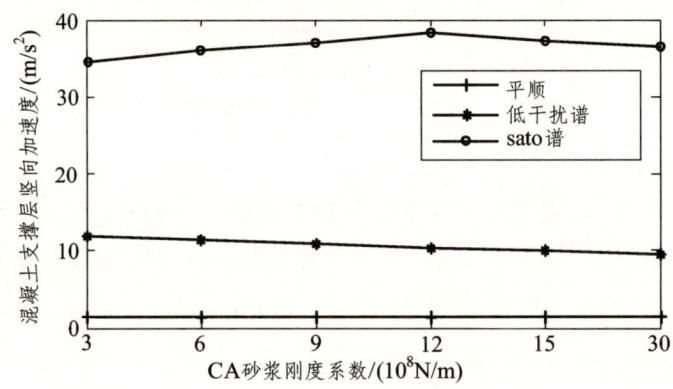

图 3.95 不同 CA 砂浆刚度混凝土底座板竖向加速度

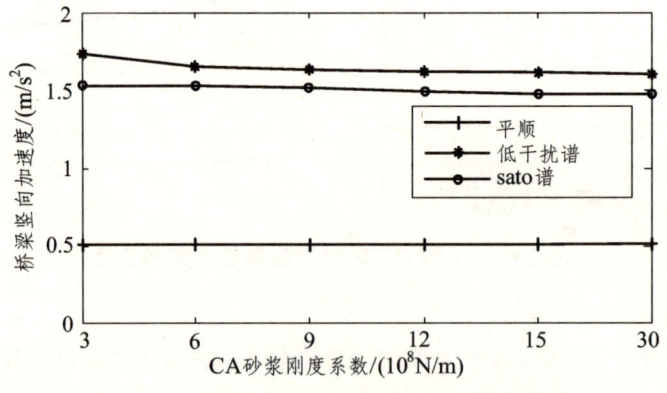

图 3.96 不同 CA 砂浆刚度桥梁竖向加速度

由图 3.84~3.96 可看出,CA 砂浆刚度变化对钢轨和轨道板位移影响较为明显,而对于混凝土底座板、桥梁位移影响并不显著。从钢轨和轨道板位移变化图来看,钢轨和轨道板位移最大值均随 CA 砂浆刚度的增大而减小，变化趋势均在 3×10^8 N/m 增加到 9×10^8 N/m 时较为明显。因此 CA 砂浆刚度系数取在 9×10^8 N/m 左右较为合适。而其对钢轨竖向速度、加速度有略微影响，轨道板竖向速度、加速度随 CA 砂浆刚度增大呈减小趋势，混凝土底座板及桥梁速度、加速度基本不受影响。由此可见，增大 CA 砂浆刚度，虽然可在一定程度上减小轨道变形，但过大的 CA 砂浆刚度对于无砟轨道弹性以及减缓系统振动不利。总体来说，CA 砂浆刚度变化对轨道结构的影响没有轨下垫板刚度所产生的影响明显。

2. 频域结果分析

采用 3.2.3 节计算方法，主要分析不同轨道不平顺状态下，CA 砂浆刚度对钢轨竖向加速度级、钢轨竖向速度级的影响。

（1）钢轨振动加速度级分析。

从图 3.97~3.99 可看出，3 种轨道不平顺状态下，CA 砂浆刚度系数变化对钢轨加速度级影响都不明显。只有在 Sato 谱状态下，随着该系数的增加，在小于 400 Hz 范围内加速度级有所降低，但是变化很小。这也再一次验证了该系数对钢轨振动影响效应较小。

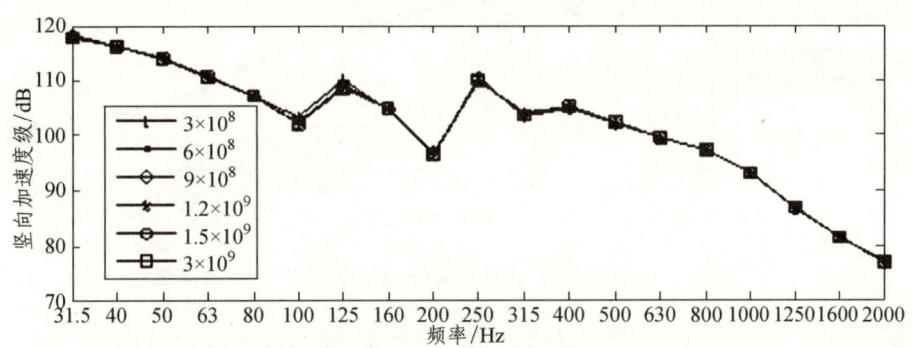

图 3.97 平顺状态下不同 CA 砂浆刚度钢轨竖向加速度级

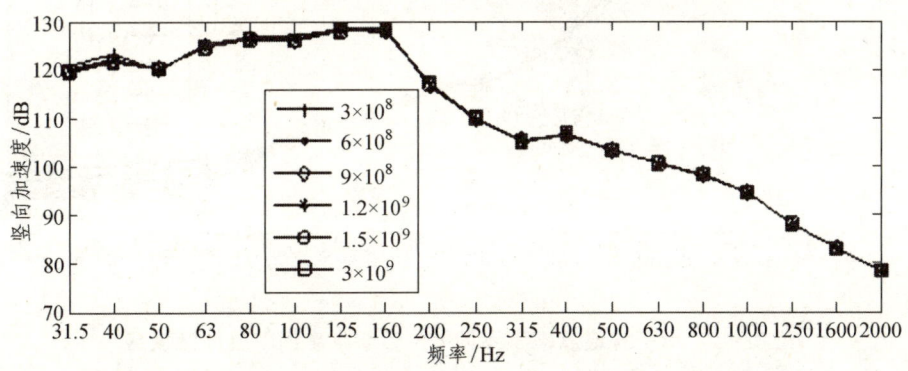

图 3.98 低干扰谱状态下不同 CA 砂浆刚度钢轨竖向加速度级

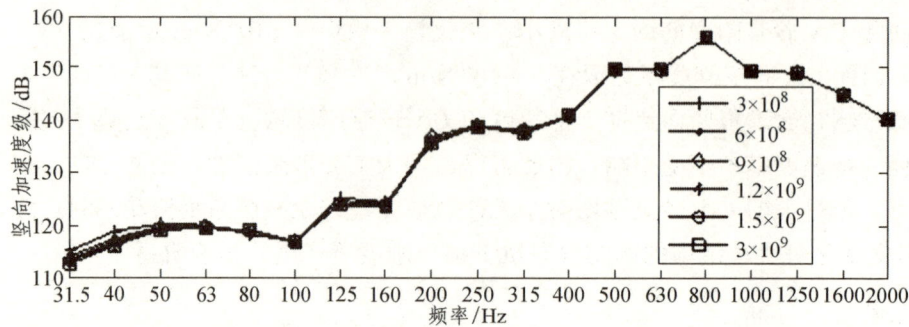

图 3.99 Sato 谱状态下不同 CA 砂浆刚度钢轨竖向加速度级

（2）钢轨振动速度级分析（见图 3.100 ~ 3.102）。

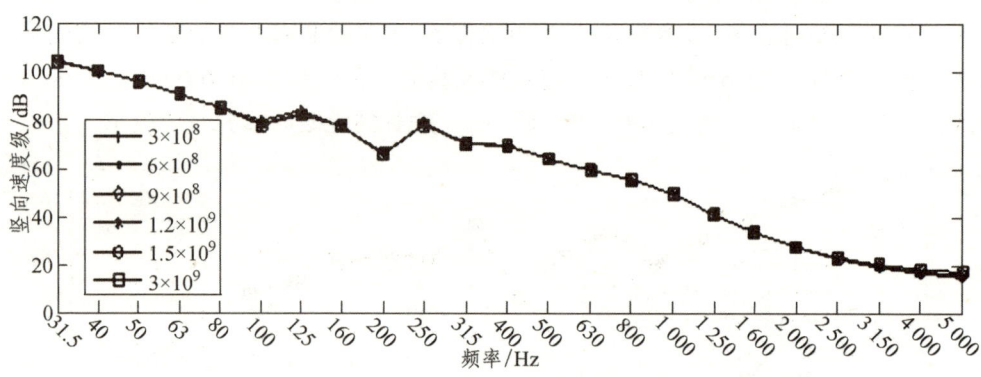

图 3.100 平顺状态下不同 CA 砂浆刚度钢轨竖向速度级

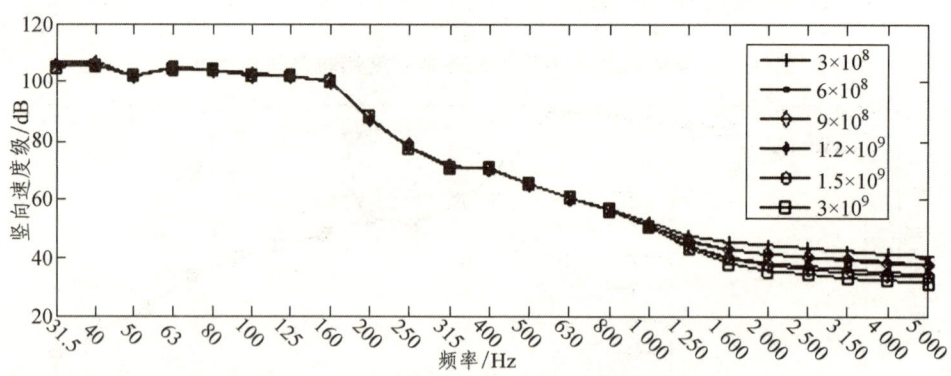

图 3.101 低干扰谱状态下不同 CA 砂浆刚度钢轨竖向速度级

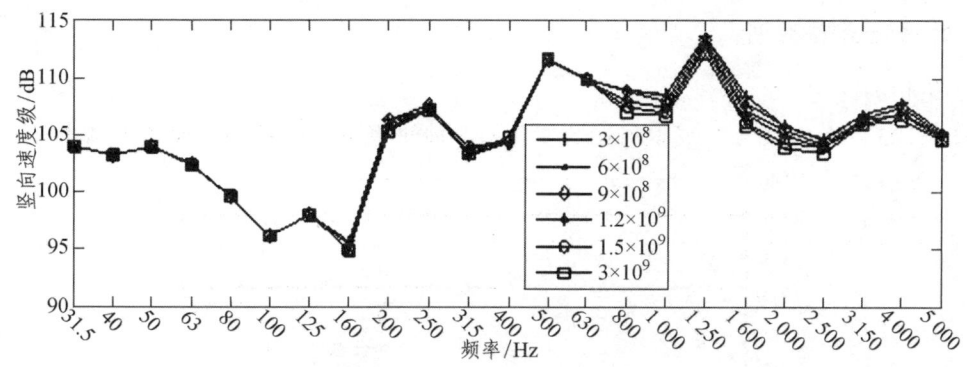

图 3.102 Sato 谱状态下不同 CA 砂浆刚度钢轨竖向速度级

从图 3.100 ~ 3.102 可看出,在平顺状态下,在 3 000 ~ 5 000 Hz 频率范围内,随着 CA 砂浆刚度系数的增加钢轨速度级有所降低。而在低干扰谱状态下,在 1 000 ~ 5 000 Hz 频率范围内,随着 CA 砂浆刚度系数的增加钢轨速度级都有明显降低,尤其是 3×10^8 N/m 增加到 9×10^8 N/m 区段。而在 Sato 谱状态下,在 800 ~ 5 000 Hz 频率范围内,随着 CA 砂浆刚度系数的增加钢轨速度级也有明显降低,同样是 3×10^8 N/m 增加到 9×10^8 N/m 区段变化明显。因此对于降低高频钢轨噪声,增大 CA 砂浆刚度系数有一定效果。

从以上计算结果可看出,CA 砂浆刚度增大时,在一定频率范围内对钢轨速度级有影响。当 CA 砂浆刚度小于 9×10^8 N/m 时,变化趋势有比较明显的增大,所以 CA 砂浆刚度系数取在其左右比较合理,也可根据实际情况进行选择。

3.4.4 CA 砂浆阻尼系数的影响

固定其他计算参数,只变化 CA 砂浆阻尼系数。取 CA 砂浆阻尼系数分别为 2×10^4 N·s/m、4×10^4 N·s/m、8.3×10^4 N·s/m、1.6×10^5 N·s/m、3.2×10^5 N·s/m 进行研究。采用第 2 章的混合法模型分析系统各项动力响应的变化规律,并对其进行比较。轨道状态以及波长范围划分与 3.2 节一致,即 Sato 谱状态下仍然分为波长 0.005 ~ 0.01 m、0.01 ~ 0.1 m、0.1 ~ 0.5 m 3 个频段仿真。Sato 谱全频段响应为以上三频段的线性和(排除其中两个频段的车辆自重影响)。激励采用同样的不平顺时域样本。

为了完整、综合地分析评价 CA 砂浆阻尼系数变化的效应,列举了不同 CA 砂浆阻尼系数下,钢轨、轨道板、混凝土底座板及桥梁的各时域振动指标的变化,以及钢轨竖向加速度级和钢轨竖向速度级曲线。

1. 时域最大值分析

（1）轮轨力。

从图 3.103 可看出，CA 砂浆阻尼系数变化对 3 种轨道不平顺状态下轮轨力基本没有影响。

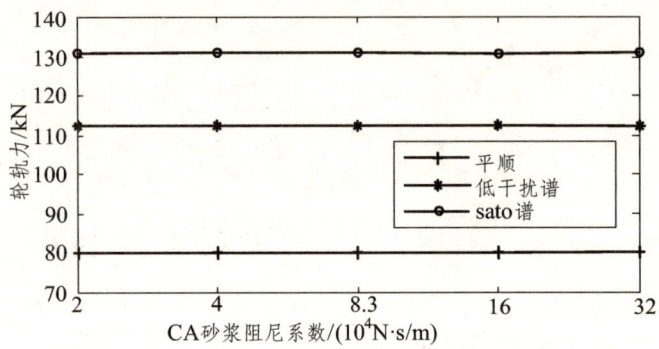

图 3.103　不同 CA 砂浆阻尼轮轨力位移

（2）钢轨竖向位移

从图 3.104 可看出，CA 砂浆阻尼系数变化对 3 种轨道不平顺状态下钢轨位移也基本没有影响。

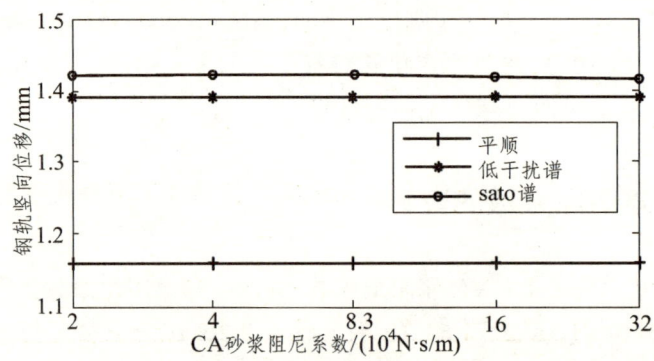

图 3.104　不同 CA 砂浆阻尼钢轨竖向位移

（3）轨道板竖向位移。

从图 3.105 可看出，CA 砂浆阻尼系数变化对 3 种轨道不平顺状态下轨道板位移影响也很小。

（4）混凝土底座板竖向位移。

从图 3.106 可看出，CA 砂浆阻尼系数变化对 3 种轨道不平顺状态下混凝土底座板位移影响也很小。

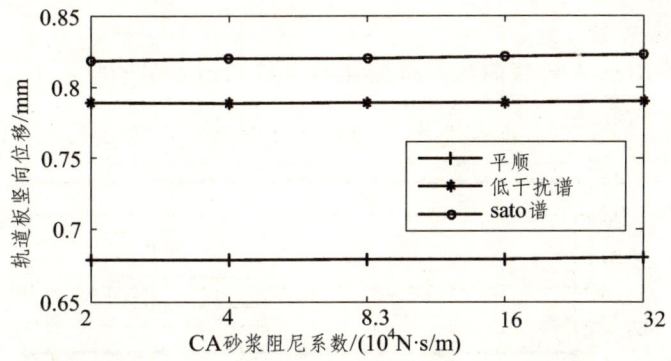

图 3.105 不同 CA 砂浆阻尼轨道板竖向位移

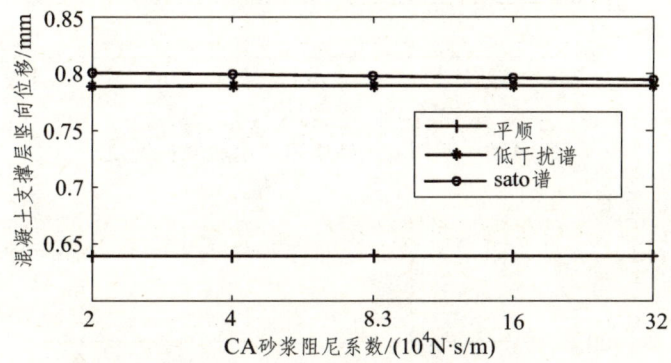

图 3.106 不同 CA 砂浆阻尼混凝土底座板竖向位移

（5）桥梁竖向位移。

从图 3.107 可看出，CA 砂浆阻尼系数变化对 3 种轨道不平顺状态下桥梁位移基本没有影响。

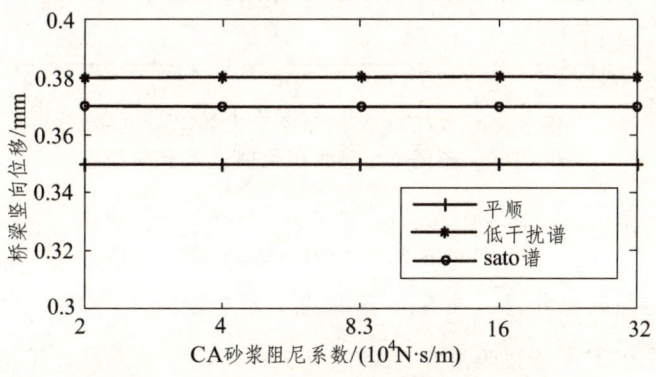

图 3.107 不同 CA 砂浆阻尼桥梁竖向位移

（6）钢轨竖向速度。

从图 3.108 可看出，CA 砂浆阻尼系数变化对 3 种轨道不平顺状态下钢轨振动速度基本没有影响。

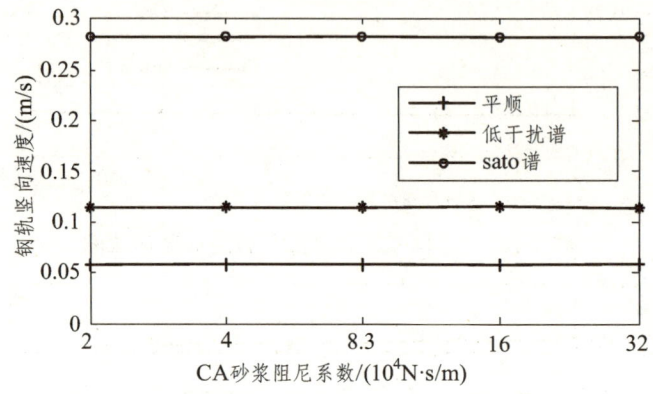

图 3.108　不同 CA 砂浆阻尼钢轨竖向速度

（7）轨道板竖向速度。

从图 3.109 可看出，CA 砂浆阻尼系数变化对 3 种轨道不平顺状态下轨道板振动速度影响很小。

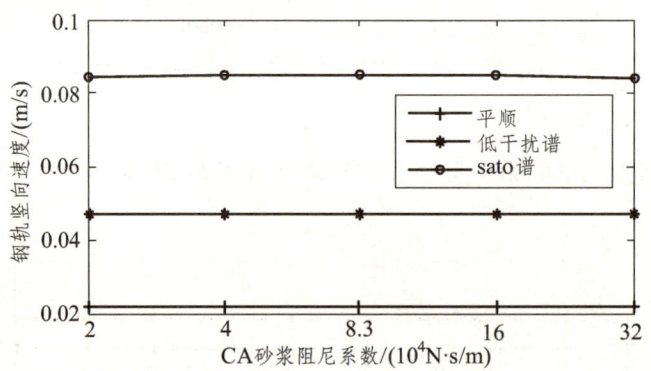

图 3.109　不同 CA 砂浆阻尼轨道板竖向速度

（8）混凝土底座板竖向速度。

从图 3.110 可看出，CA 砂浆阻尼系数变化对 3 种轨道不平顺状态下混凝土底座板振动速度有一定影响，相对另两种状态，在 Sato 谱状态下影响较明显。随着 CA 砂浆阻尼系数的增大，混凝土底座板速度有所下降。

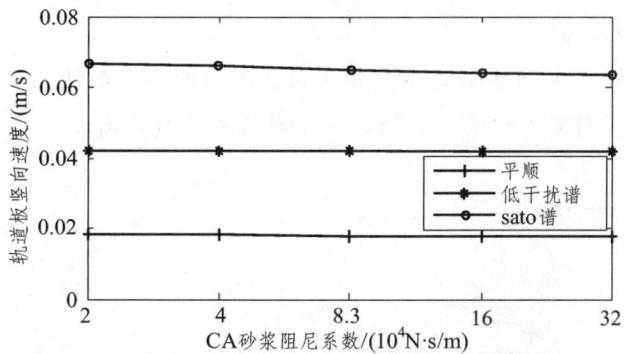

图 3.110 不同 CA 砂浆阻尼混凝土底座板竖向速度

（9）桥梁竖向速度。

从图 3.111 可看出，CA 砂浆阻尼系数变化对 3 种轨道不平顺状态下桥梁振动速度基本没有影响。

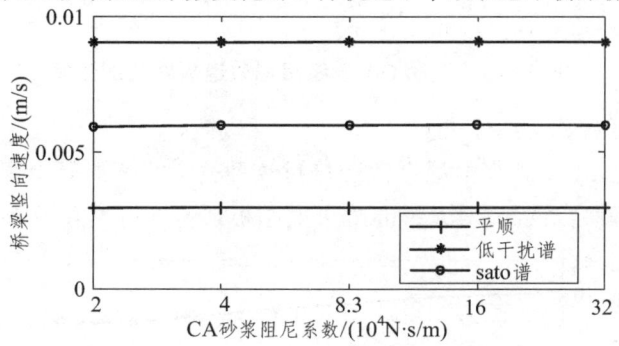

图 3.111 不同 CA 砂浆阻尼桥梁竖向速度

（10）钢轨竖向加速度。

从图 3.112 可看出，CA 砂浆阻尼系数变化对钢轨振动加速度基本没有影响。

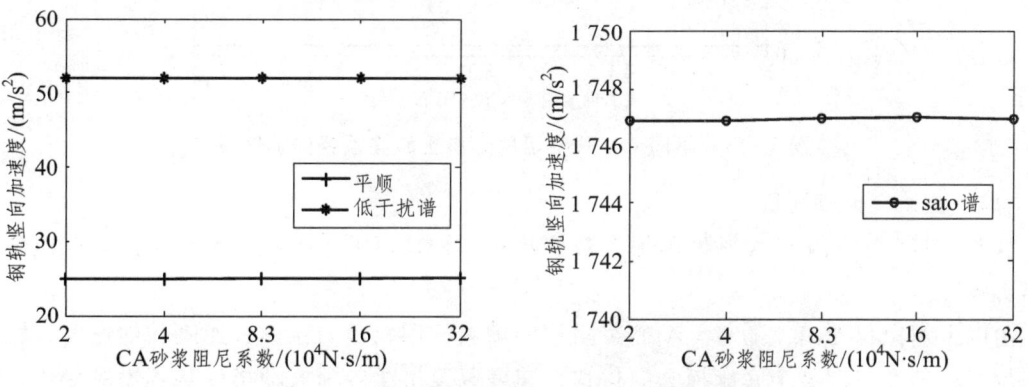

图 3.112 不同 CA 砂浆阻尼钢轨竖向加速度

(11) 轨道板竖向加速度。

从图 3.113 可看出，CA 砂浆阻尼系数变化对 3 种轨道不平顺状态下轨道板振动加速度影响明显。随着 CA 砂浆阻尼系数增大，轨道板加速度有明显下降。

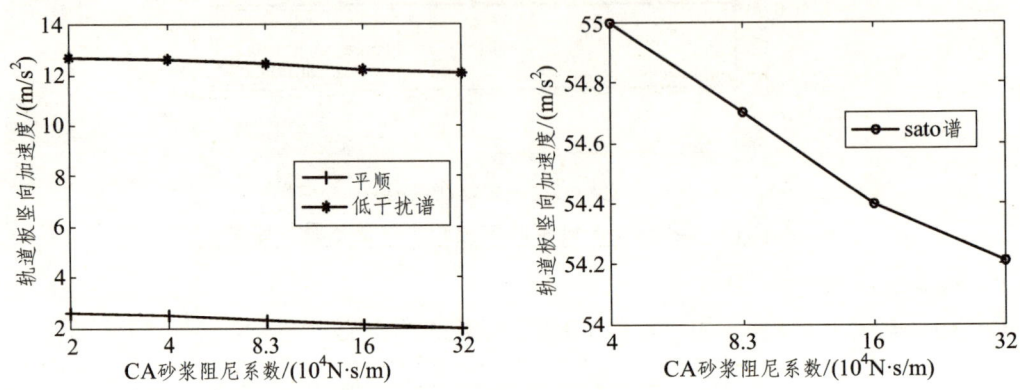

图 3.113　不同 CA 砂浆阻尼轨道板竖向加速度

(12) 混凝土底座板竖向加速度。

从图 3.114 可看出，CA 砂浆阻尼系数变化对 3 种轨道状态混凝土底座板振动加速度影响明显。随着 CA 砂浆阻尼系数的增大，混凝土底座板加速度有明显下降。

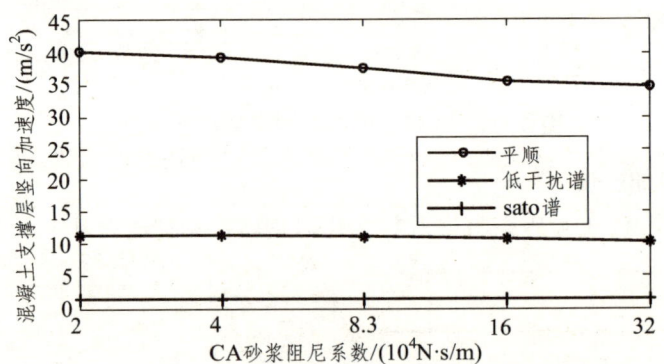

图 3.114　不同 CA 砂浆阻尼混凝土底座板竖向加速度

(13) 桥梁竖向加速度。

从图 3.115 可看出，CA 砂浆阻尼系数变化对 3 种轨道不平顺状态下桥梁振动加速度基本没有影响。

由以上组图可看出，随着 CA 砂浆阻尼的增大，钢轨竖向位移、速度和加速度，轨道板竖向位移、速度，混凝土底座板竖向位移、速度以及桥梁各项振动指标基本没有变化，轨道板和混凝土底座板竖向加速度则明显减小。轮轨力向上作用于车辆系统，向下作用于轨道结构,是衡量整个系统动力学性能的一项重要指标。CA 砂浆阻尼对轮轨作用力影响不明显,基本没有变化。通过上述分析可知,应尽量采用大阻尼的板下 CA 砂浆垫层,这将有利于降低轨道结构的振动,延长板式无砟轨道的使用寿命,并在一定程度上减轻维修工作量。

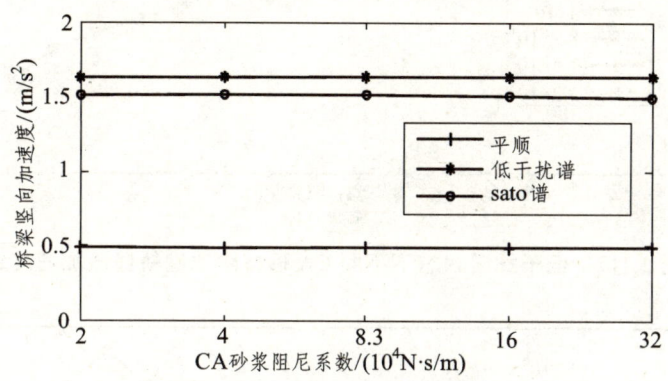

图 3.115　不同 CA 砂浆阻尼桥梁竖向加速度

2. 频域结果分析

采用 3.2.3 节计算方法,主要分析不同轨道不平顺状态下,CA 砂浆阻尼对钢轨及桥梁竖向加速度级、钢轨竖向速度级的影响。

(1) 钢轨振动加速度级分析。

从图 3.116～3.118 可看出,3 种轨道不平顺状态下,CA 砂浆阻尼系数变化对钢轨加速度级影响都不明显。只有在 Sato 谱状态下,随着该系数增加,在小于 500 Hz 范围内加速度级有所降低,但是变化很小。这也再一次验证了该系数对钢轨振动的效应较小。

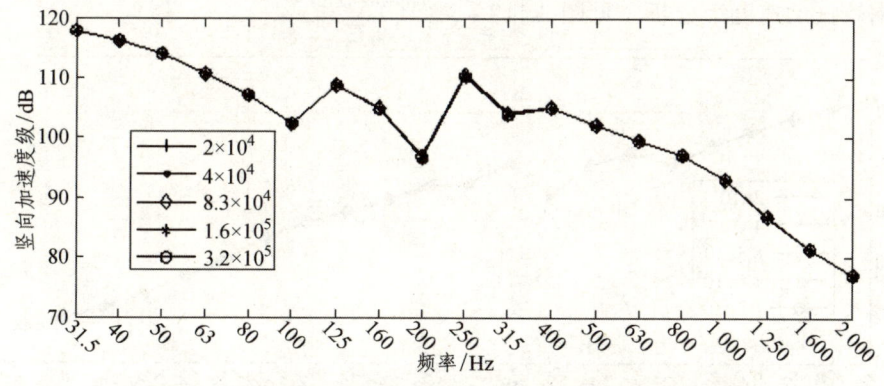

图 3.116　平顺状态下不同 CA 砂浆阻尼钢轨竖向加速度级

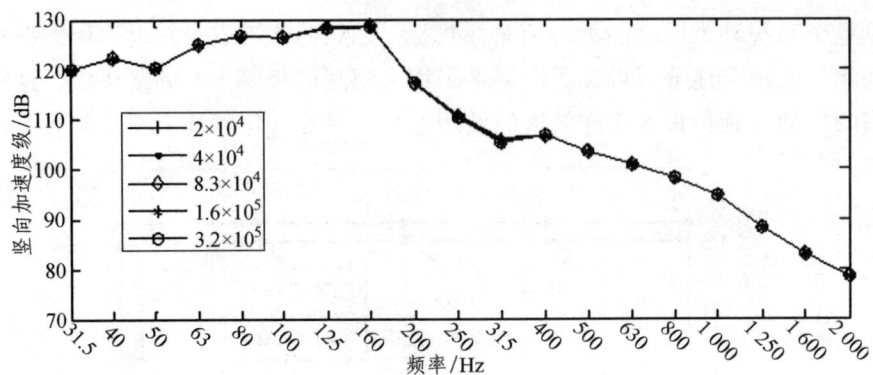

图 3.117　低干扰谱状态下不同 CA 砂浆阻尼钢轨竖向加速度级

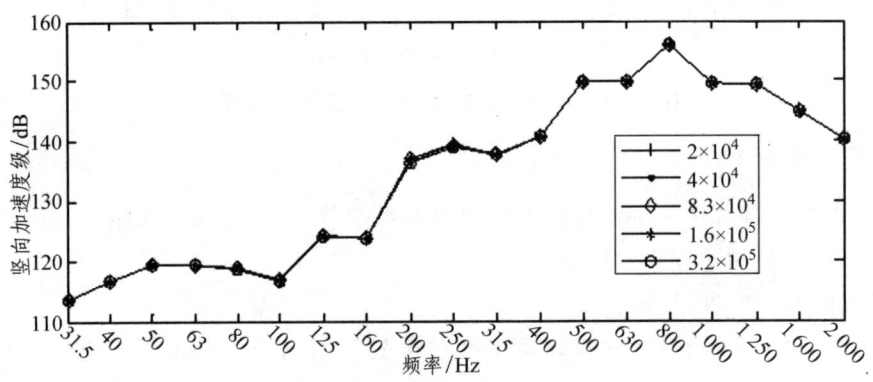

图 3.118　Sato 谱状态下不同 CA 砂浆阻尼钢轨竖向加速度级

（2）钢轨振动速度级分析（见图 3.119～3.121）。

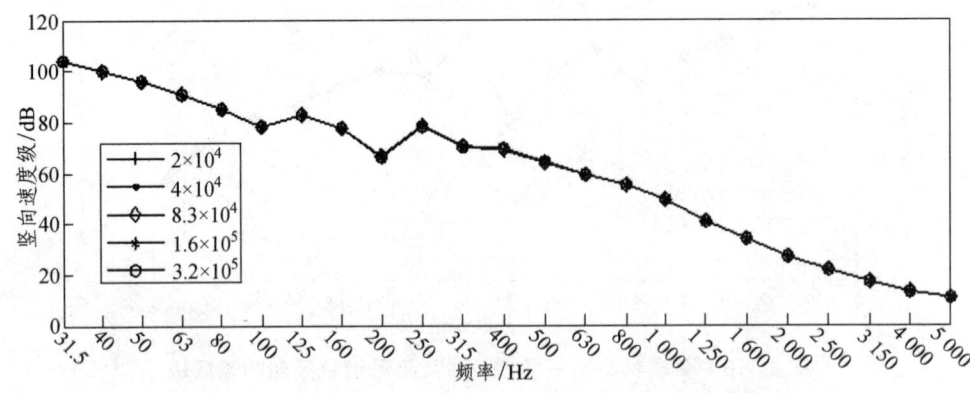

图 3.119　平顺状态下不同 CA 砂浆阻尼钢轨竖向速度级

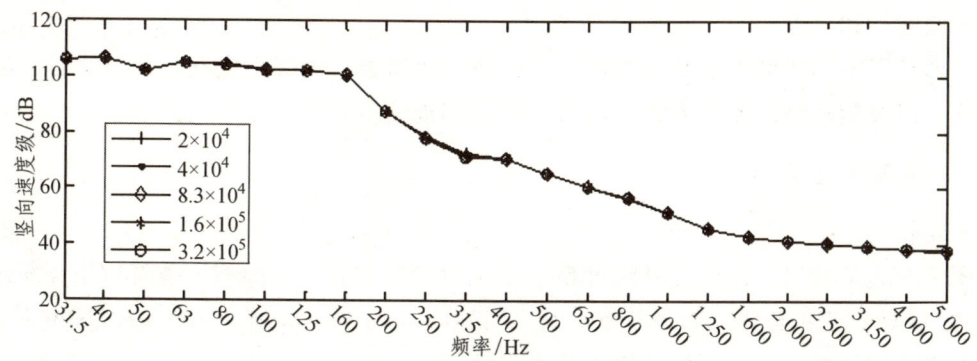

图 3.120 低干扰谱状态下不同 CA 砂浆阻尼钢轨竖向速度级

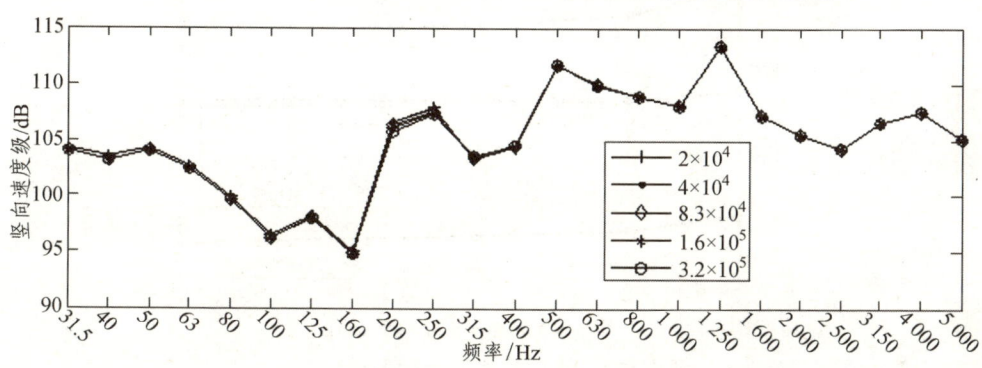

图 3.121 Sato 谱状态下不同 CA 砂浆阻尼钢轨竖向速度级

从图 3.119~3.121 可以看出，在平顺状态下，在小于 400 Hz 频率范围内，随着 CA 砂浆阻尼系的增加对钢轨速度级有所降低。而在低干扰谱和 Sato 谱状态下，在小于 500 Hz 频率范围内，随着 CA 砂浆阻尼系数的增加对钢轨速度级有所降低。因此对于降低中低频钢轨噪声，增大 CA 砂浆阻尼系数有一定效果。

从以上计算结果可看出，CA 砂浆阻尼增大时，在一定频率范围内对速度级有所影响。所以 CA 砂浆阻尼系数可根据实际情况尽量取大。

3.4.5 桥梁支承刚度系数的影响

固定其他计算参数只变化桥梁支承刚度系数。取桥梁支承刚度系数分别为 3×10^8 N/m、6×10^8 N/m、9×10^8 N/m、1.2×10^9 N/m、1.5×10^9 N/m、3.0×10^9 N/m 进行研究。采用第 2 章的混合法模型对其进行比较分析。轨道状态以及波长范围划分与 3.2 节一致，即 Sato 谱状态下分为波长 0.005~0.01 m、0.01~0.1 m、0.1~0.5 m 3 个频段仿真。Sato 谱全频段响应为

以上三频段线性和。

以下列举了不同桥梁支承刚度系数下,钢轨、轨道板、混凝土底座板及桥梁各时域振动指标变化,以及钢轨竖向加速度级和钢轨竖向速度级曲线。

1. 时域最大值分析

(1)轮轨力。

从图 3.122 可看出,桥梁支承刚度系数变化对轮轨力有一定影响,随着桥梁支承刚度系数的增加,3 种轨道状态变化趋势基本一致。当其由 2×10^7 N/m 增加到 8×10^7 N/m 时,是轮轨力降低最为明显的区段,而后轮轨力基本保持不变。

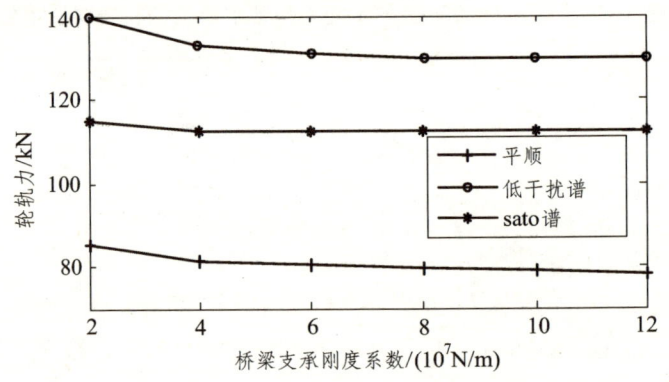

图 3.122 不同桥梁支承刚度轮轨力

(2)钢轨竖向位移。

从图 3.123 可以看出,桥梁支承刚度系数变化对钢轨位移影响明显,随着桥梁支承刚度系数的增加,钢轨位移有明显下降,3 种轨道不平顺状态变化趋势基本一致。同样当其由 2×10^7 N/m 增加到 8×10^7 N/m 时,是钢轨位移降低较为明显的区段。

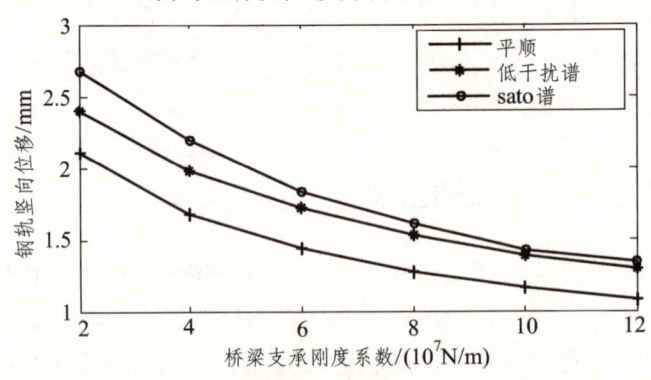

图 3.123 不同桥梁支承刚度钢轨竖向位移

（3）轨道板竖向位移。

从图 3.124 可看出，桥梁支承刚度系数变化对轨道板位移影响明显，随着桥梁支承刚度系数的增加，轨道板位移有明显下降，3 种轨道状态变化趋势基本一致。同样，当其 2×10^7 N/m 增加到 8×10^7 N/m 时，是轨道板位移降低较为明显的区段。

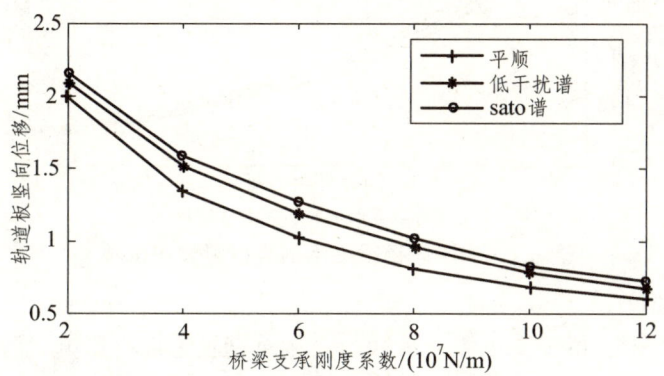

图 3.124　不同桥梁支承刚度轨道板竖向位移

（4）混凝土底座板竖向位移。

从图 3.125 可看出，与轨道板位移类似，桥梁支承刚度系数变化对混凝土底座板位移影响明显，随着桥梁支承刚度的增加，混凝土底座板位移降低。

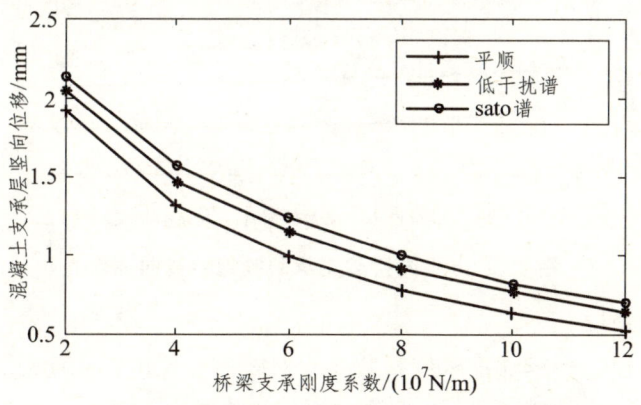

图 3.125　不同桥梁支承刚度混凝土底座板竖向位移

（5）桥梁竖向位移。

从图 3.126 可看出，桥梁支承刚度变化对桥梁位移影响明显，随着桥梁支承刚度系数的增加，桥梁位移下降，3 种轨道不平顺状态变化趋势基本一致。

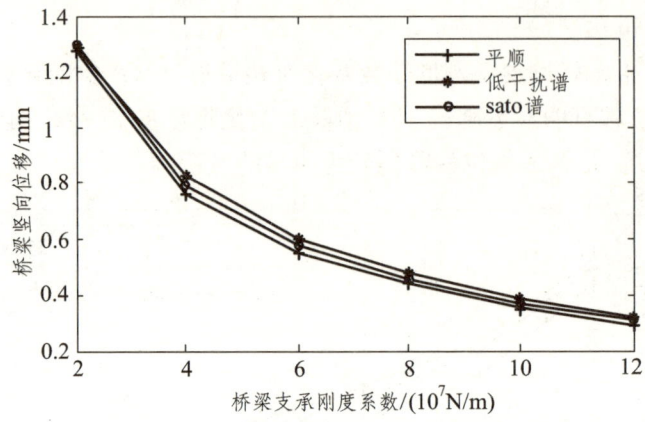

图 3.126　不同桥梁支承刚度桥梁竖向位移

（6）钢轨竖向速度。

从图 3.127 可看出，桥梁支承刚度系数的变化对钢轨速度有影响，随着桥梁支承刚度系数的增加，钢轨速度在其 2×10^7 N/m 增加到 8×10^7 N/m 时有所下降。

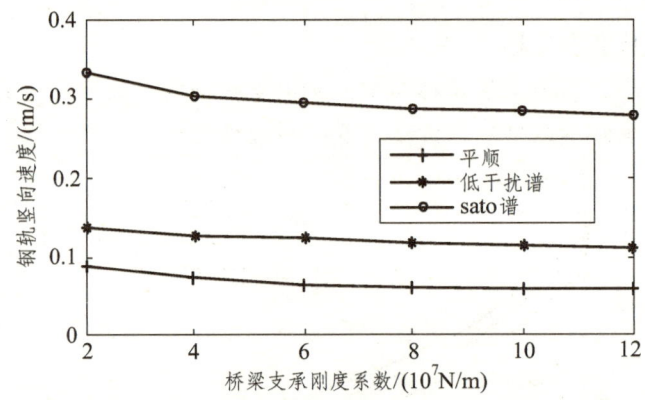

图 3.127　不同桥梁支承刚度钢轨竖向速度

（7）轨道板竖向速度。

从图 3.128 可看出，桥梁支承刚度系数变化对轨道板速度影响明显，随着桥梁支承刚度系数的增加，轨道板速度有所下降，3 种状态变化趋势基本一致。

（8）混凝土底座板竖向速度。

从图 3.129 可看出，在 3 种轨道状态下，桥梁支承刚度系数变化对混凝土底座板速度影响与轨道板类似。

（9）桥梁竖向速度。

从图 3.130 可看出，在 3 种轨道状态下，随着桥梁支承刚度系数的增加，桥梁速度有所下降,3 种状态变化趋势基本一致。

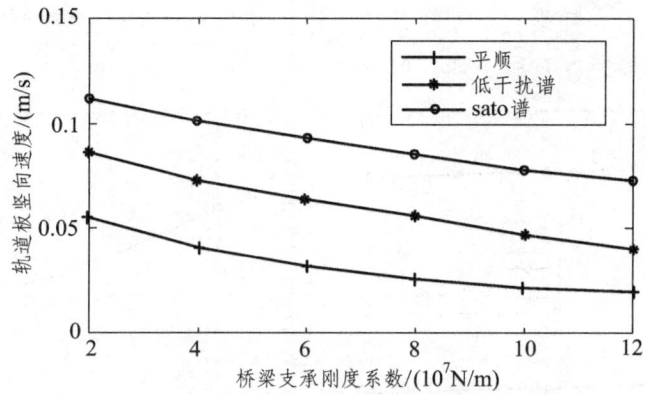

图 3.128 不同桥梁支承刚度轨道板竖向速度

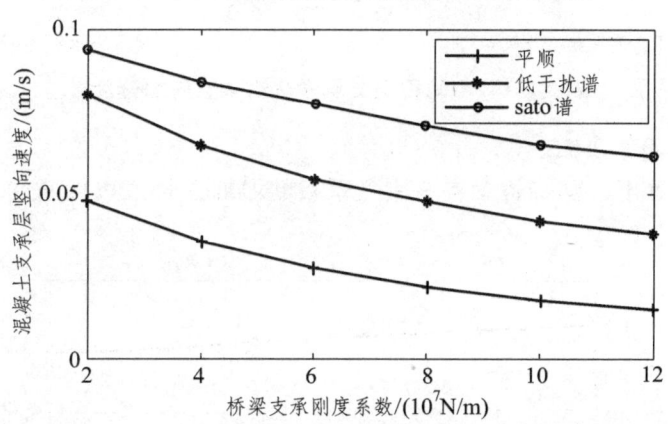

图 3.129 不同桥梁支承刚度混凝土底座板竖向速度

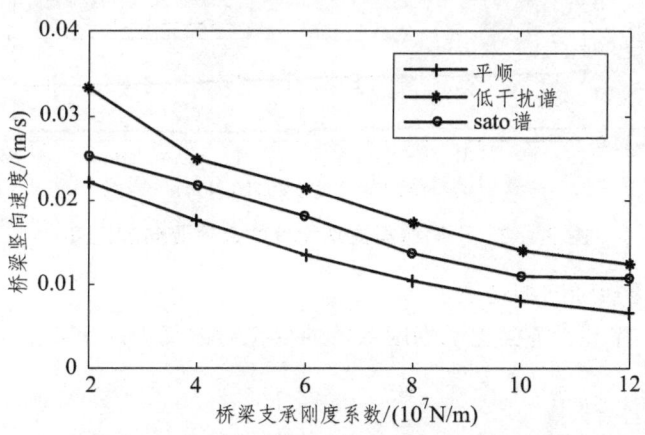

图 3.130 不同桥梁支承刚度桥梁竖向速度

（10）钢轨竖向加速度。

从图 3.131 可看出，桥梁支承刚度系数变化对钢轨加速度有一定影响，随着桥梁支承刚度系数的增加，钢轨加速度有所下降。

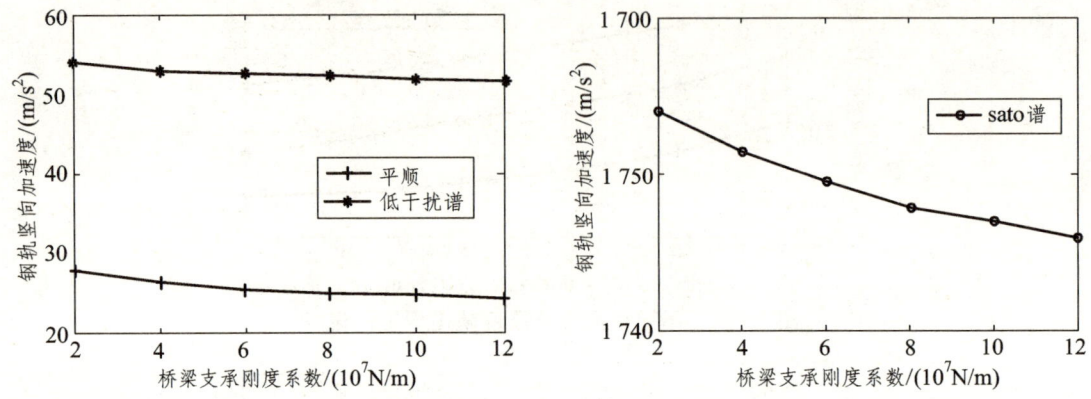

图 3.131　不同桥梁支承刚度钢轨竖向加速度

（11）轨道板竖向加速度。

从图 3.132 可看出，随着桥梁支承刚度系数的增加，轨道板加速度有所下降，但变化不大。

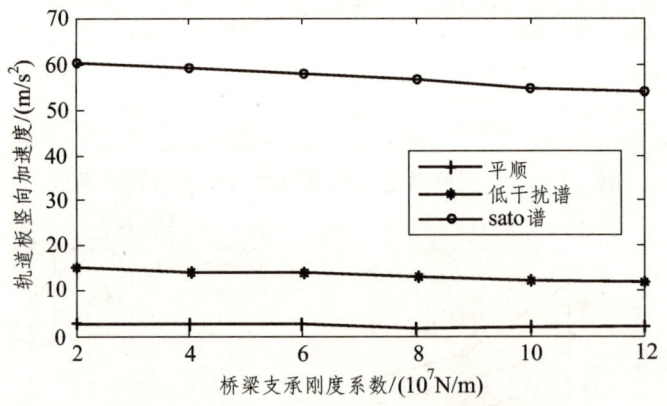

图 3.132　不同桥梁支承刚度轨道板竖向加速度

（12）混凝土底座板竖向加速度。

从图 3.133 可以看出，桥梁支承刚度系数的变化对混凝土底座板的加速度的影响与轨道板类似。

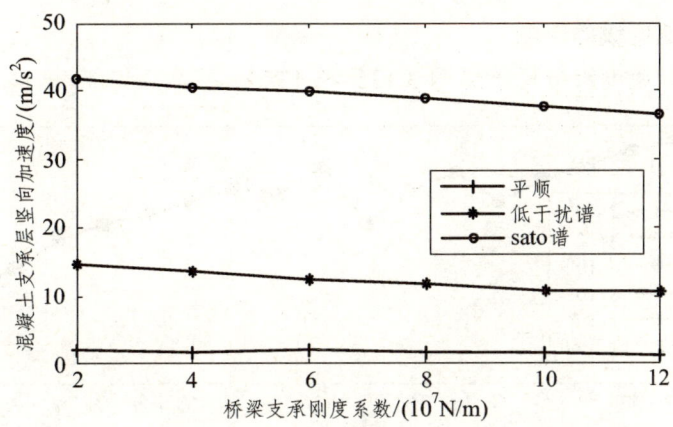

图 3.133　不同桥梁支承刚度混凝土底座板竖向加速度

（13）桥梁竖向加速度。

从图 3.134 可看出，桥梁支承刚度系数变化对桥梁加速度有一定影响。随着桥梁支承刚度系数的增加，桥梁加速度有所下降。

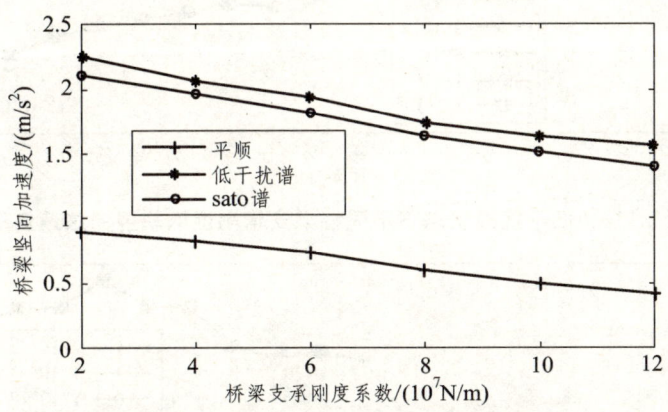

图 3.134　不同桥梁支承刚度桥梁竖向加速度

由图 3.122～3.134 可以看出，桥梁支承刚度系数改变对整个轨道结构振动影响是很明显的。随着刚度的增大，各动力学指标均呈下降趋势。相比之下，钢轨、轨道板、混凝土底座板及桥梁位移的下降幅度要远大于相应的速度、加速度下降幅度，这说明轨道结构位移的桥梁支承刚度效应要比轨道结构竖向速度、加速度的效应更加显著。

2. 频域结果分析

采用 3.2.3 节计算方法，主要分析不同轨道不平顺状态下，桥梁支承刚度对钢轨竖向加速度级、钢轨竖向速度级的影响。

（1）钢轨振动加速度级分析（见图 3.135～3.137）。

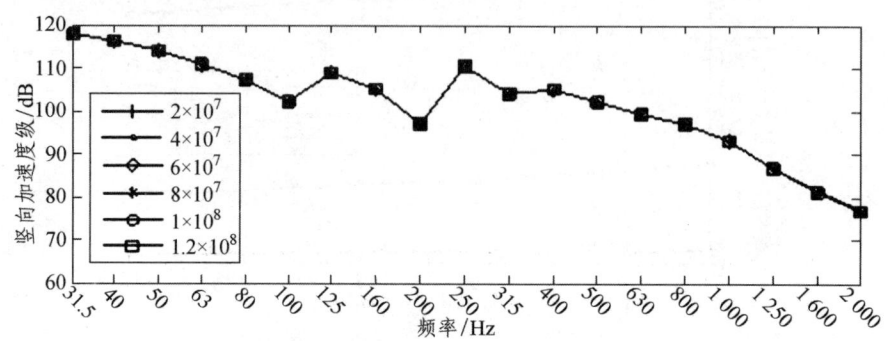

图 3.135　平顺状态下不同桥梁支承刚度钢轨竖向加速度级

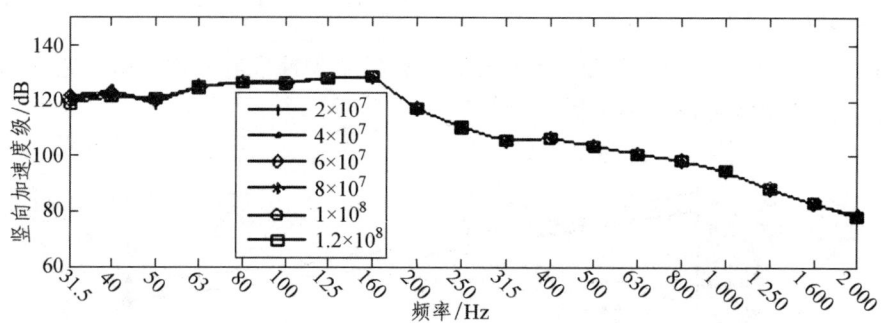

图 3.136　低干扰谱状态下不同桥梁支承刚度钢轨竖向加速度级

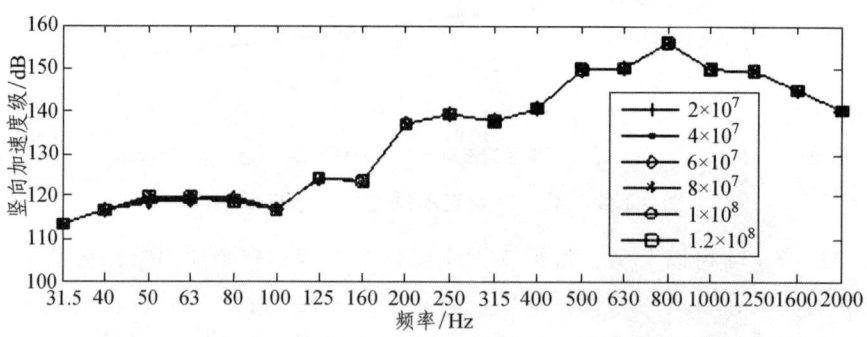

图 3.137　Sato 谱状态下不同桥梁支承刚度钢轨竖向加速度级

从图 3.135～3.137 可以看出，桥梁支承刚度系数的变化对钢轨加速度级的影响不明显，低干扰谱和 Sato 谱状态下，频率小于 100 Hz 时随着刚度的增大，加速度级有所降低，但变化不大。

（2）钢轨振动速度级分析（见图3.138～3.140）。

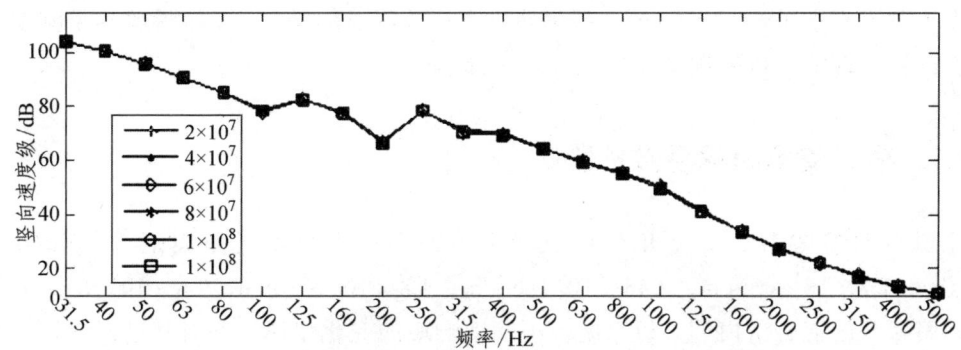

图3.138　平顺状态下不同桥梁支承刚度钢轨竖向速度级

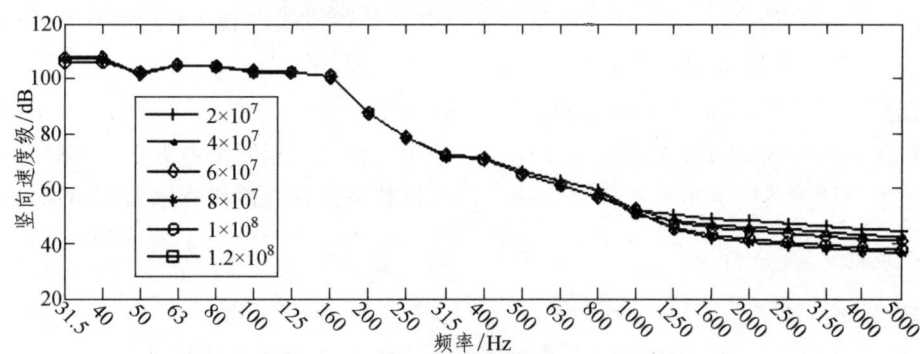

图3.139　低干扰谱状态下不同桥梁支承刚度钢轨竖向速度级

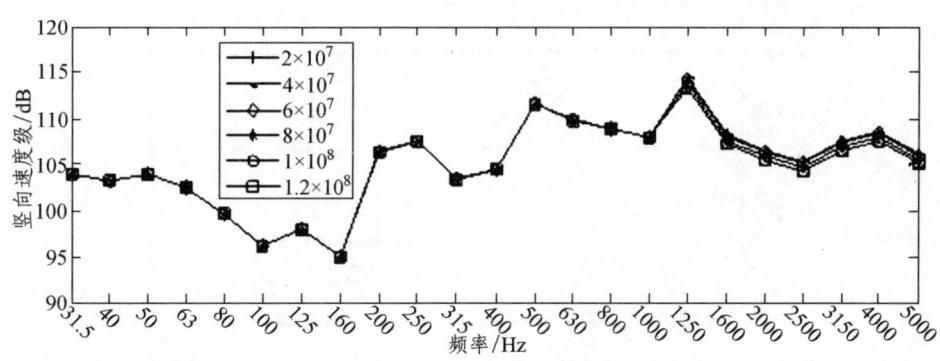

图3.140　Sato谱状态下不同桥梁支承刚度钢轨竖向速度级

从图3.138～3.140可看出，3种轨道状态下，在大于1 000 Hz频率范围内，桥梁支承刚度系数增加对钢轨速度级有所降低。因此对于降低中高频钢轨噪声，增大桥梁支承刚度系数有一定效果。

从以上计算结果可看出,桥梁支承刚度系数增大时,在一定频率范围内对速度级有影响。当桥梁支承刚度小于 1×10^8 N/m 时,变化趋势有比较明显的增大,所以桥梁支承刚度系数取在其左右比较合理,也可根据实际情况进行选择。

3.4.6 桥梁支承阻尼系数的影响

固定其他计算参数,只变化桥梁支承阻尼系数。取桥梁支承阻尼系数分别为 6×10^4 N·s/m、1.2×10^5 N·s/m、2.48×10^5 N·s/m、4.8×10^5 N·s/m、9.6×10^5 N·s/m 进行研究。采用第 2 章的混合法模型分析系统各项动力响应的变化规律,并对其进行比较。轨道状态及波长范围划分与 3.2 节一致,即 Sato 谱状态下仍然分为波长 0.005~0.01 m、0.01~0.1 m、0.1~0.5 m 3 个频段仿真。Sato 谱全频段响应为以上三频段线性和(排除其中两个频段车辆自重影响)。不平顺激励采用同样的不平顺时域样本。

为了完整、综合地分析评价桥梁支承阻尼系数变化的效应,列举了部分振动响应随桥梁支承阻尼系数变化的曲线图,并对其进行分析,包括不同桥梁支承阻尼系数下,钢轨、轨道板、混凝土底座板及桥梁各时域振动指标的变化,以及钢轨竖向加速度级和钢轨竖向速度级曲线。

1. 时域最大值分析

(1) 轮轨力。

从图 3.141 可看出,桥梁支承阻尼系数的变化对轮轨力基本没有影响。

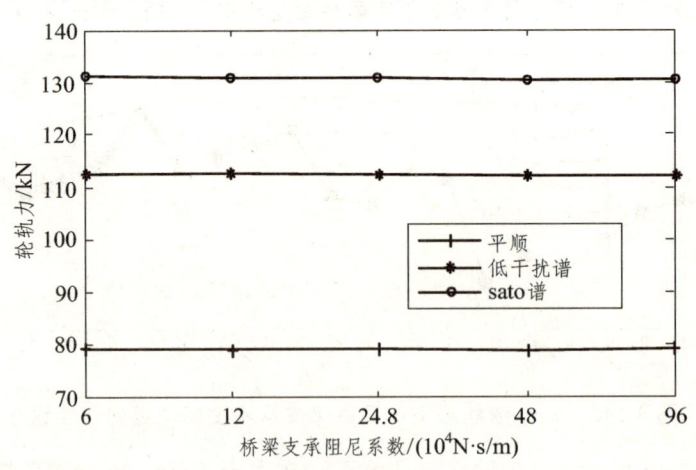

图 3.141 不同桥梁支承阻尼轮轨力

(2) 钢轨竖向位移。

从图 3.142 可看出，桥梁支承阻尼系数变化对钢轨位移影响不明显，随着桥梁支承阻尼系数的增加，钢轨位移有所增大，3 种轨道状态变化趋势基本一致。

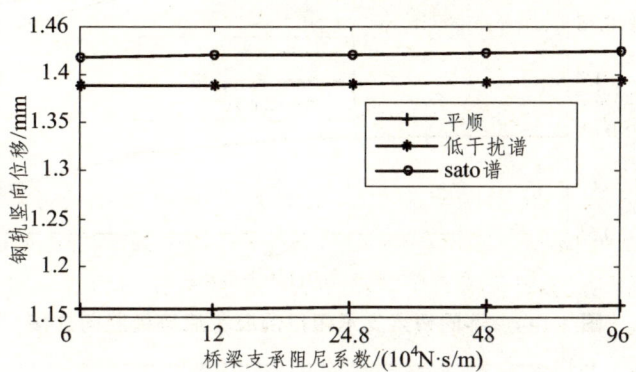

图 3.142　不同桥梁支承阻尼钢轨竖向位移

（3）轨道板竖向位移。

从图 3.143 可看出，桥梁支承阻尼系数变化对轨道板位移影响不明显，随着桥梁支承阻尼系数的增加轨道板位移有一定下降，3 种轨道状态变化趋势基本一致。$2.48 \times 10^5 \mathrm{N \cdot s/m}$ 增加到 $9.6 \times 10^5 \mathrm{N \cdot s/m}$ 时是轨道板位移降低较为明显的区段。

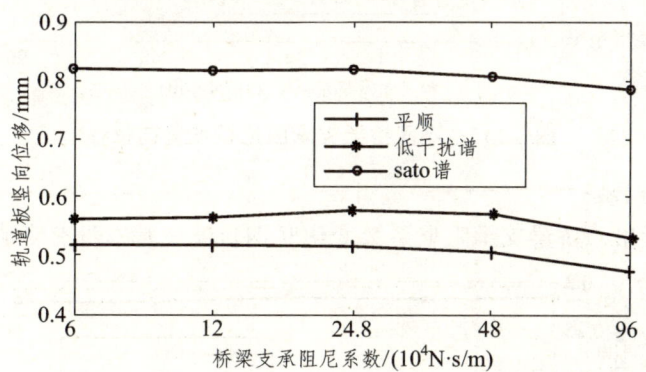

图 3.143　不同桥梁支承阻尼轨道板竖向位移

（4）混凝土底座板竖向位移。

从图 3.144 可看出，与轨道板位移类似，桥梁支承阻尼系数变化对混凝土底座板位移影响不明显。随着桥梁支承阻尼系数的增加，混凝土底座板位移有所降低。

（5）桥梁竖向位移。

从图 3.145 可看出，桥梁支承阻尼变化对桥梁位移影响明显，随着桥梁支承阻尼系数的增加桥梁位移下降，由 $2.48 \times 10^5 \mathrm{N \cdot s/m}$ 增加到 $9.6 \times 10^5 \mathrm{N \cdot s/m}$ 时，桥梁位移变化较大。

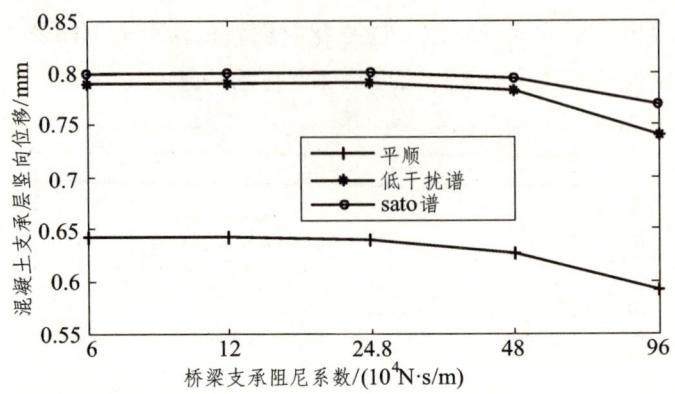

图 3.144　不同桥梁支承阻尼混凝土底座板竖向位移

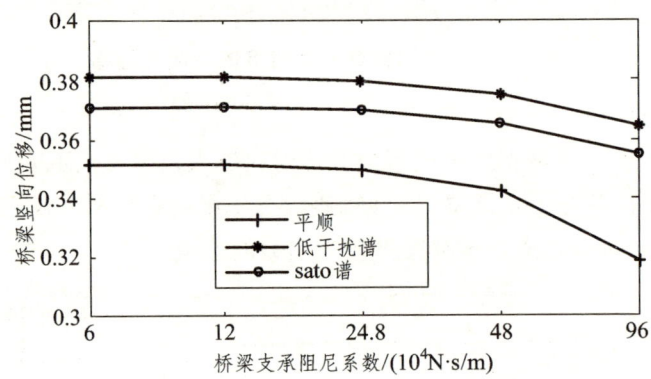

图 3.145　不同桥梁支承阻尼桥梁竖向位移

（6）钢轨竖向速度。

从图 3.146 可看出，桥梁支承阻尼系数变化对钢轨速度基本没有影响。

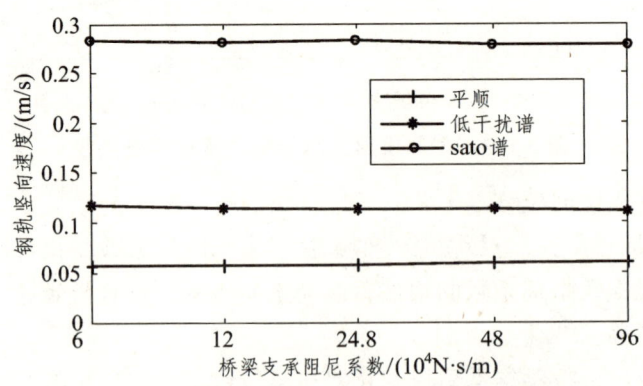

图 3.146　不同桥梁支承阻尼钢轨竖向速度

（7）轨道板竖向速度。

从图 3.147 可看出，桥梁支承阻尼系数变化对轨道板速度有一定影响，随着桥梁支承阻尼系数的增加，钢轨速度有所下降，3 种状态变化趋势基本一致。

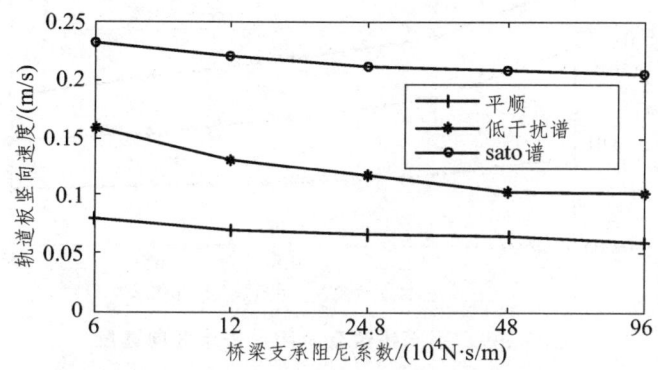

图 3.147　不同桥梁支承阻尼轨道板竖向速度

（8）混凝土底座板竖向速度。

从图 3.148 可看出，随着桥梁支承阻尼系数的增加，混凝土底座板速度有所下降。

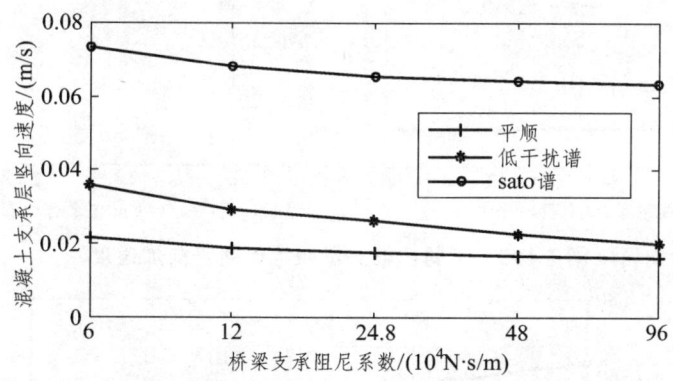

图 3.148　不同桥梁支承阻尼混凝土底座板竖向速度

（9）桥梁竖向速度。

从图 3.149 可看出，随着桥梁支承阻尼系数的增加，桥梁速度明显下降。

（10）钢轨竖向加速度。

从图 3.150 可看出，桥梁支承阻尼系数变化对钢轨加速度影响很小，随着桥梁支承阻尼系数的增加，钢轨加速度变化很小。

（11）轨道板竖向加速度。

从图 3.151 可看出，随着桥梁支承阻尼系数的增加，轨道板加速度有所下降。3 种轨道状态变化基本一致。

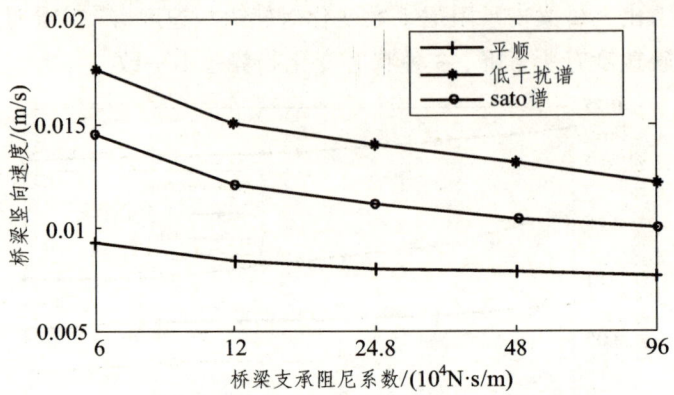

图 3.149　不同桥梁支承阻尼桥梁竖向速度

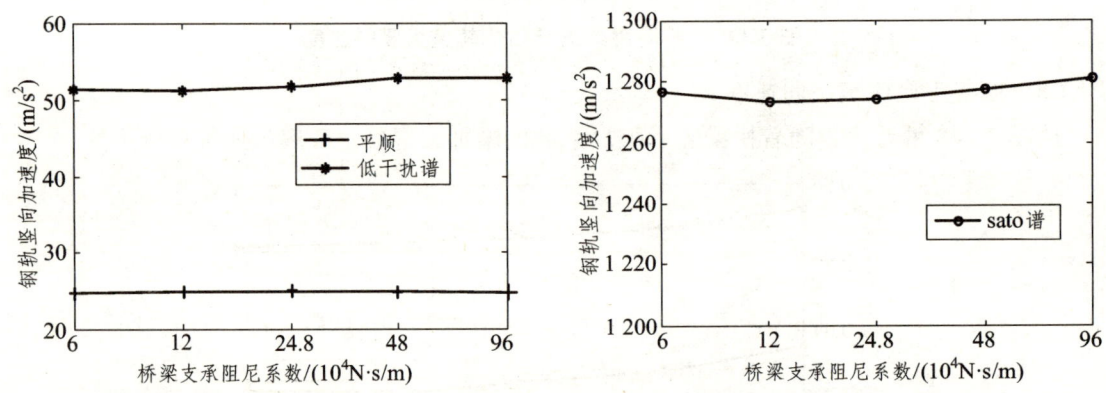

图 3.150　不同桥梁支承阻尼钢轨竖向加速度

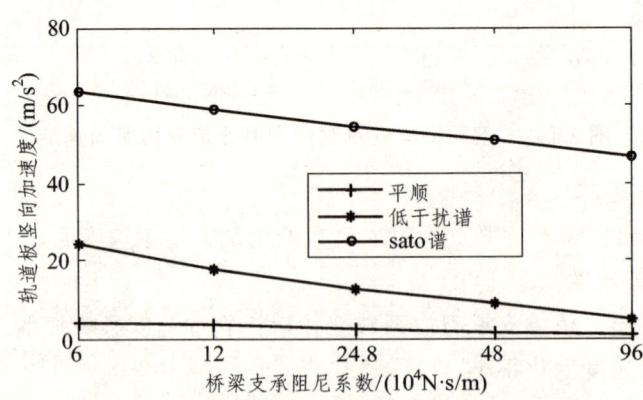

图 3.151　不同桥梁支承阻尼轨道板竖向加速度

（12）混凝土底座板竖向加速度。

从图 3.152 可看出，随着桥梁支承阻尼系数的增加，混凝土底座板加速度有一定下降，其中 Sato 谱状态下降低趋势明显。

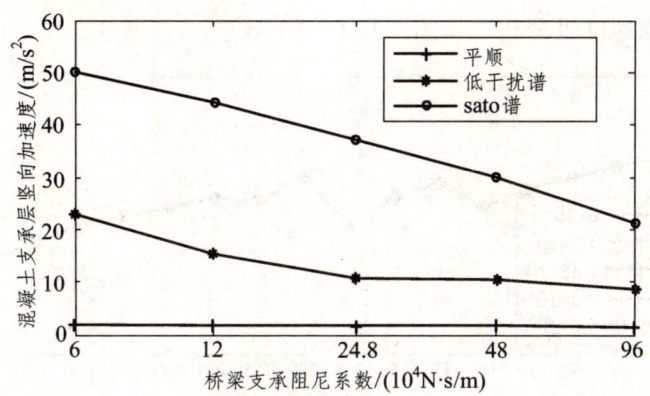

图 3.152　不同桥梁支承阻尼混凝土底座板竖向加速度

（13）桥梁竖向加速度。

从图 3.153 可看出，桥梁支承阻尼系数变化对桥梁加速度有一定影响。随着桥梁支承阻尼系数的增加，桥梁加速度有所下降。

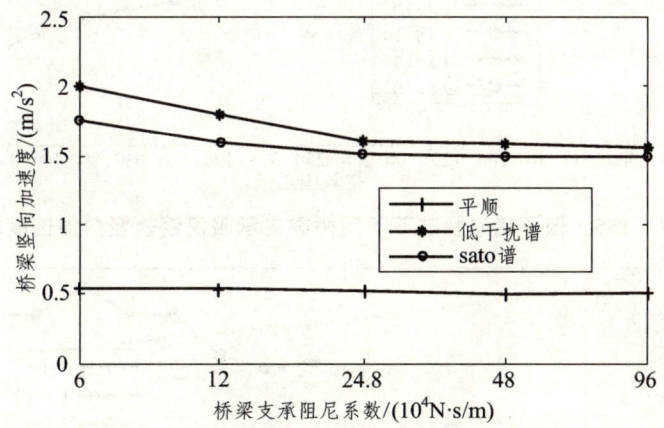

图 3.153　不同桥梁支承阻尼桥梁竖向加速度

由图 3.141～3.153 可看出，桥梁支承阻尼系数改变对整个轨道结构振动影响不大。桥梁支承阻尼系数增大，对钢轨竖向位移、速度和加速度影响不大，轮轨作用力基本没有变化。轨道板、混凝土底座板及桥梁竖向位移、速度、加速度呈减小的趋势。可见，桥梁支承阻尼对轨道结构振动影响甚微，但其增大还是可以起到降低轨道结构振动，延长使用寿命的效果。

2. 频域结果分析

采用 3.2.3 节计算方法，分析不同轨道不平顺状态下，桥梁支承阻尼对钢轨竖向加速度级、钢轨竖向速度级的影响。

（1）钢轨振动加速度级分析（见图 3.154~3.156）。

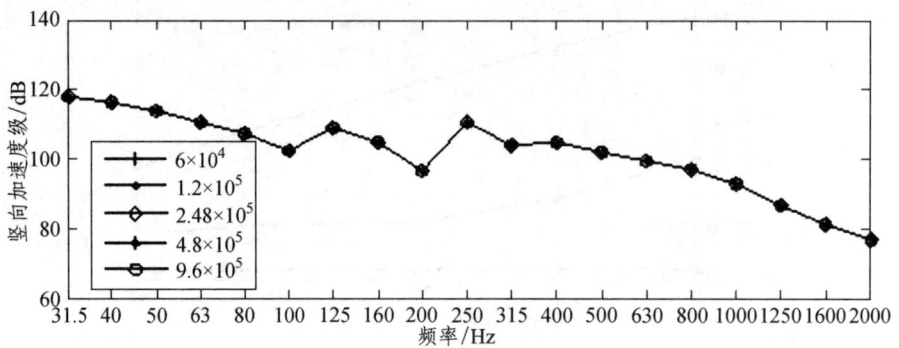

图 3.154 平顺状态下不同桥梁支承阻尼钢轨竖向加速度级

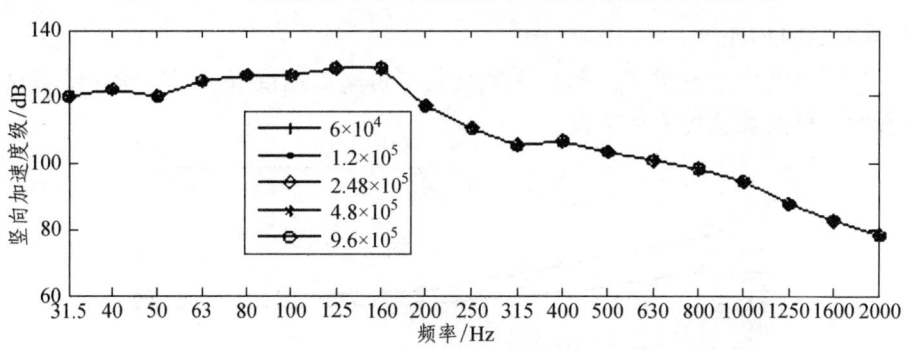

图 3.155 低干扰谱状态下不同桥梁支承阻尼钢轨竖向加速度级

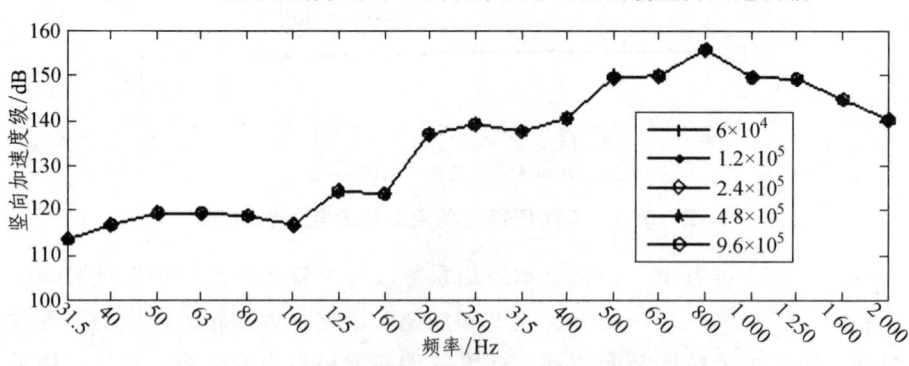

图 3.156 Sato 谱状态下不同桥梁支承阻尼钢轨竖向加速度级

从图 3.154~3.156 可看出，3 种轨道不平顺状态下，桥梁支承阻尼系数变化对钢轨加速度级影响都不明显。

（2）钢轨振动速度级分析（见图 3.157~3.159）。

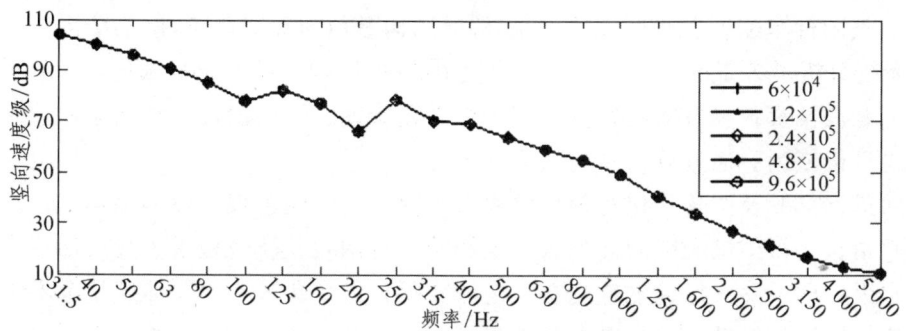

图 3.157 平顺状态下不同桥梁支承阻尼钢轨竖向速度级

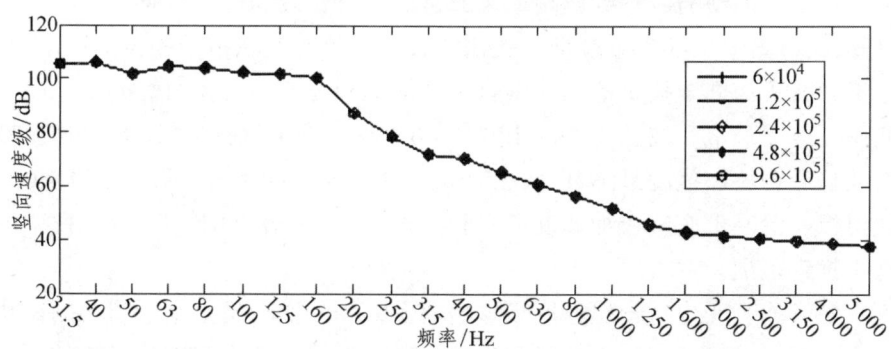

图 3.158 低干扰谱状态下不同桥梁支承阻尼钢轨竖向速度级

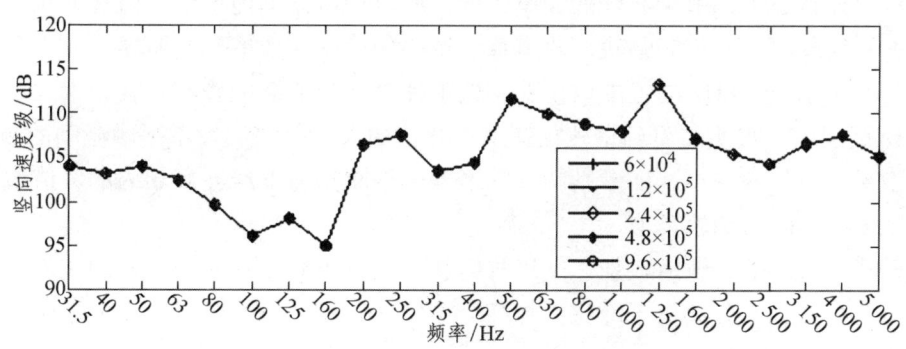

图 3.159 Sato 谱状态下不同桥梁支承阻尼钢轨竖向速度级

从图 3.157~3.159 可以看出，在 3 种轨道状态下，桥梁支承阻尼系数增加对钢轨速度级基本没有影响。

3.5 本章小结

本章利用第 1、2 章提出的车辆-无砟轨道-桥梁耦合系统混合法模型，针对不同轨道、不平顺激励、不同行车速度、不同无砟轨道-桥梁结构参数对无砟轨道-桥梁结构动力特性进行了研究，系统分析了各工况、各参数的无砟轨道-桥梁结构振动的影响效应，揭示了影响振动的不平顺不利波长及各参数的敏感性，可为不平顺管理、结构设计、结构振动控制及振动力学分析提供理论依据。通过分析主要结论如下：

（1）轨道不平顺及波长变化对钢轨位移影响很小，对轨道板及桥梁位移几乎没有变化；对钢轨、轨道板、桥梁最大竖向速度有一定影响；对钢轨、轨道板最大竖向加速度、最大轮轨力影响很大，桥梁最大振动加速度有一定的变化，但变化较小。总体上轨道不平顺及波长变化对轨道桥梁结构振动特性的影响是由上到下逐渐减弱，对钢轨影响最大，对桥梁影响最弱。对轨道结构动力振动响应参数影响最大的是加速度，最弱的是位移。

对比可知，Sato 谱 $0.1\sim 0.5$ m 及低干扰谱波长是轮轨力及轨道结构位移最不利波长范围，桥梁位移最不利波长为低干扰谱范围。钢轨速度最不利波长为 Sato 谱 $0.01\sim 0.5$ m。轨道板及混凝土底座板速度最不利波长为 Sato 谱 $0.1\sim 0.5$ m 及低干扰谱波长。桥梁速度最不利波长为低干扰谱波长。钢轨加速度最不利波长为 Sato 谱 $0.005\sim 0.1$ m，尤以 $0.01\sim 0.1$ m 范围最为不利。轨道板、混凝土底座板加速度最不利波长为 Sato 谱 $0.01\sim 0.5$ m。桥梁加速度最不利波长为低干扰谱范围。

轨道不平顺及波长变化对钢轨速度级影响较大，Sato 谱轨道不平顺引起的钢轨振动能量主要分布在中高频，在钢轨一阶固有频率附近达到最大值，这也为钢轨噪声的预测提供了依据。而其他两种状态下，由于激励的频率较低，所以钢轨振动能量最大值在低频。

轨道不平顺及波长变化对钢轨、轨道板、桥梁加速度级数值影响明显。在受车体自身加速度影响，频率小于 20 Hz 的范围内，对钢轨加速度级数值影响较小。在频率大于 20 Hz 小于 2 000 Hz 范围内，很明显看到钢轨加速度级数值的大小与该频段不平顺激励的频率相关。随着轨道不平顺波长的减小，即激励频率的增加，钢轨加速度级在高频内的数值增大。对轨道板加速度级的影响与钢轨类似。

各种不平顺状态下，轨道板加速度级与钢轨、混凝土底座板与轨道板加速度级的对比情况可以看出，在高频部分数值下降比低频部分更明显，说明轨下阻尼及 CA 砂浆对高频的削弱作用更明显。

各种不平顺状态下，桥梁加速度级峰值出现的频率不同，平顺状态出现在 7.9 Hz（接近主频）。随着不平顺波长的减小，峰值向高频移动，桥梁加速度级在高频率范围内的数值也增大。

（2）不同车速通过桥梁时，对车桥耦合系统各部分主要动力学参数的影响有所不同。对于桥梁，随着列车速度的提高，梁体振动加速度、位移以及速度并没有出现明显的增大或变小的趋势，可见，在大于 200 km/h 的情况下，列车速度的提高并没有显著增强桥梁结构的振动，主要是因为桥梁的自振频率较低，这些速度下的激励频率与桥梁的固有频率相差较远，尤其是短波不平顺状态各频段，因此桥梁结构的振动响应变化不明显。

轨道结构其他部分随着车速的提高，无论在何种不平顺状态下，轮轨作用力、钢轨加速度以及轨道板加速度等振动响应数值逐渐变大，其中尤其以轮轨作用力和钢轨、轨道板加速度增幅最为明显。可见，钢轨加速度和轨道板加速度对于列车速度敏感性很高，这与前面分析的两者对不平顺激励的波长敏感性高是一致的。相比之下，轮轨作用力随着车速的提高增幅的幅度小于加速度。与以上动力参数相比，钢轨位移、轨道板位移随速度变化基本保持不变或变化很小。总体上行车速度对轨道桥梁结构振动特性的影响是由上到下逐渐减弱的，对钢轨影响最大，对桥梁影响最弱。对轨道结构动力振动响应参数影响最大的是加速度，最弱的是位移。

随着车速的增加，激励频率也在增大，所以钢轨的速度级、加速度级在高频的数值都有所增大，相同轨道状态在不同行车速度时，其钢轨加速度级、速度级曲线的走向基本一致。

（3）轨下垫板刚度系数改变对轨道振动影响明显。随着垫板刚度的增大，钢轨在各种轨道状态下竖向位移、速度、加速度明显降低。随着垫板刚度的增大，轨道板、混凝土底座板竖向加速度明显增大，尤其在 Sato 谱状态下更为明显。轨道板和混凝土底座板位移和速度有所增大，轮轨作用力有所增大，但幅度不大。从桥梁竖向位移、速度、加速度的变化来看，轨下垫板刚度变化对桥梁振动影响效应很小。轨下垫板刚度变化对钢轨和轨道板影响效应是相反的。从算例来看，垫板刚度取 60~80 kN/mm 左右比较合理。

轨下垫板刚度系数的改变对钢轨加速度级影响很大，随着轨下垫板刚度系数的增大，钢轨加速度级明显降低，再次验证了增大轨下垫板刚度可以减小钢轨振动的结论。同时轨下垫板刚度系数改变对钢轨速度级的影响也很大，3 种轨道状态下，在一定频段内，随着轨下垫板刚度系数的增大，钢轨速度级明显降低。由此可见，增大轨下垫板刚度不但可以降低钢轨振动，同时对降低钢轨噪声也有很大的意义。

（4）轨下垫板阻尼系数的改变对轨道振动影响明显。轨下垫板阻尼增大时，钢轨竖向位移、速度、加速度随之减小。而轨道板、混凝土底座板位移、速度则随着阻尼的增大而增大，加速度则随着阻尼的增大而显著增大，对轮轨作用力有一定的影响。轨下垫板阻尼增大时，对桥梁振动影响很小。增大轨下垫板阻尼，虽然可以降低钢轨振动，但对轨道板和混凝土底座板振动影响不利。

轨下垫板阻尼增大时，在一定频率范围内对钢轨加速度、速度级影响明显。当轨下垫板

阻尼大于 $1×10^5$ N·s/m 时，变化趋势有比较明显的增大，所以轨下垫板阻尼取在其左右比较合理。

（5）CA 砂浆刚度变化对钢轨和轨道板位移影响较为明显，钢轨和轨道板位移最大值均随 CA 砂浆刚度的增大而减小。而对于混凝土底座板、桥梁位移影响并不显著。对钢轨竖向速度、加速度有略微影响，轨道板竖向速度、加速度随 CA 砂浆刚度的增大呈减小的趋势，混凝土底座板及桥梁速度、加速度基本不受影响。CA 砂浆刚度变化对轨道结构所产生的影响没有轨下垫板刚度所产生的影响明显。通过分析，CA 砂浆刚度系数取在 $9×10^8$ N/m 左右较为合适。

CA 砂浆刚度系数的变化对钢轨加速度级的影响不明显。CA 砂浆刚度增大时，在一定频率范围内对速度级有影响。

（6）CA 砂浆阻尼系数对轨道结构振动的效应较小，随着 CA 砂浆阻尼的增大，钢轨竖向位移、速度和加速度，轨道板竖向位移、速度，混凝土底座板竖向位移、速度以及桥梁的各项振动指标基本没有变化，只有轨道板和混凝土底座板竖向加速度明显减小。CA 砂浆阻尼对轮轨作用力影响不明显，基本没有变化。通过分析可知，应尽量采用大阻尼的板下 CA 砂浆垫层，这将有利于降低轨道结构的振动。

3 种轨道不平顺状态下，CA 砂浆阻尼系数的变化对钢轨加速度级的影响都不明显。CA 砂浆阻尼增大时，在一定频率范围内对速度级有所影响。

（7）桥梁支承刚度系数改变对整个轨道结构振动影响很明显。随着刚度的增大，各动力学指标均呈下降趋势。相比之下，轨道结构位移的桥梁支承刚度效应要比轨道结构竖向速度、加速度效应更加显著。通过分析，桥梁支承刚度系数取在 $1×10^8$ N/m 左右比较合理，也可根据实际情况进行选择。

桥梁支承刚度系数变化对钢轨加速度级影响不明显。只有在平顺状态下，随着该系数的增加，在大于 100 Hz 范围内加速度级有所降低，但是变化很小。桥梁支承刚度系数增大时，在一定频率范围内对速度级有影响。

（8）桥梁支承阻尼系数改变对整个轨道结构振动影响不大。桥梁支承阻尼系数的增大，对钢轨竖向位移、速度和加速度影响不大，轨道板、混凝土底座板及桥梁竖向位移、速度、加速度呈减小的趋势。桥梁支承阻尼对轮轨作用力影响不明显。

各种轨道不平顺状态下，桥梁支承阻尼系数变化对钢轨加速度级影响都不明显。在一定频率范围内，桥梁支承阻尼系数增加对钢轨速度级有所降低。

（9）通过对轨道各参数对轨道结构振动影响分析可知，轨道刚度的影响大于轨道阻尼的影响。因此，高速铁路无砟轨道-桥梁结构，处理好轨道刚度问题显得更为重要。虽然提高轨道刚度，可以降低轨道结构振动，但轨道刚度过大，会造成轮轨动力作用增大，轨道部分结构振动加剧,使轨道整体结构及部件的变形失效加剧。在列车动荷载作用下产生过大变形,不利于保持正确的轨道几何状态,缩短了养护修理周期,增加了轨道维护费用。对列车高速运行产生不利影响的同时,由于轨道刚度对轨道结构各部分振动影响效果不一致,轨道各部分的刚度也要分配合理,否则难以保证轨道结构工作性能的整体性,而且任意部件状态的变化都会影响其他部件和轨道结构的整体,同样也会缩短轨道的使用寿命。

(10)分析表明,对轮轨力影响明显的是轨道不平顺及行车速度;对轨道加速度影响效应较大的是轨道不平顺、行车速度、轨下垫板刚度及轨下垫板阻尼的变化;对轨道结构位移影响明显的是轨下垫板刚度、轨下垫板阻尼、CA 砂浆刚度及桥梁支承刚度系数的变化;对轨道结构速度影响明显的是轨道不平顺、行车速度、轨下垫板刚度及轨下垫板阻尼系数的变化;对钢轨加速度级、速度级影响较大的是轨道不平顺、行车速度、轨下垫板刚度及轨下垫板阻尼系数的变化;对桥梁各动力参数影响明显的是桥梁支承刚度及桥梁支承阻尼系数的变化。

(11)通过对不同轨下垫板刚度、轨下垫板阻尼、CA 砂浆刚度、CA 砂浆阻尼、桥梁支承刚度及桥梁支承阻尼下,无砟轨道-桥梁结构各部分动力学响应进行计算,并对计算结果进行深入对比分析,揭示影响结构振动的敏感参数。计算结果表明,与其他成熟仿真方法相比较,动力响应变化趋势与幅值基本一致,说明本书计算模型与方法的正确性,并可以较好地反映无砟轨道-桥梁的动力特性。通过分析这些参数对其动力特性的影响情况,得到了影响轨道结构振动的敏感参数的取值范围,为结构设计及振动控制提供了理论依据。

第 4 章 车辆-无砟轨道-路基耦合系统振动特性分析

我国高速铁路主要采用无砟轨道结构形式,无砟轨道下部结构又分为路基和高架桥梁两种形式。本书第 3 章对无砟轨道-桥梁系统的振动特性进行了系统分析,本章将针对另一结构形式无砟轨道-路基系统振动特性进行分析。据国内外研究证明,轨道不平顺是引起列车和轨道结构振动的主要原因,本章将利用第 2 章提出的车辆-无砟轨道-路基耦合系统混合法模型,针对不同的轨道不平顺激励,对无砟轨道-路基结构动力特性进行系统研究,目的在于揭示影响轨道结构振动的不平顺不利波长,从而有效管理轨道不平顺,从源头上控制无砟轨道结构的振动。

4.1 车辆-无砟轨道-路基耦合系统振动的激励源

车辆-无砟轨道-路基耦合系统动力特性分析的是轨道不平顺谱,仍考虑中长波不平顺及短波不平顺两种状态。分别采用德国低干扰谱和 Sato 谱作为轮轨耦合的激励源。采用本书第 3 章 3.2 节车辆-无砟轨道-桥梁耦合系统分析时所用的时域系列空间样本。

4.2 轨道不平顺及波长对无砟轨道-路基振动特性的影响分析

利用建立的车辆-无砟轨道-路基耦合动力学模型,分析列车高速运行时,短波、中长波随机不平顺对车辆-无砟轨道-路基耦合系统动力特性的影响,并对不同波长不平顺对系统动力特性的影响进行对比研究。

4.2.1 无砟轨道-路基以及车辆参数的确定

1. FEM 参数的确定

计算中车辆仍选用和谐号高速动车组 CRH3,无砟轨道-路基模型以京沪高铁铺设的

CRTS Ⅱ型无砟轨道作为结构形式，分析选取总长为 160 m 的无砟轨道-路基线路，一动一拖高速动车组以 300 km/h 的速度通过。其中，钢轨、轨道板、混凝土底座板的比例阻尼系数 $\alpha_{r,s,f}$、$\beta_{r,s,f}$ 都取 0.000 2。车辆参数与第 3 章 3.2 节相同，见表 3.3。轨道结构参数见表 4.1。

表 4.1 CRTS Ⅱ无砟轨道结构参数

参 数	取值	参 数	取值
钢轨质量 $\rho_r A_r$/(kg/m)	60	垫板的刚度系数 k_{y1}/(MN/m)	60
轨道板质量 $\rho_s A_s$/(kg/m)	637.5	路基阻尼系数 c_{y3}/(kN·s/m²)	120
底座质量 $\rho_f A_f$/(kg/m)	1 106.25	路基刚度系数 k_{y3}/(MN/m)	100
钢轨抗弯刚度 $E_r I_r$/MN·m²	6.7557	垫板阻尼系数 c_{y1}/(kN·s/m²)	47.7
轨道板抗弯刚度 $E_s I_s$/MN·m²	3.315	CA 砂浆的阻尼系数 c_{y2}/(kN·s/m²)	83
底座抗弯刚度 $E_f I_f$/MN·m²	99.562 5	CA 砂浆的刚度系数 k_{y2}/(GN/m)	0.9
轮轨接触弹簧刚 k_c/(GN/m)	1.325	轨枕间距 d_l/m	0.65

轨道状态分别为平顺状态及轨道随机不平顺状态，不平顺状态中考虑短波不平顺 Sato 谱及中长波不平顺德国低干扰谱。轨道不平顺功率谱密度表达式、参数及波长范围选取与第 3 章 3.2 节相同。与 3.2 节相同，根据不平顺波长（激励频率）与钢轨固有频率对比情况，分 6 种工况进行计算，工况一为平顺状态，工况二、三、四分别为 Sato 谱波长的 0.005 ~ 0.01 m、0.01 ~ 0.1 m、0.1 ~ 0.5 m 3 个频段，工况五为低干扰谱波长 0.5 ~ 50 m 频段，工况六对 Sato 谱的 0.005 ~ 0.5 m 的整个波长范围进行计算。各种工况的不平顺时域样本模拟结果均采用第 3 章 3.2 节的时域样本。

2. SEA 参数的确定

本章钢轨高频部分仍采用 SEA 法进行计算，其中有关参数即子系统输入功率、模态密度、内部损耗因子均与第 3 章 3.2 节相同。本章同样在混合法模型中只考虑钢轨一个子系统，不考虑钢轨局部模态与轨道板等结构的耦合，所以不需要确定耦合损失因子。

4.2.2 不同工况的混合法模型

计算中采用混合法模型与第 3 章各种工况一致，只是不考虑其中的桥梁部分。其中，钢轨全局自由度取 120，局部自由度取 121 ~ 220，轨道板、混凝土支承层分别取 120、120 个自由度。工况二中，$\omega_k \ll \omega$（ω_k、ω 分别为钢轨第 k 阶局部模态自然频率及激励频率），在局部模态影响中只对钢轨有限元部分质量矩阵、结点力依据式（2.38）、（2.42）分别进行修正。工况三中只考虑共振部分 $\omega_k \approx \omega$ 对整体模态的影响，将钢轨每 10 个模态划分为一个频段，依据式（2.39）、（2.42）对钢轨有限元部分阻尼矩阵、结点力分别进行修正。而工况一、四、五中，$\omega_k > \omega$，不考虑局部模态对整体模态的影响，只依据本书 2.1.3 节考虑整体模态对局部模态的能量输入。工况六则为工况二、三、四的线性和（排除其中两种工况车辆自重影响）。

4.2.3 计算结果分析

1. 时域结果分析

分析和评价轨道不平顺及波长效应，列举了包括不同轨道不平顺状态下钢轨、轨道板、混凝土支承层的各时域振动指标最大值曲线，及相应钢轨加速度级、钢轨速度级轨道不平顺和波长效应。轮轨力为第一轮对轮轨力。

（1）轮轨力（见图 4.1、表 4.2）。

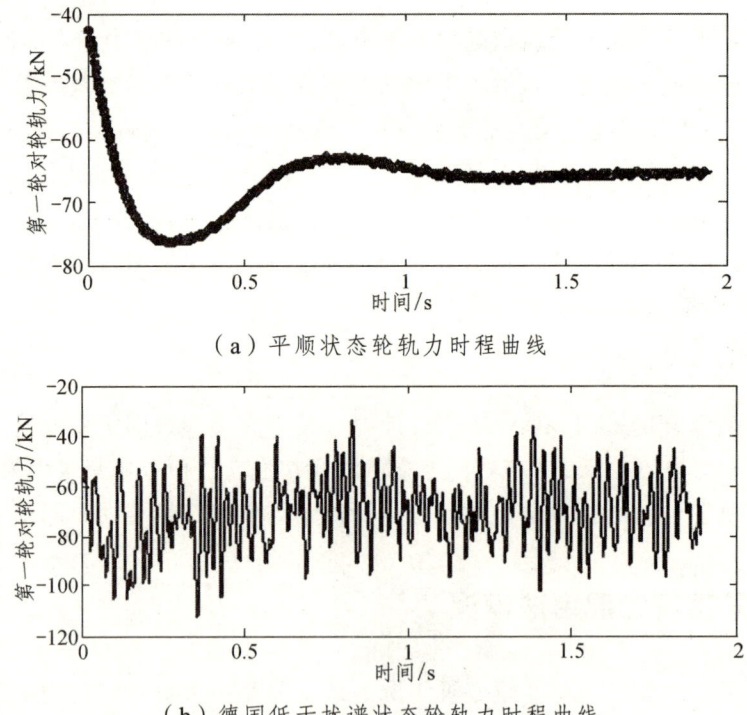

（a）平顺状态轮轨力时程曲线

（b）德国低干扰谱状态轮轨力时程曲线

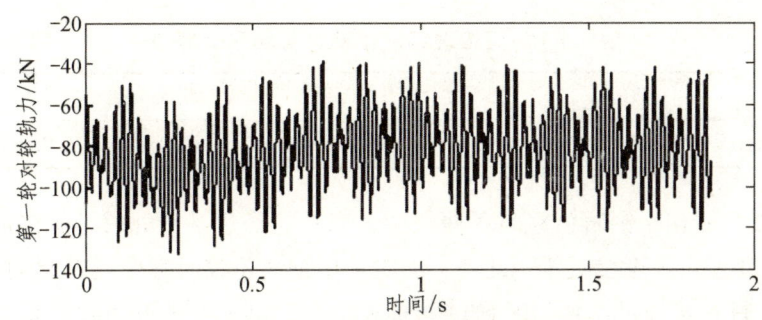

(c) Sato 谱状态轮轨力时程曲线

图 4.1 不同不平顺状态轮轨力时程曲线

表 4.2 不同工况轮轨力计算结果对照表

工况	工况一	工况二	工况三	工况四	工况五	工况六
轮轨力/kN	78.13	82.93	89.63	104.11	111.35	130.53

① 从图 4.1（a）、(b)、(c) 对比可看出，平顺状态下轮轨力时程曲线较为光滑，随着激励频率的增大，曲线振荡的频率也明显增大。在平顺状态下，轮轨力在短暂振荡后，在 1.2 s 后开始稳定保持在 65 kN 左右，不平顺状态轮轨力最大值明显大于平顺状态最大值，同时曲线也一直在振荡中，而且其在 Sato 谱全波长状态下最大值明显大于低干扰谱状态下最大值，且振荡程度加大，说明短波不平顺对轮轨力的影响大于长波不平顺。

② 从表 4.2 轮轨力数值中可看出，轮轨力最小值在工况一，即平顺状态下，最大值发生在工况六，即 Sato 谱全波长状态下。工况四小于工况五德国低干扰谱状态下的对应值，工况二、三（Sato 谱波长 0.005～0.01 m，0.01～0.1 m）分别比平顺状态下略大。可见，Sato 谱中 0.1～0.5 m 及低干扰谱波长是轮轨力最不利波长范围。同时，6 种工况轮轨力最大值变化很大，说明轨道不平顺及不平顺波长变化对轮轨力影响较大。

（2）钢轨位移（见图 4.2、表 4.3）。

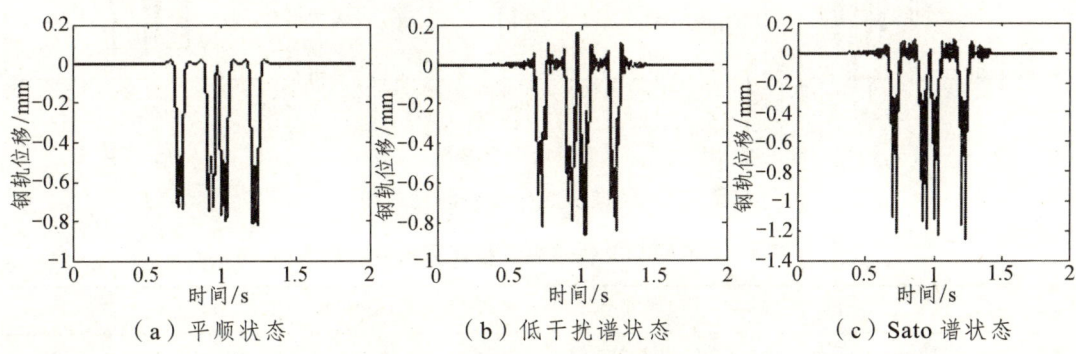

(a) 平顺状态　　　　　　(b) 低干扰谱状态　　　　　　(c) Sato 谱状态

图 4.2 钢轨竖向位移时程曲线

表 4.3　不同工况钢轨位移计算结果对照表

工况	工况一	工况二	工况三	工况四	工况五	工况六
钢轨位移/mm	0.86	0.87	0.89	0.92	0.95	1.22

① 从图 4.2 可看出，钢轨位移时程曲线中，当车轮经过某一处时，位移数值均较大，反之，位移数值均很小，甚至接近零。此外，也能看出钢轨位移时程曲线都有明显的 8 个峰值，对应 8 个车轮经过，可通过车辆何时通过钢轨观察点，以及两尖点间时间差来确定车型，这些都说明本书模型正确可行。

② 从图 4.2（a）、（b）、（c）对比可看出，平顺状态下钢轨位移时程曲线更为光滑，随着激励频率的增大，曲线中小谐波明显增多，同时由于轨道不平顺激励作用，钢轨位移有所增大，且在 Sato 谱与德国低干扰谱对比中，仍然是短波不平顺状态下大于长波德国低干扰谱，但是变化不大。

③ 从表 4.3 钢轨位移数值可看出，钢轨位移最小值在工况一，即平顺状态下。最大位移发生在工况六，即 Sato 谱全波长状态下，0.1～0.5 m 波长状态是 Sato 谱中位移贡献最大的波段。工况二、三（Sato 谱波长 0.005～0.01 m，0.01～0.1 m）分别比平顺状态下略大。可见，Sato 谱中 0.1～0.5 m 及低干扰谱波长范围对钢轨位移最不利。同时 6 种工况对比中，钢轨位移有所变化，但相对变化很小，说明轨道不平顺及波长变化对钢轨位移影响不大。

（3）轨道板位移（见图 4.3、表 4.4）。

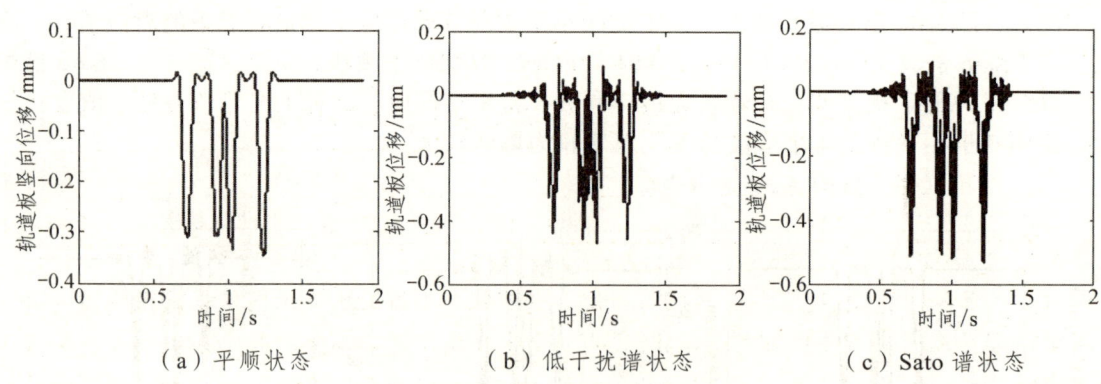

（a）平顺状态　　　（b）低干扰谱状态　　　（c）Sato 谱状态

图 4.3　轨道板竖向位移时程曲线

表 4.4　不同工况轨道板位移计算结果对照表

工况	工况一	工况二	工况三	工况四	工况五	工况六
轨道板位移/mm	0.34	0.38	0.41	0.45	0.48	0.52

① 从图 4.3（a）、(b)、(c) 对比可看出，平顺状态下轨道板位移时程曲线更为光滑，随着激励频率的增大，曲线中小谐波明显增多，由于轨道不平顺激励作用，轨道板位移有所增大，且在 Sato 谱与德国低干扰谱对比中，仍然是短波不平顺状态下大于长波德国低干扰谱，但是变化不大。

② 从表 4.4 可看出，轨道板位移最小值也在平顺状态下。最大位移发生在 Sato 谱全波长状态下。工况四，即 Sato 谱 0.1～0.5 m 波长状态下是 Sato 谱中位移贡献最大的波段。工况二、三（Sato 谱波长 0.005～0.01 m，0.01～0.1 m）分别比平顺状态下略大。轨道板位移最不利波长范围与钢轨位移一致。6 种工况对比中，轨道板位移有一定变化，但相对变化也很小，说明轨道不平顺及波长变化对轨道板位移影响不大。

（4）混凝土支承层位移（见图 4.4、表 4.5）。

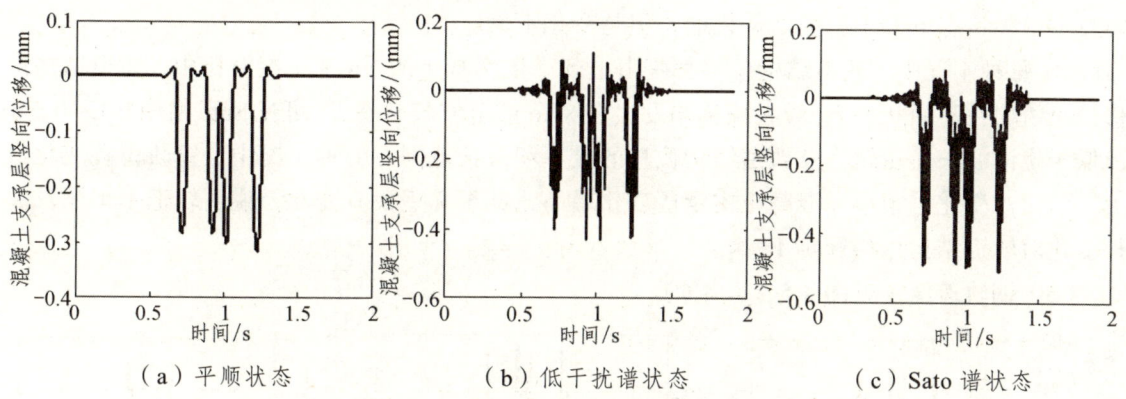

（a）平顺状态　　　　（b）低干扰谱状态　　　　（c）Sato 谱状态

图 4.4　混凝土支承层竖向位移时程曲线

表 4.5　不同工况混凝土支承层位移计算结果对照表

工况	工况一	工况二	工况三	工况四	工况五	工况六
混凝土支承层位移/mm	0.31	0.34	0.36	0.38	0.41	0.48

① 从图 4.4（a）、(b)、(c) 对比可看出，平顺状态下混凝土支承层位移时程曲线更为光滑，随着激励频率的增大，曲线中小谐波明显增多，由于轨道不平顺激励作用，混凝土支承层位移有所增大，且在 Sato 谱与德国低干扰谱对比中，仍然是短波不平顺状态下大于德国低干扰谱，但是变化不大。

② 从表 4.5 中可看出，混凝土支承层位移最小值在工况一，即平顺状态下。最大位移在工况六，即 Sato 谱全波长状态下。工况四 Sato 谱 0.1～0.5 m 波长是 Sato 谱中贡献最大的波段。工况二、三（Sato 谱波长 0.005～0.01 m，0.01～0.1 m）分别比平顺状态下略大。混凝土

支承层位移最不利波长范围与轨道板位移一致。同时6种工况对比中，混凝土支承层位移有一定变化，但相对变化也很小，说明轨道不平顺及波长变化对混凝土支承层位移影响很小。

从图4.2~4.4及表4.3~4.5可得出以下结论：

① 轨道结构位移时程曲线中，当车轮经过某一处时，位移数值均较大，反之，位移数值均很小，甚至接近于零；同时，同一激励状态下，从钢轨、轨道板到混凝土支承层位移数值依次减小，而且位移时程曲线也会越来越光滑，这是轨下垫层及CA砂浆发挥了减振作用，其中轨道板位移较钢轨比混凝土支承层较轨道板减小明显，说明轨下垫层作用大于CA砂浆。

② 平顺状态下轨道位移时程曲线更为光滑，随着激励频率的增大，曲线中小谐波明显增多，同时由于轨道不平顺激励的作用，轨道结构位移有所增大，其中钢轨位移变化最大，而混凝土支承层位移变化最小，说明轨道不平顺对轨道结构位移的影响是从上到下依次减弱的。短波不平顺状态下大于德国低干扰谱，但是变化不大。

③ 每种工况中，轨道结构位移都是由上到下依次减小的。6种工况对比中，轨道结构位移最小值均在平顺状态下。最大位移均发生在Sato谱全波长状态下。可见Sato谱中0.1~0.5 m及低干扰谱波长是轮轨力及轨道结构位移的最不利波长范围。6种工况中，钢轨位移变化最大，但相对变化也很小，混凝土支承层变化最小，甚至几乎没有变化，说明轨道不平顺及波长变化对轨道结构位移影响不大。

（5）钢轨速度（见图4.5、表4.6）。

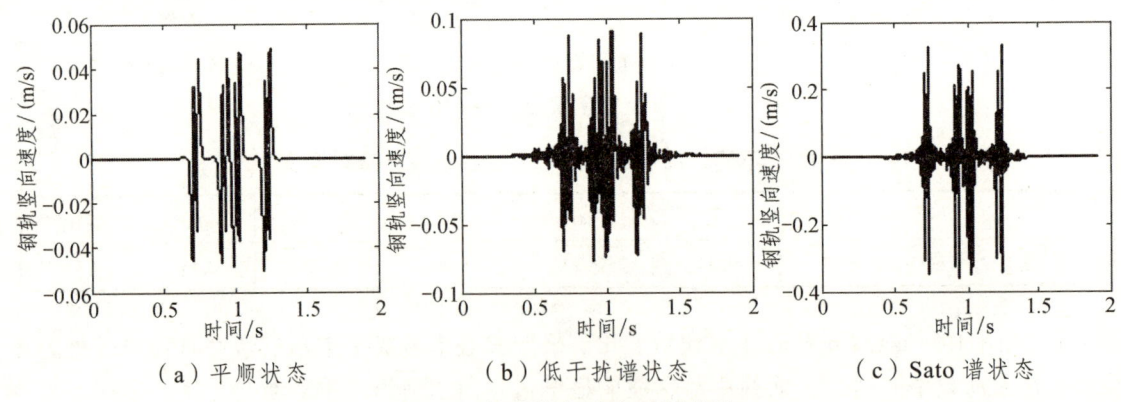

（a）平顺状态　　　　（b）低干扰谱状态　　　　（c）Sato谱状态

图4.5　钢轨竖向速度时程曲线

表4.6　不同工况钢轨速度计算结果对照表

工况	工况一	工况二	工况三	工况四	工况五	工况六
钢轨速度/(m/s)	0.051	0.062	0.233	0.212	0.086	0.342

① 从图 4.5（a）、(b)、(c) 对比可看出,平顺状态下钢轨速度时程曲线更为光滑,随着激励频率的增大,曲线中小谐波明显增多,由于轨道不平顺激励的作用,钢轨速度数值有所增大,仍然是短波不平顺状态下数值大于长波德国低干扰谱。

② 从表 4.6 可以看出,6 种工况对比中,钢轨速度最小值仍在平顺状态下。最大速度发生在 Sato 谱全波长状态下。工况三、四状态下速度值均大于工况五状态下速度值。可见,钢轨速度最不利波长范围是 Sato 谱 0.01～0.5 m,说明短波不平顺对钢轨速度的影响远大于长波不平顺。6 种工况中,钢轨速度变化较大,说明轨道不平顺及波长变化对钢轨速度有较大影响。

(6) 轨道板速度（见图 4.6、表 4.7）。

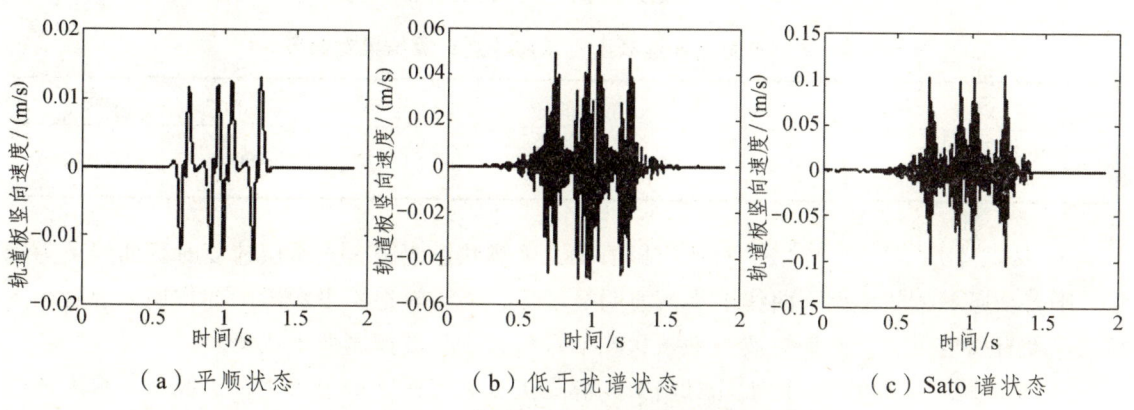

(a) 平顺状态　　　(b) 低干扰谱状态　　　(c) Sato 谱状态

图 4.6　轨道板竖向速度时程曲线

表 4.7　不同工况轨道板速度计算结果对照表

工　况	工况一	工况二	工况三	工况四	工况五	工况六
轨道板速度/(m/s)	0.017	0.021	0.028	0.047	0.053	0.102

① 从图 4.6（a）、(b)、(c) 对比可看出,平顺状态下轨道板速度时程曲线更为光滑,随着激励频率的增大,曲线中小谐波增多,由于轨道不平顺激励作用,轨道板速度有所增大,仍然是短波不平顺状态下数值大于长波低干扰谱。

② 从表 4.7 可以看出,6 种工况的对比中,轨道板速度最小值仍在工况一中,即平顺状态下。最大速度发生在工况六中,即 Sato 谱全波长状态下。其中,轨道板速度最不利波长范围是 Sato 谱 0.1～0.5 m 及低干扰谱波长。6 种工况中,轨道板速度有一定变化,说明轨道不平顺及波长变化对轨道板速度有一定影响。

(7) 混凝土支承层速度（见图 4.7、表 4.8）。

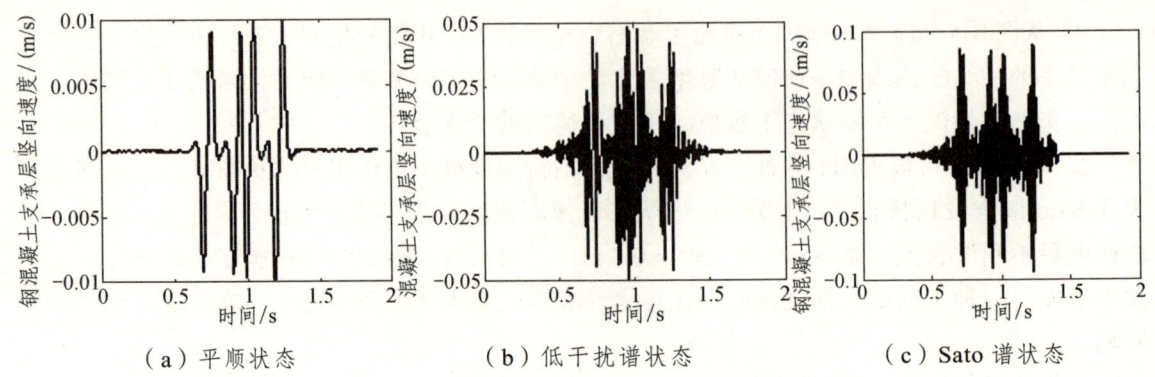

(a)平顺状态　　　　　（b）低干扰谱状态　　　　　（c）Sato谱状态

图 4.7　混凝土支承层竖向速度时程曲线

表 4.8　不同工况混凝土支承层速度计算结果对照表

工况	工况一	工况二	工况三	工况四	工况五	工况六
混凝土支承层速度/(m/s)	0.009	0.015	0.022	0.037	0.048	0.076

① 从图 4.7（a）、（b）、（c）对比可以看出，平顺状态混凝土支承层速度时程曲线更为光滑，随着激励频率的增大，曲线中小谐波明显增多，由于轨道不平顺激励的作用，混凝土支承层速度有所增大，仍然是短波不平顺状态下数值大于长波德国低干扰谱。

② 从表 4.8 可看出，6 种工况对比中，混凝土支承层速度最小值仍在工况一。最大速度发生在工况六。与轨道板速度相同，其中工况四，混凝土支承层速度值均小于工况五德国低干扰谱状态下的速度值。其中，混凝土支承层速度最不利波长范围与轨道板速度一致。6 种工况中，混凝土支承层速度有一定变化，说明轨道不平顺及波长变化对混凝土支承层速度有一定影响。

从图 4.5～4.7 及表 4.6～4.8 可得出以下结论：

① 同轨道结构位移时程曲线类似，在同一激励状态下，从钢轨、轨道板到混凝土支承层速度数值依次减小，而且速度时程曲线也会越来越光滑，同样是由于轨下垫层及 CA 砂浆的减振作用。其中，轨道板位移较钢轨比混凝土支承层较轨道板减小明显，说明轨下垫层作用大于 CA 砂浆。

② 平顺状态下轨道速度时程曲线更为光滑，随着激励频率的增大，曲线中小谐波明显增多，同时由于轨道不平顺激励的作用，轨道结构速度数值有所增大，从轨道结构速度曲线可以看出，仍然是短波不平顺状态下数值大于长波德国低干扰谱，说明短波不平顺对轨道结构速度影响大于中长波不平顺。

③ 每种工况中,轨道结构速度都由上到下依次减小。6种工况对比中,轨道结构各部分速度最小值仍都在工况一,即平顺状态下。最大速度发生在工况六,即Sato谱全波长状态下。与轨道位移和轮轨力不同,钢轨速度最不利波长为Sato谱0.01~0.5 m。其他部分速度最不利波长为Sato谱0.1~0.5 m及低干扰谱波长。在六种工况对比中,轨道结构速度有一定变化,说明轨道不平顺及波长变化对轨道结构速度有一定影响。

(8) 钢轨加速度(见图4.8、表4.9)。

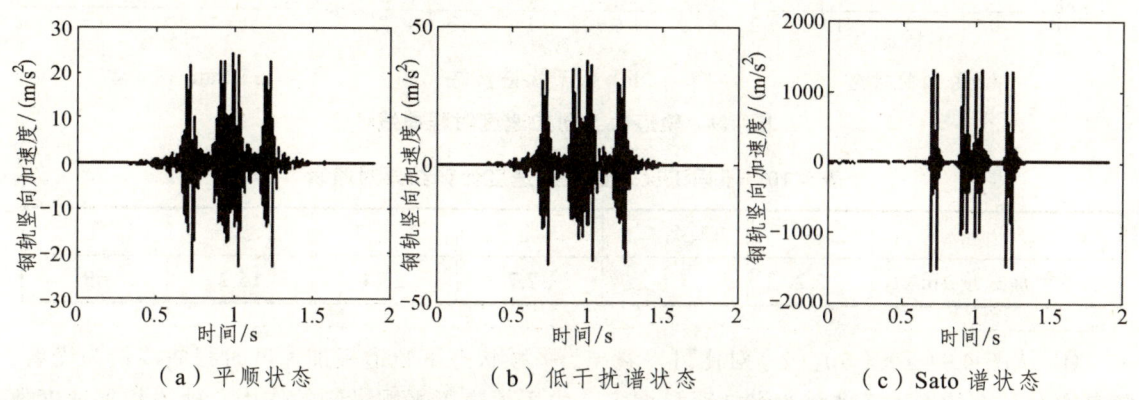

(a) 平顺状态　　　　(b) 低干扰谱状态　　　　(c) Sato谱状态

图4.8　钢轨竖向加速度时程曲线

表4.9　不同工况钢轨加速度计算结果对照表

工况	工况一	工况二	工况三	工况四	工况五	工况六
钢轨加速度 /(m/s²)	24	421	1 245	87	41	1 526

① 从图4.8(a)、(b)、(c)对比可以看出,平顺状态下钢轨加速度时程曲线最为光滑,随着激励频率的增大,曲线小谐波明显增多。同时由于轨道不平顺激励作用,钢轨加速度数值有明显增大。在Sato谱与德国低干扰谱对比中,短波不平顺状态下数值明显大于长波德国低干扰谱,且加速度数值变化很大。

② 从表4.9可以看出,6种工况对比中,钢轨加速度最小值仍都在工况一。与钢轨位移相同,最大加速度也发生在工况六。钢轨加速度的较大值发生在工况三(Sato谱波长0.01~0.1 m)状态下。钢轨加速度最不利波长为Sato谱0.005~0.1 m,尤以0.01~0.2 m范围最为不利。在6种工况对比中,钢轨加速度变化很大,说明轨道不平顺及波长变化对钢轨加速度影响很大。

(9) 轨道板加速度(见图4.9、表4.10)。

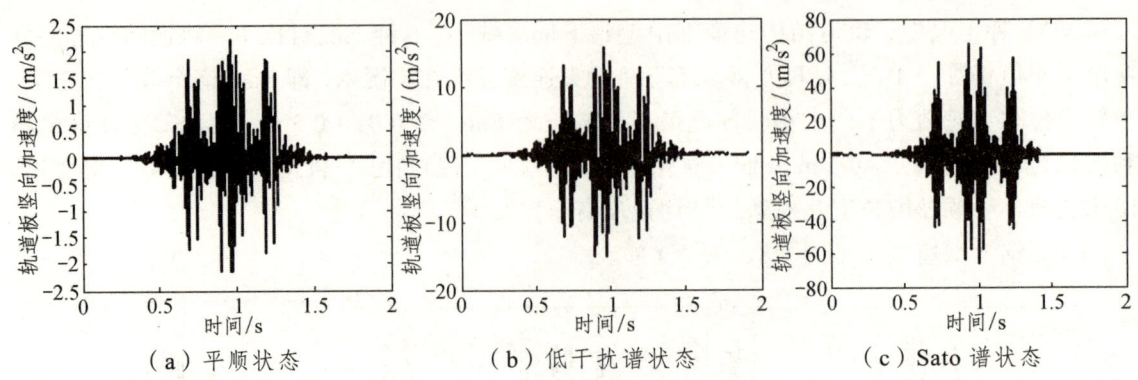

（a）平顺状态　　　　　（b）低干扰谱状态　　　　（c）Sato谱状态

图 4.9　轨道板竖向加速度时程曲线

表 4.10　不同工况轨道板加速度计算结果对照表

工况	工况一	工况二	工况三	工况四	工况五	工况六
轨道板加速度/(m/s²)	2.2	7.1	37.7	25.4	15.2	69

① 从图 4.9（a）、（b）、（c）对比可以看出，平顺状态下轨道板加速度时程曲线最为光滑，随着激励频率的增大，曲线小谐波明显增多，由于轨道不平顺激励的作用，轨道板加速度数值有明显增大。且在 Sato 谱与德国低干扰谱对比中，短波不平顺状态下数值明显大于长波德国低干扰谱。

② 从表 4.10 可以看出，6 种工况对比中，轨道板加速度最小值仍在工况一中，最大加速度也均发生在工况六。轨道板加速度较大值发生在工况三状态下。轨道板加速度最不利波长为 Sato 谱 0.01～0.5 m。在 6 种工况对比中，轨道板加速度变化很大，说明轨道不平顺及波长变化对轨道板加速度影响很大。

（10）混凝土支承层加速度（见图 4.10、表 4.11）。

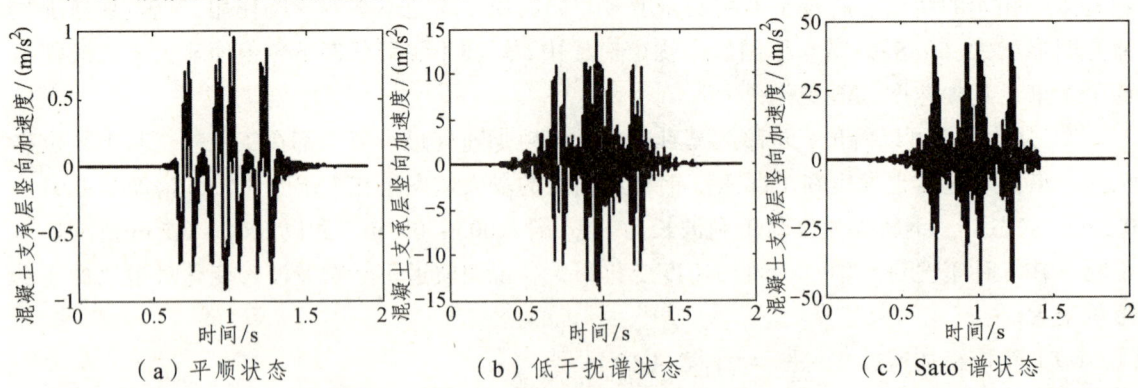

（a）平顺状态　　　　　（b）低干扰谱状态　　　　（c）Sato谱状态

图 4.10　混凝土支承层竖向加速度时程曲线

表 4.11 不同工况混凝土支承层加速度计算结果对照表

工 况	工况一	工况二	工况三	工况四	工况五	工况六
混凝土支承层加速度/(m/s^2)	0.89	3.91	17.65	15.87	14.32	38.2

① 从图 4.10（a）、(b)、(c) 对比可看出，平顺状态下混凝土支承层加速度时程曲线最为光滑，随着激励频率的增大，曲线中小谐波明显增多，由于轨道不平顺激励作用，混凝土支承层加速度数值有明显增大。且在 Sato 谱与德国低干扰谱对比中，短波不平顺状态下数值明显大于长波德国低干扰谱。

② 从表 4.11 可以看出，6 种工况对比中，混凝土支承层加速度最小值仍在工况一，最大加速度也发生在工况六。混凝土支承层加速度的较大值发生在工况五，即德国低干扰谱中。混凝土支承层加速度最不利波长为 Sato 谱 0.01~0.5 m，与轨道板一致。在 6 种工况对比中，混凝土支承层加速度变化很大，说明轨道不平顺及波长变化对混凝土支承层加速度影响很大。

从图 4.8~4.10 及表 4.9~4.11 可得出以下结论：

① 同前面分析物理量类似，同一激励下，从钢轨、轨道板到混凝土支承层加速度数值依次减小，而且加速度时程曲线也会越来越光滑，同样是由于轨下垫层及 CA 砂浆的减振作用。同时，每一种激励下，轨道板加速度与钢轨加速度相差程度要大于轨道板与混凝土支承层之间的差异，说明轨下结构减振效果要好于 CA 砂浆的减振效果。

② 平顺状态轨道加速度时程曲线最为光滑，随着激励频率的增大，曲线中小谐波明显增多。同时由于轨道不平顺激励作用，轨道结构加速度数值明显增大，且轨道不平顺对轨道结构各部分加速度影响效应具有明显的规律性。其中，钢轨加速度变化最大，而混凝土支承层加速度变化最小，说明轨道不平顺对轨道结构加速度影响是从上到下依次减弱。在 Sato 谱与德国低干扰谱对比中，短波不平顺状态下数值明显大于长波德国低干扰谱，且钢轨、轨道板、混凝土支承层的加速度数值变化很大。

③ 每种工况中，轨道结构加速度都由上到下依次减小。6 种工况对比中，轨道结构各部分加速度最小值都在工况一，即平顺状态下。与轨道位移和轮轨力相同，各部分最大加速度也均发生在工况六，即 Sato 谱全波长状态下。钢轨加速度最不利波长为 Sato 谱 0.005~0.1 m。轨道板及混凝土支承层最不利波长为 Sato 谱 0.01~0.5 m，说明短波不平顺对轨道结构加速度的影响较大。6 种工况对比，轨道结构加速度变化很大，说明轨道不平顺及波长变化对轨道结构加速度影响很大。

总体上，轨道不平顺及波长变化对轨道结构振动特性影响由上到下逐渐减弱，对钢轨影响最大，对混凝土支承层影响最弱。对轨道结构动力振动响应参数影响最大的是加速度，最弱的是位移。

2. 频域结果分析

（1）振动加速度级分析。

图 4.11 给出了 3 种工况（平顺、低干扰谱、Sato 谱）1/3 倍频程轨道结构振动加速度级曲线。

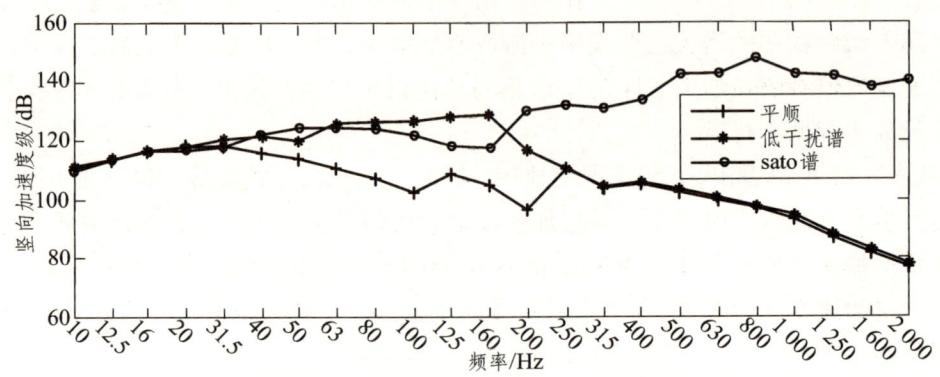

图 4.11　钢轨竖向加速度级 1/3 倍频程图

从图 4.11 中可看出，3 种轨道状态下，在频率小于 30 Hz 范围内，钢轨加速度级数值十分接近，这是因为这一部分主要受车体自身加速度的影响。在大于 30 Hz 频率范围内两种不平顺状态明显大于平顺状态。在频率大于 30 Hz 小于 160 Hz 范围内，低干扰谱明显大于 Sato 谱状态。低干扰谱与平顺状态的走势接近，与 Sato 谱的走势则完全不同，前者在 160 Hz 左右达到峰值后则开始下降，后者则是保持上升的趋势，峰值出现在 800 Hz 左右。同时在 200～2 000 Hz 的范围内，Sato 谱都大于低干扰谱相应的数值，这是因为前者的激励频率高于后者，所以在高频部分对应数值较大。

从图 4.12 中可看出，3 种轨道状态下，轨道板加速度级对比情况与钢轨相似。在频率小于 30 Hz 范围内，轨道板加速度级数值也十分接近。在大于 30 Hz 频率范围内两种不平顺状态明显大于平顺状态。在频率大于 30 Hz 小于 160 Hz 范围内，低干扰谱大于 Sato 谱状态。低干扰谱与平顺状态走势接近，与 Sato 谱的走势则不同，前者在 80 Hz 时达到峰值后则开始下降，后者则是保持上升趋势，峰值出现在 800 Hz。同时在 200 Hz 到 2 000 Hz 范围内，Sato 谱都大于低干扰谱相应的数值，这主要是因为前者激励频率较高，后者激励频率较低，所以在高频部分对应数值较大。

从图 4.13 中可看出，3 种轨道状态下，混凝土支承层加速度级曲线的走势相似。在频率小于 30 Hz 范围内，3 种轨道状态数值十分接近。在频率大于 30 Hz 范围内，很明显看到低干扰谱及 Sato 谱状态明显大于平顺状态。在频率大于 30 Hz 小于 160 Hz 范围内，很明显看到低干扰谱大于 Sato 谱状态，低干扰谱在 80 Hz 时达到峰值后则开始下降，后者峰值出现在 250 Hz，同时在 200~2 000 Hz 范围内，Sato 谱都大于低干扰谱相应的数值，这主要是因为前者激励频率较高，后者激励频率较低，所以在高频部分对应数值较大。

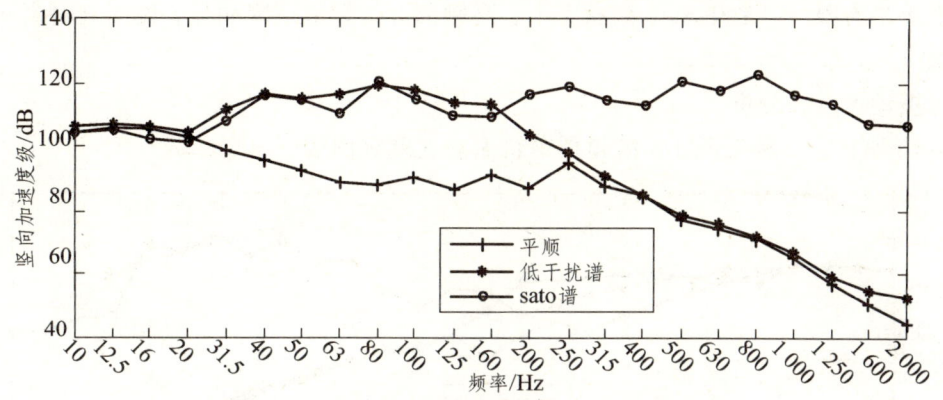

图 4.12　轨道板竖向加速度级 1/3 倍频程图

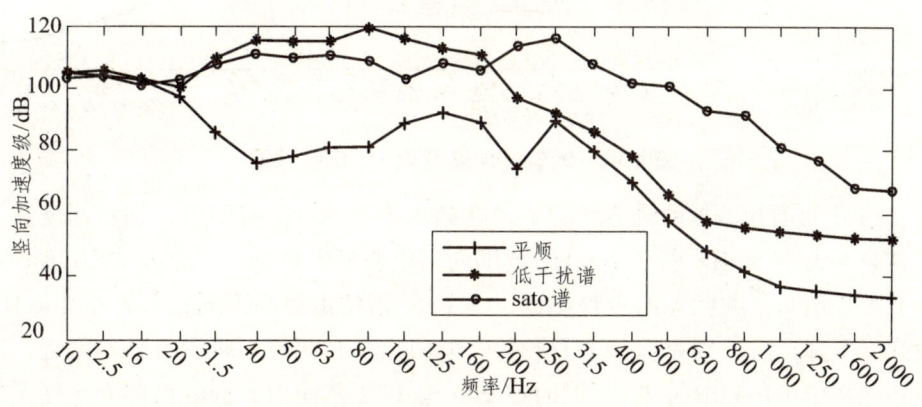

图 4.13　混凝土支承层竖向加速度级 1/3 倍频程图

由图 4.11~4.13 可得出以下结论：

① 3 种轨道状态下，在较低频率范围内，轨道结构加速度级数值十分接近，这是因为这一部分主要受车体自身加速度影响。其他频率下低干扰谱及 Sato 谱状态明显大于平顺状态。在中间频段内，低干扰谱明显大于 Sato 谱状态。同时在较高频率范围内，Sato 谱都大于低干扰谱相应的数值，这主要是因为前者的激励频率较高，后者的激励频率较低，所以在高频部分的数值较大。

② 3 种轨道状态下，从轨道板加速度级与钢轨对比情况可以看出，每种状态下，轨道板与钢轨加速度级曲线走势类似，但是在高频部分数值下降比低频部分更明显，说明轨下阻尼

对高频削弱作用更明显。

③ 3 种轨道状态下，从混凝土支承层加速度级与轨道板对比情况可以看出，平顺及低干扰谱状态下，混凝土支承层与轨道板加速度级曲线的数值及走势都十分接近，说明此时 CA 砂浆减振效果有限。但是在 Sato 谱状态下，高频部分的数值下降明显，说明其对高频削弱作用更明显。

（2）振动速度级分析。

图 4.14 给出了 3 种工况 1/3 倍频程钢轨振动速度级曲线。

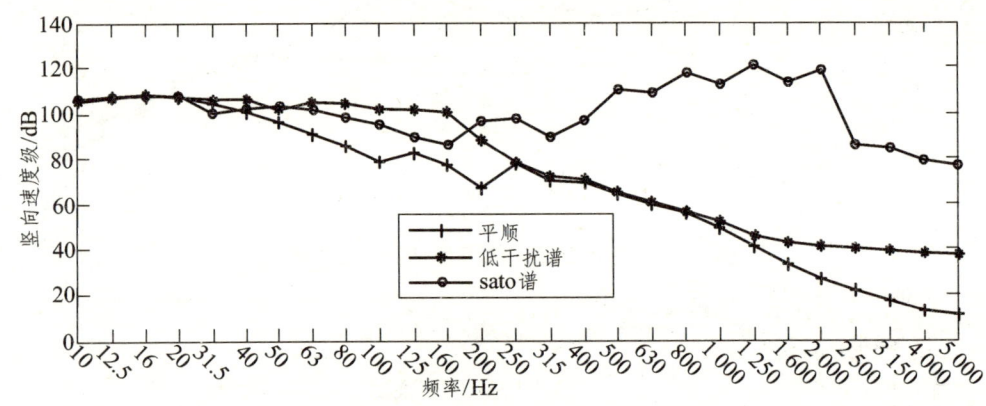

图 4.14　钢轨竖向速度级 1/3 倍频程图

从图 4.14 中可看出，3 种轨道状态下，在频率小于 50 Hz 范围内，钢轨速度级的数值十分接近。在频率大于 50 Hz 小于 160 Hz 范围内，很明显看到低干扰谱及 Sato 谱状态大于平顺状态，低干扰谱与平顺状态的走势接近，与 Sato 谱的走势则不同，前者在 160 Hz 时达到峰值后则开始下降，后者则是保持上升趋势，峰值出现在钢轨一阶固有频率附近，而后速度级一直保持在高位（103 dB 左右）。同时在 200 Hz 以上范围内，Sato 谱都大于低干扰谱相应的数值，这主要是因为前者的激励频率较高，后者的激励频率较低，所以在高频部分的数值较大。

4.3　本章小结

本章利用第 2 章提出的车辆-无砟轨道-路基耦合系统混合法模型，针对不同轨道不平顺激励对无砟轨道-路基结构动力特性进行了研究，通过分析主要结论如下：

（1）本章与第 3 章分析对比可知，轨道不平顺及波长变化对无砟轨道-路基结构的振动影响效应与对无砟轨道-桥梁结构的影响效应类似。

（2）轨道不平顺及波长变化对钢轨位移影响很小，对轨道板及混凝土支承层位移几乎没有变化；对钢轨、轨道板最大竖向速度有一定影响；对钢轨、轨道板最大竖向加速度、最大轮轨力影响很大。总体上轨道不平顺及不平顺波长变化对无砟轨道结构振动特性的影响是由上到下逐渐减弱，对钢轨影响最大。对轨道结构动力振动响应参数影响最大的是加速度，其次是轮轨力及轨道结构振动速度，最弱的是位移。

（3）通过分析可知，Sato 谱中 0.1～0.5 m 及低干扰谱波长是轮轨力及轨道结构位移的最不利波长范围。钢轨速度最不利波长为 Sato 谱 0.01～0.5 m。轨道板及混凝土支承层速度最不利波长为 Sato 谱 0.1～0.5 m 及低干扰谱波长。钢轨加速度最不利波长为 Sato 谱 0.005～0.1 m，尤以 0.01～0.1 m 范围最为不利。轨道板及混凝土支承层加速度最不利波长为 Sato 谱 0.01～0.5 m。

（4）轨道不平顺及波长变化对钢轨速度级影响较大，Sato 谱轨道不平顺引起钢轨振动能量主要分布在中高频，在钢轨一阶固有频率附近达到最大值，这也为钢轨噪声的预测提供了依据。而其他两种状态由于激励的频率较低，所以钢轨振动能量最大值在中低频。

（5）轨道不平顺及波长变化对钢轨、轨道板、混凝土支承层加速度级数值影响明显。在受车体自身加速度影响频率小于 30 Hz 范围内，对钢轨加速度级数值影响较小。在频率大于 30 Hz 小于 2 000 Hz 范围内，很明显看到钢轨加速度级数值大小与该频段不平顺激励频率大小相关。随着轨道不平顺波长的减小，即激励频率增加，钢轨加速度级在高频内数值增大。对轨道板加速度级的影响与钢轨类似。

（6）各种不平顺状态下，轨道板加速度级与钢轨、混凝土支承层加速度级对比情况可以看出，在高频部分数值下降比低频部分更明显，说明轨下阻尼及 CA 砂浆对高频削弱作用更明显。

第 5 章 高速列车诱发无砟轨道结构及桥梁振动的现场测试

近年来,随着我国铁路的大范围提速和高速铁路大规模投入运营,高速列车引发轨道结构及桥梁的振动研究受到更广泛的关注。现场实测是研究这一问题最直接、最有效的手段。通过现场实测可获得可靠、直观的数据,可以更好地反映高速列车作用下轨道结构及桥梁的振动特性。同时,现场测试可以验证大量理论研究成果的可靠性。我国也曾多次进行轨道结构及桥梁振动的现场测试,得到了一些规律,但受条件限制,所测车速大都不高,不能全面反映高速列车作用下轨道结构及桥梁的振动特性。因此,急需列车高速运行下轨道结构及桥梁振动的测试数据,考虑本书的研究内容,本章将详细介绍对我国某高速铁路在高速列车作用下引发的轨道结构及桥梁振动的现场测试,同时将实测结果与本书模型计算结果进行对比分析,来验证本书模型的可靠性。

5.1 某高速铁路轨道结构及桥梁振动现场测试分析

5.1.1 测试步骤

(1) 进行现场踏勘,确定测试断面;
(2) 仪器设备的安装;
(3) 现场测试,根据现场高速列车速度快的特点,计划采取不间断的监测;
(4) 监测数据的存储及设备的拆除,撤离现场;
(5) 数据的后处理。

5.1.2 测试方法及测点布置

测试采用的仪器分别为东华 59208 通道动态采集仪、理音振动采集仪 VM53A 以及 9818 加速度传感器。为了研究列车荷载作用下轨道结构及桥梁的振动特性,选择某一高架桥梁路段。图 5.1 为高架桥梁上的测点布置，图 5.2 分别为钢轨、轨道板及混凝土底座板的测点布置。图 5.3 为钢轨的竖向和横向加速度测试时仪器安装后的照片，图 5.4 为轨道板和混凝土底座板竖向加速度测试仪器安装后的照片，图 5.6 为信号采集设备。

图 5.1　测试线路的某高速铁路桥梁段

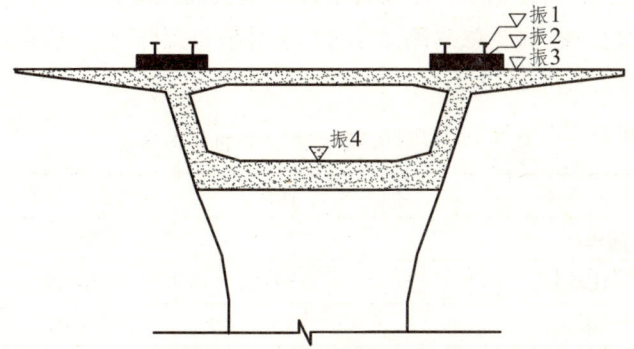

图 5.2　桥梁段测点布置图

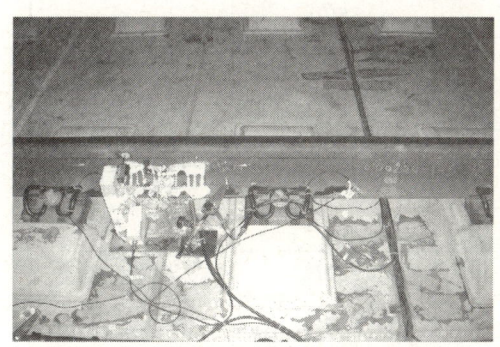

图 5.3　钢轨竖向和横向加速度测试

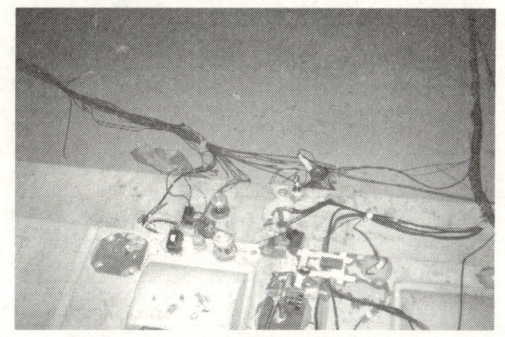

图 5.4　轨道板与混凝土底座板竖向加速度测试

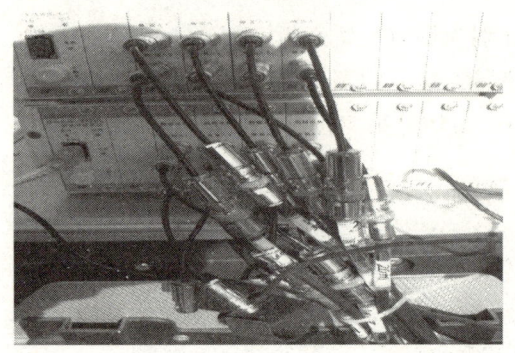

图 5.5 信号采集设备

5.1.3 测试工况

当列车以不同车速通过测点时进行现场采样,主要测试高速列车行驶速度范围为 340~400 km/h。其具体情况见表 5.1,总共测试了 14 趟列车和无砟轨道-桥梁结构各测点处的振动加速度数据。

表 5.1 桥梁段现场试验中的列车数据

工况编号	测试时间	车速/(km/h)	测试工况	行驶方向
1	9:26	336	380B	下行线路
2	10:14	384	380B	上行线路
3	10:50	380	380B	下行线路
4	11:18	低速	380B	下行线路
5	11:34	380	380B	上行线路
6	12:14	380	380B	下行线路
7	12:54	381	380B	上行线路
8	13:10	慢速	380B	下行线路
9	13:27	401	380B	下行线路
10	14:12	400	380B	上行线路
11	14:45	399	380B	下行线路
12	15:57	401	380B	下行线路
13	16:37	402	380B	上行线路
14	17:12	380	380B	下行线路

5.2 测试结果分析

5.2.1 测试结果时域统计分析

测试得到每列列车经过的时刻，无砟轨道-桥梁结构的竖向振动加速度的最大值及有效值见表 5.2。图 5.6~5.12 为典型实验 6 中给出的无砟轨道-桥梁结构钢轨 X、Z 方向，轨道板、混凝土支承板 Z 方向及桥梁在 X、Y、Z 3 个方向振动加速度时程曲线。X、Y、Z 3 个方向分别表示水平面内沿线路中心线方向、水平面内垂直线路中心向方向以及垂直桥梁表面方向。

表 5.2 振动加速度时域统计结果

编号	钢轨 最大值 /(m/s²)	钢轨 有效值 /(m/s²)	轨道板 最大值 /(m/s²)	轨道板 有效值 /(m/s²)	混凝土底座板 最大值 /(m/s²)	混凝土底座板 有效值 /(m/s²)	桥梁 最大值 /(m/s²)	桥梁 有效值 /(m/s²)
1	2 498.325 6	361.258 9	42.564 1	5.251 4	61.258 4	9.562 5	1.054 5	0.215 8
2	2 683.003 9	390.729 8	46.699 7	7.072 9	64.707 7	12.348 4	1.302 2	0.252 4
3	2 731.612 1	394.211 7	50.299 8	8.644 9	64.711 2	13.459 8	1.099 8	0.228 6
4	—	—	—	—	—	—	—	—
5	2 877.206 5	408.158 3	48.305 3	8.333 3	64.678 9	13.545 1	1.238 7	0.244 4
6	2 731.554 4	394.207 1	50.311 5	8.657 2	64.700 5	13.467 4	1.104 4	0.226 6
7	2 856.647	390.195 4	45.657 6	7.861 2	64.686 1	12.712 8	1.097 1	0.228 5
8	—	—	—	—	—	—	—	—
9	2 821.562 1	398.221 4	50.123 4	8.355 2	64.652 5	12.345 2	1.089 5	0.223 5
10	2 810.160 4	404.641 5	51.155 0	8.996 3	64.682 5	12.459 5	1.140 4	0.233 9
11	2 798.235 6	396.256 3	48.526 3	8.652 3	64.758 6	12.647 8	1.096 9	0.228 5
12	2 856.232 1	390.223 5	45.645 8	7.872 5	64.691 4	12.703 1	1.098 2	0.228 4
13	2 838.321 4	401.258 9	51.236 9	9.001 2	64.766 3	12.658 9	1.123 4	0.232 1
14	2 731.564 5	394.211 6	50.345 8	8.652 1	64.699 8	13.470 1	1.108 6	0.229 1
均值	2 769.535 4	393.631 2	48.405 7	8.110 9	64.166 2	12.615 1	1.126 1	0.227 7

由表 5.2 可得出如下结论：

（1）相同车辆编组的动车组，在不同速度的情况下，列车运行引起的轨道结构及桥梁振动加速度有一定的波动，从钢轨到桥梁由上到下波动范围逐渐减小，因此速度对桥梁的加速度的影响很小,这一结论与本书第3章的分析是一致的。

(2)轨道板的加速度比钢轨要小得多,可见轨下垫层对振动的减弱作用十分明显,轨道板的加速度幅值与混凝土底座板的相近,因此可知 CA 砂浆的减振效果不是很明显。桥梁的加速度幅值比混凝土底座板的要小得多,因此可知桥梁支承的减振效果很好。

(3)由于钢轨和轨道板加速度相差非常大,而轨道板和混凝土底座板很相近,这也反映了高频振动的衰减比低频振动的衰减要快很多。

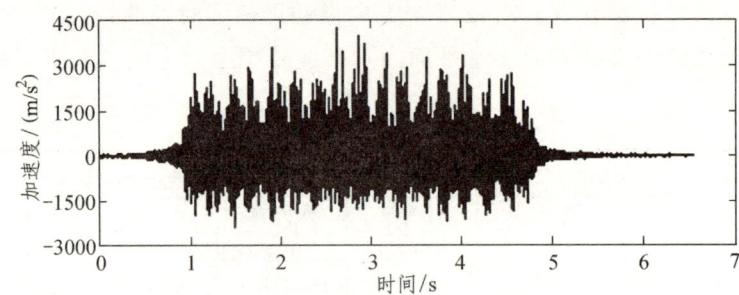

图 5.6 钢轨 X 方向振动加速度时程图

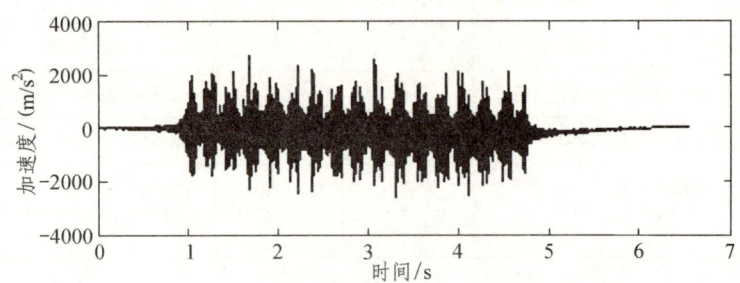

图 5.7 钢轨 Z 方向振动加速度时程图

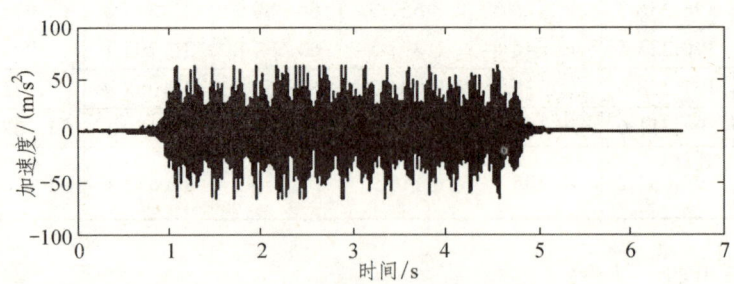

图 5.8 轨道板 Z 方向振动加速度时程图

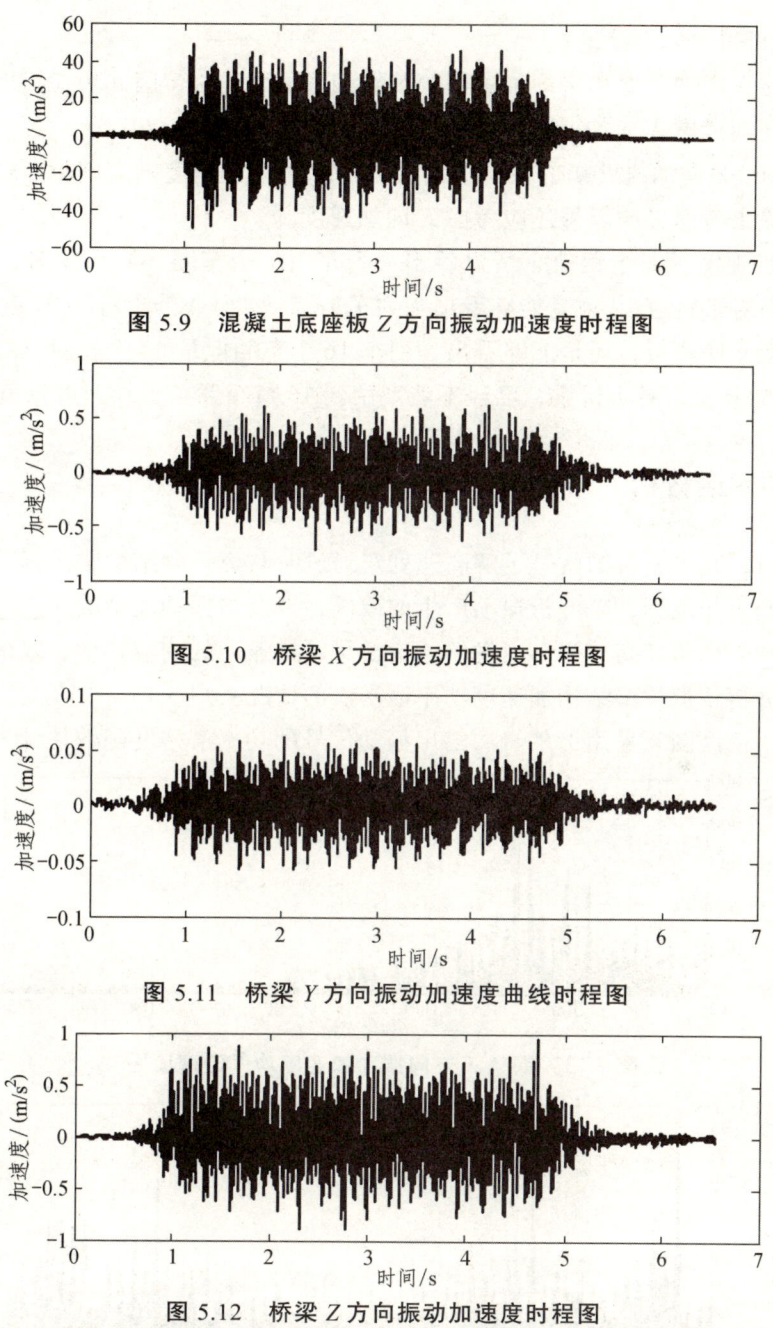

图 5.9 混凝土底座板 Z 方向振动加速度时程图

图 5.10 桥梁 X 方向振动加速度时程图

图 5.11 桥梁 Y 方向振动加速度曲线时程图

图 5.12 桥梁 Z 方向振动加速度时程图

图 5.6～5.12 为钢轨、轨道结构和桥梁的加速度时程响应图,其中钢轨包括 X、Z 方向加速度响应,桥梁包括 X、Y、Z 向加速度响应,由于轨道板和混凝土底座板仅测得 Z 向加速度。

由图 5.7~5.11 可得出如下结论：

（1）钢轨的 X 向加速度和 Z 向加速度幅值在相同的数量级，因此考虑钢轨振动时，除了考虑 Z 向以外还应考虑 X 向加速度。

（2）桥梁 X、Z 向加速度幅值在同一数量级，而 Y 向加速度响应则相对较小，因此考虑桥梁振动时，除了考虑 Z 向以外还应考虑 X 向加速度。

（3）竖向加速度：对于钢轨，可以看出一列车 16 个车厢 64 个轮对，加速度幅值在 2 500 m/s² 左右；对于轨道板，也是能够看出一列车 16 个车厢 64 个轮对，加速度幅值在 50 m/s² 左右；对于混凝土底座板，还是能够看出一列车 16 个车厢但是 64 个轮对已经不明显了，加速度幅值也在 50 m/s²；对于桥梁，已经不能观察到 16 节车厢了，加速度幅值在 1 m/s²。

5.2.2 功率谱分析

功率谱分析，其主要目的就是了解高速列车通过时轨道桥梁结构竖向振动加速度信号的能量分布情况和主频范围，来分析振动产生的原因，以及与振动能量的输入关系。

从频域范围内来研究高速列车引发的轨道桥梁结构振动的响应特性，取车速为 380 km/h 的 6 号数据，分析轨道桥梁结构加速度功率谱密度的情况。图 5.13~5.19 列出了各结构的加速度响应功率谱密度图（采用韦尔奇法给出振动信号的功率谱密度函数估计）。

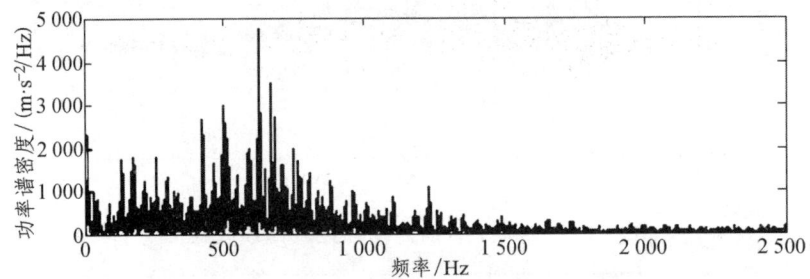

图 5.13 钢轨 X 方向振动加速度功率谱密度图

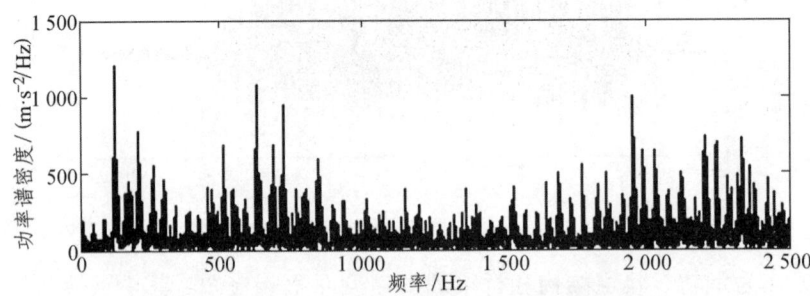

图 5.14 钢轨 Z 方向振动加速度功率谱密度图

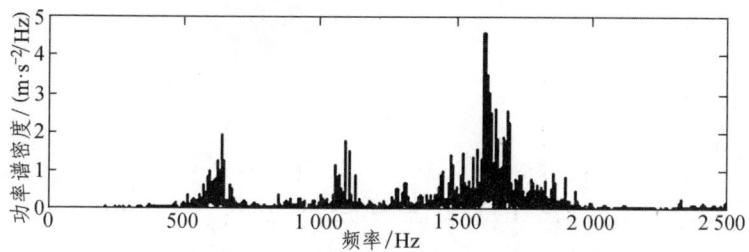

图 5.15 轨道板 Z 方向振动加速度功率谱密度图

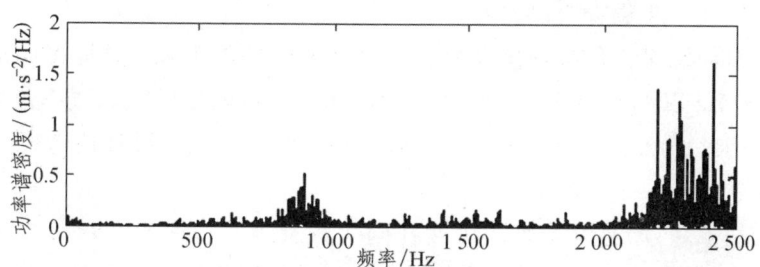

图 5.16 混凝土底座板 Z 方向振动加速度功率谱密度图

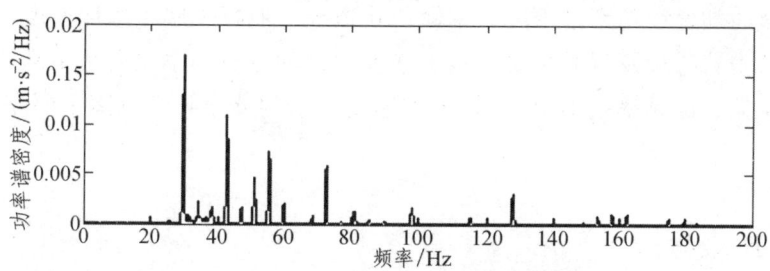

图 5.17 桥梁 X 方向振动加速度功率谱密度图

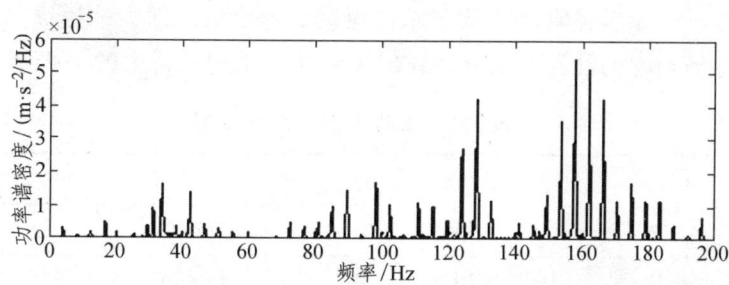

图 5.18 桥梁 Y 方向振动加速度功率谱密度图

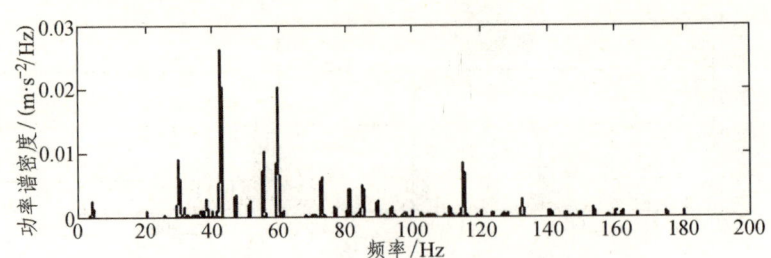

图 5.19　桥梁 Z 方向振动加速度功率谱密度图

由图 5.13～5.19 可得出如下结论：

（1）钢轨的 X 向和 Z 向的加速度功率谱密度在相同的数量级，但是 X 向加速度频谱密度主要分布在 1 000 Hz 以下的中低频，而 Z 向的加速度频谱密度的分布频率范围要广，中高频的幅值也很大，因此考虑钢轨振动时，在中低频除了考虑 Z 向以外还应考虑 X 向加速度，高频则主要考虑 Z 向。

（2）桥梁 X、Z 向加速度功率谱密度在同一数量级，且加速度频谱的分布频率主要在 200 Hz 以下的低频，而 Y 向加速度功率谱则相对较小，但频谱的分布频率较前二者更高，因此考虑桥梁振动时，除了考虑 Z 向以外还应考虑 X 向加速度。

（3）对于竖向加速度功率谱密度，钢轨、轨道板、混凝土底座板加速度频谱的分布频率范围都很大，其中轨道板及混凝土底座板加速度频谱的分布频率主要是中高频。钢轨加速度频谱的分布则从低到高频率范围很大，桥梁加速度频谱的分布频率范围主要在 200 Hz 以下的低频。

5.2.3　Z 振级分析

依据我国的城市区域环境振动标准（GB 10070—88），并结合 ISO2631 的规定，在不同频率下，按全身振动的铅垂振动修正值来求出振动加速度级，即为 Z 振级，用 VLz 表示，单位为 dB。采用 1/3 倍频程的计算方法，计算出无砟轨道结构及桥梁的 Z 振级，如表 5.3 所示。

表 5.3　振动 Z 振级统计结果　　　　　　　　　　dB

编号	钢轨	轨道板	混凝土底座板	桥梁
1	165.36	119.56	118.52	90.98
2	166.47	120.76	119.99	92.61
3	166.54	120.75	119.89	92.56

续表

编号	钢轨	轨道板	混凝土底座板	桥梁
4	—	—	—	—
5	167.44	120.79	121.86	100.61
6	165.96	127.90	126.75	102.29
7	165.46	121.20	118.94	95.77
8	—	—	—	—
9	168.76	123.85	120.52	100.58
10	169.74	124.29	121.09	97.97
11	168.46	124.34	119.76	100.37
12	168.26	124.21	120.25	99.58
13	168.78	123.86	121.32	100.25
14	167.68	121.45	118.25	98.54
均值	167.75	122.36	120.46	97.34

由表 5.3 可以看出，由钢轨到桥梁部分轨道结构由上到下的 Z 振级是逐渐减小的，尤其是轨道板较钢轨减小很多，可见轨下垫层的减振效果很明显。而轨道板和混凝土底座板的 Z 振级相差不多，说明 CA 砂浆的减振效果不明显。桥梁的 Z 振级较混凝土底座板又有明显的降低，可见桥梁支承的减振效果很好。

5.3　理论模型预测结果与测试结果比较

利用第 2 章提出的车辆-无砟轨道-桥梁 FE-SEA 混合法模型，仿真分析测试路段高速列车引起的轨道桥梁结构的振动。

5.3.1　计算参数

列车类型和运行速度与 5.2.1 节中的第 6 次测试情况相同，即 CRH380B 列车，模拟采用一动一拖两节车辆,列车运行速度为 380 km/h。CRH380B 动车组基本参数见表 5.4。

表 5.4 和谐号高速动车 CRH380B 车辆结构参数

参 数	取 值	参 数	取 值	参 数	取 值
车体质量 M_c/kg	40 000	二系弹簧刚度 K_{s2}/(MN/m)	0.8	一系弹簧刚度 K_{s1}/(MN/m)	2.08
构架质量 M_t/kg	3 200	一系阻尼系数 C_{s1}/(kN·s/m²)	100	固定轴距 $2l_1$/m	2.5
轮对质量 M_{wi}/kg	2 400	二系阻尼系数 C_{s2}/(kN·s/m²)	120	构架中心距离 $2l_2$/m	17.38

轨道参数取 3.2.1 节中表 3.1 的 CRTS II 型板式无砟轨道桥梁的结构参数,仍取 160 m 长线路,混合法模型具体建立方法同 3.2.2 节。轨道不平顺取德国低干扰谱及 Sato 短波轨道谱,参数及模拟方法与 3.2.1 节均相同。SEA 法的参数选取也参照 3.2.1 节。

5.3.2 无砟轨道-桥梁结构振动加速度时程的理论预测与测试结果对比

无砟轨道-桥梁结构振动加速度时程曲线见图 5.20 ~ 5.23,图中给出了理论模型预测结果与实测结果的对比,实测结果仍为 5.2.1 节中实验 6 的实测结果,对应图 5.7 ~ 5.9 及图 5.12 中 0.5 ~ 2 s 范围内提取两节车厢通过的 Z 方向振动加速度时程曲线。

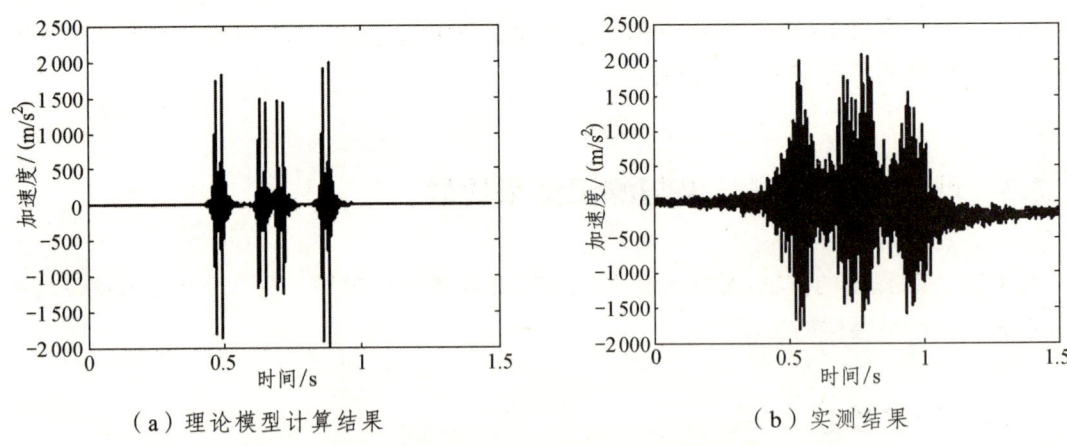

(a)理论模型计算结果   (b)实测结果

图 5.20 钢轨 Z 方向振动加速度时程图

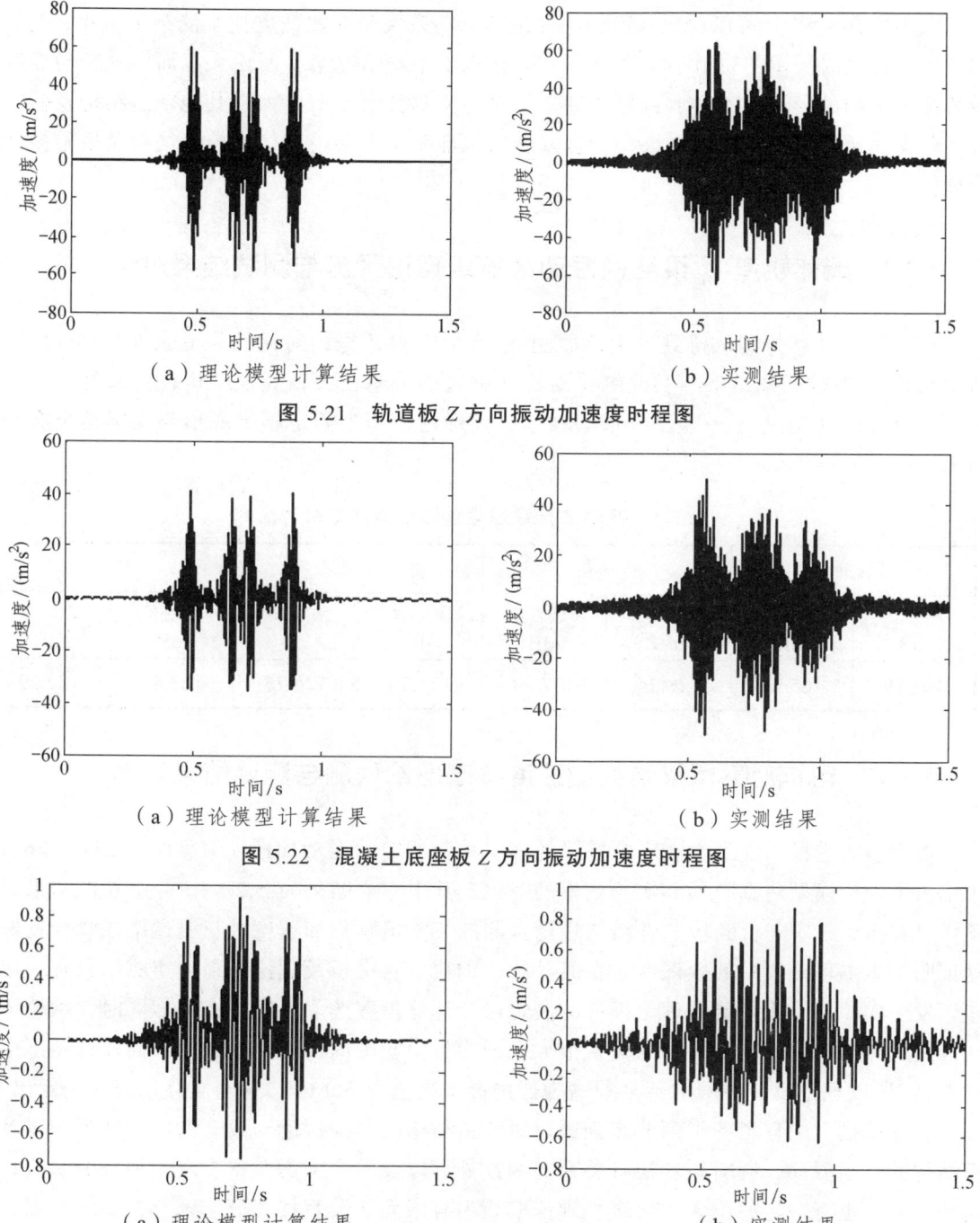

（a）理论模型计算结果　　　　　　（b）实测结果

图 5.21　轨道板 Z 方向振动加速度时程图

（a）理论模型计算结果　　　　　　（b）实测结果

图 5.22　混凝土底座板 Z 方向振动加速度时程图

（a）理论模型计算结果　　　　　　（b）实测结果

图 5.23　桥梁 Z 方向振动加速度时程图

由图 5.20~5.23 可以看出，钢轨的理论计算的最大竖向加速度比实测结果偏小，主要原因是理论仿真时采用的轨道不平顺谱与实际轨道不平顺情况会有所出入，而钢轨竖向加速度受轨道不平顺的影响程度最大，导致理论结果与实测数值有所出入。其他轨道结构及桥梁的最大竖向加速度时程与测试结果吻合良好，这也证明了本书模型仿真轨道结构及桥梁振动的合理性。

5.3.3 无砟轨道-桥梁结构振动 Z 振级理论预测与测试结果对比

理论模型计算与测试得到的无砟轨道-桥梁结构的 Z 振级对比结果见表 5.5。可以看出，轨道结构 Z 振级理论结果与实测结果对比，钢轨的偏差较大，其他结构符合较好。其主要是钢轨 Z 振级对轨道不平顺激励最为敏感，而理论模型中假定不平顺谱与实际情况有一定出入。

表 5.5 振动 Z 振级理论预测与测试结果对比

钢轨		轨道板		混凝土底座板		桥梁	
理论值/dB	测试值/dB	理论值/dB	测试值/dB	理论值/dB	测试值/dB	理论值/dB	测试值/dB
162.89	165.96	128.24	127.90	127.36	126.75	102.89	102.29

5.3.4 无砟轨道-桥梁结构加速度频谱理论预测与测试结果对比

钢轨、轨道板、混凝土底座及桥梁的 1/3 倍频程竖向振动加速度级见图 5.24~5.26。图中给出了理论模型仿真结果与实测结果的对比，其中实测结果为 5.2.1 节实验 6 的结果。由图可以看出，在中、低频段，各结构理论预测的 1/3 倍频程加速度级与测试结果吻合良好，这证明了本书理论模型的合理性。在高频段，钢轨、轨道板及理论结果与实测结果有一定偏差，发生偏差的原因可能与理论模型的假定以及计算参数选取不准确有关。同时，钢轨等结构加速度级与轨道不平顺激励的关系很大，因为目前我国尚没有完整通用的高速铁路不平顺功率谱，所以理论模型中假定不平顺谱为德国低干扰谱及 Sato 谱，这与实际情况有一定出入。其次，理论模型中只考虑了两节车辆通过时轨道结构的竖向振动，没有考虑整列列车以及轨道结构的空间振动，同时轮轨接触关系的线性处理以及没有考虑桥梁支座对振动的影响，而这些与实际也有一定的出入。再次，理论模型中有限元法及直接积分法都会在高频时累计误差，这些都可能造成理论仿真与实测结果的偏差。

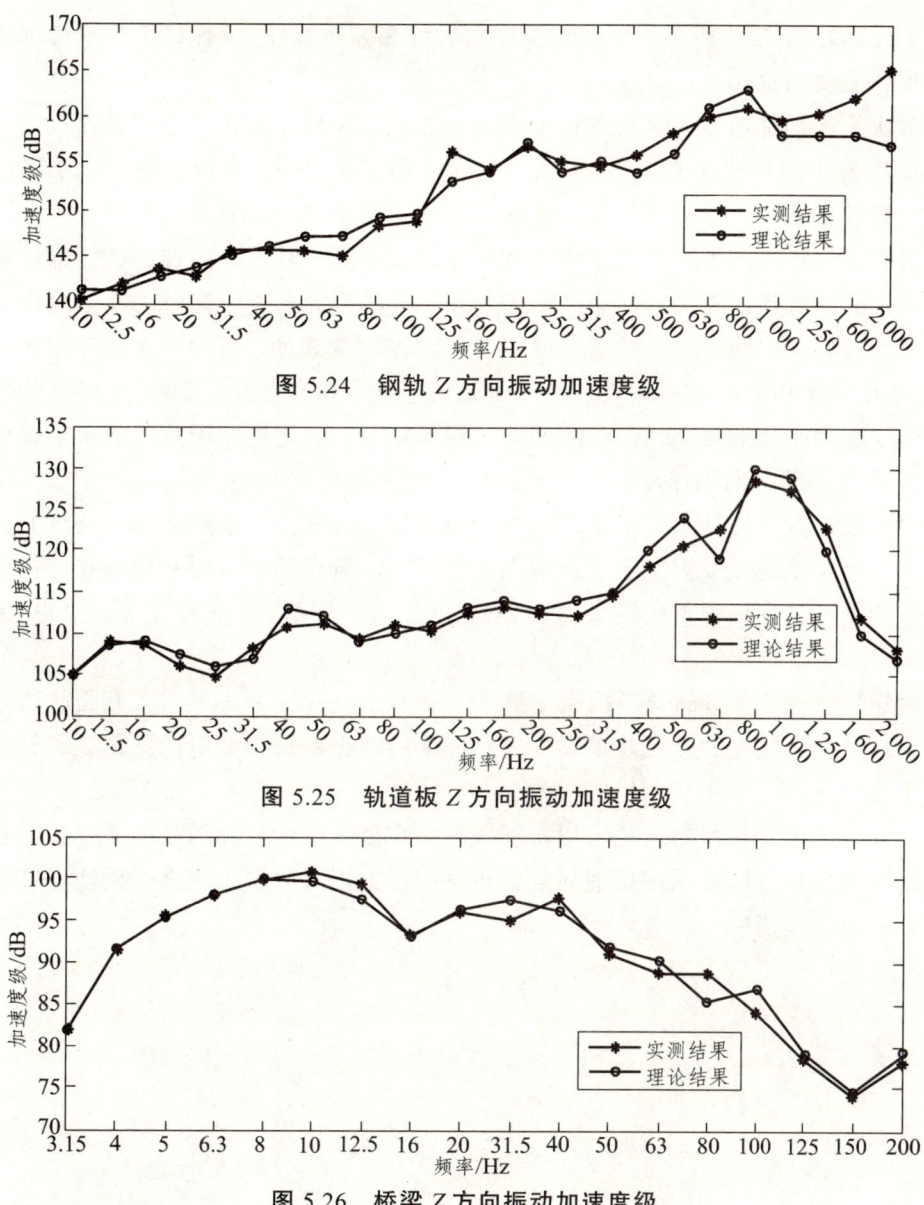

图 5.24 钢轨 Z 方向振动加速度级

图 5.25 轨道板 Z 方向振动加速度级

图 5.26 桥梁 Z 方向振动加速度级

5.4 本章小结

本章介绍了高速列车作用下无砟轨道-桥梁结构振动的现场测试实验,分析了在高速列车

荷载作用下无砟轨道结构-桥梁的振动加速度的时程和频谱特性,并比较了理论模型仿真结果与实验结果,主要结论如下:

(1)钢轨的 X 向加速度和 Z 向加速度幅值在相同数量级,因此考虑钢轨振动时,除了考虑 Z 向还应考虑 X 向加速度。桥梁 X、Z 向加速度幅值在同一数量级,而 Y 向加速度响应则相对较小,因此考虑桥梁振动时,除了考虑 Z 向还应考虑 X 向加速度。

(2)钢轨 X 向和 Z 向加速度功率谱密度在相同数量级,但是 X 向加速度频谱主要分布在 1 000 Hz 以下的中低频,而 Z 向加速度频谱分布频率范围要广,中高频的幅值也很大,因此考虑钢轨振动时,在中低频除了考虑 Z 向还应考虑 X 向加速度,高频则主要考虑 Z 向。桥梁 X、Z 向加速度功率谱在同一数量级,且加速度频谱分布频率主要在 200 Hz 以下的低频,而 Y 向加速度功率谱则相对较小,但频谱的分布频率较前二者更高,因此考虑桥梁振动时,除了考虑 Z 向还应考虑 X 向加速度。

(3)对于竖向加速度功率谱密度,钢轨、轨道板、混凝土支承层加速度频谱的分布频率范围都很大,其中轨道板及混凝土支承层加速度频谱的分布频率主要在中高频。钢轨加速度频谱的分布则从低到高频率范围很大,桥梁加速度频谱的分布频率范围主要在 200 Hz 以下的低频。

(4)由钢轨到桥梁部分轨道结构由上到下的 Z 振级是逐渐减小的,尤其是轨道板较钢轨减小很多,可见轨下垫层的减振效果很明显。桥梁的 Z 振级又有明显的降低,可见桥梁支承的减振效果很好。

(5)当前理论模型在桥梁振动模拟精度较高,主要是因为桥梁的振动频率较低且其受轨道不平顺的影响最小,因此采用合理的轨道不平顺激励以及数值方法来分析轨道结构高频振动特性,值得进一步研究。

参考文献

[1] 张斌，雷晓燕. 基于车辆-轨道单元的无砟轨道动力特性有限元分析[J]. 铁道学报，2011，33（7）：78-85.

[2] Langley R S, Bremner P. A hybrid method for the vibration analysis of complex structural—acoustic systems[J]. Journal of the Acoustical Society of America, 1999, 105(3): 1657-1671.

[3] 利远翔，雷晓燕，张斌. 高速列车-无砟轨道-桥梁耦合系统垂向振动特性分析[J]. 华东交通大学学报，2010，27（3）：14-20.

[4] 杨广军. 车辆-无碴轨道-桥梁系统竖向耦合振动特性的研究[D]. 上海：上海交通大学，2007.

[5] 胡莹，陈克安. 基于FE-SEA混合法的梁弯曲振动响应分析[J]. 振动与冲击，2008，27（7）：91-96.

[6] 雷晓燕. 有限元法[M]. 北京：中国铁道出版社，2000.

[7] 圣小珍，吕绍棣. 轨道结构的垂向振动特性[J]. 华东交通大学学报，1996，13(1)：39-44.

[8] 胡人礼. 普通桥梁结构与振动[M]. 北京：中国铁道出版社，1998.

[9] 向俊，赫丹，曾庆元. 横向有限条与无砟轨道板段单元的车轨系统竖向振动分析法[J]. 铁道学报，2007，29（4）：64-69.

[10] 徐庆元. 短波随机不平顺对列车-板式无砟轨道-桥梁系统动力特性影响[J]. 土木工程学报，2011，44（10）：132-137.

[11] 姚德源，王其政. 统计能量分析原理及其应用[M]. 北京：北京理工大学出版社，1995.

[12] 雷晓燕，圣小珍. 铁路交通噪声与振动[M]. 北京：科学出版社，2004.

[13] 雷晓燕.铁路轨道结构数值分析方法[M]. 北京：中国铁道出版社，1998.

[14] Sato Y. Study on high-frequency vibrations in track operation with high-speed trains[J]. Quarterly Reports of RTRI, 1977, 18（3）：109-114.

[15] 陈果，翟婉明. 铁路轨道不平顺随机过程的数据模拟[J]. 西南交通大学学报，1999，34（2）：138-141.

[16] 蔡成标，翟婉明，赵铁军，等. 列车通过路桥过渡段时的动力作用研究[J]. 交通运输工程学报，2001，1（1）：17-19.

[17] 徐志胜，翟婉明. 高速铁路轮轨噪声预测分析[J]. 中国铁道科学，2004，25（1）：8-12.

[18] 魏伟，翟婉明. 轮轨系统高频振动响应[J]. 铁道学报，1999，21（2）：33-36.

[19] 罗浩，郭向荣. 多跨斜交简支 T 梁桥车桥耦合振动分析[J]. 中国铁道科学，2009，30（4）：36-40.

[20] 万家. 高速列车-无碴轨道-桥梁耦合系统动力学性能仿真研究[D]. 北京：中国铁道科学研究院，2006.

[21] 段金明，周敬宣，李艳萍. 统计能量分析在轻轨交通噪声预测中的应用[J]. 土木工程与管理学，2002，19（3）：57-60.